醉夕阳

——纪念西北农林科技大学成立九十周年

ZUI XIYANG ——JINIAN XIBEI NONGLIN KEJI DAXUE
CHENGLI JIUSHI ZHOUNIAN

■ 牛宏泰 / 著

中国农业出版社
农村读物出版社
北 京

谨以此书献给西北农林科技大学建校九十周年

夕阳是晚开的花，

夕阳是陈年的酒，

夕阳是迟到的爱，

夕阳是未了的情，

······

最美不过夕阳红。

······

　　品味和咀嚼这优美的歌曲，不由联想到一代代老一辈科技教育工作者老有所为、老有所爱、老有所乐的动人情景。他们中，有的退休后不甘寂寞，利用专业特长和优势，继续在所热爱的领域持续攀登；有的退休后走出去，紧贴一线、直面生产、直面现实，继续为社会发光发热；有的退休后醉心于自己感兴趣的领域，破解隐藏在大自然皱褶里的科学密码；有的退休后独辟蹊径，在自己原有专业交叉地带开垦，有所发现、有所发明、有所创造，奉献出一朵朵创新之花；有的退休后在自己感兴趣的陌生领域开拓进取，在挥洒余晖的同时，也展现了人性之美······

　　人生难得好风景，升平盛世不蹉跎。退休不是人生的最终归宿，而是人生的新起点。退休后人们卸去了人生中的繁杂事务，无忧无虑，可以读自己想读的书，可以干自己想干的事，可以写自己想写的东西，圆自己未圆的梦······这是何等的惬意！更何况幸逢盛世！

　　说实在的，虽然岁月如歌弹指过，光阴似水不再来。但退休后人人都是一本书，他们都走过了一段较为漫长的人生道路，经历过一定的曲折和坎

1

坷。在退休生活中，有坦途，也有坎坷；有攀登，也有跋涉；有艰辛，也有快乐；有付出，更有收获。退休人此时更通晓事理，更明辨是非，又有雄厚的知识、文化、人生阅历等积淀，个个都是一笔宝贵的财富。退休人在征程中磨炼自我，无论是写我所写，干我所干，或是行我所行，忆我所忆，乐我所乐，都是一种磨炼。磨炼是痛苦的，也是幸福的；磨炼是不能回避的，也是不能敷衍的。磨炼与人同生同死，磨炼与人同苦同乐。谁爱磨炼，谁经受磨炼，谁就是真正爱生活；谁爱磨炼，谁就是真正会生活。磨炼，是人生之本，生命之魂。

绝大多数人一生都在追梦路上，经历过风华正茂的青年时代，度过艰辛磨难的中年时代，又迎来了幸福安详的晚年时代的退休人会深深认识到，有梦才有希望，有精神才有力量。退休不是人生的最终归宿，退休后的老年人像一本未写完的书，需要继续努力，把书的结尾写得人人爱看爱读，生动有趣，给人启迪与教益。人虽老了，但追求梦想的心不能老。让我们利用剩余的时光，拾起年轻时没有时间和精力实现的梦想，创造一个充实快乐的晚年，为实现中国梦发挥余热，让我们的追梦之旅永不停歇！

人生在世，各有各的个性、爱好、情趣、学养、追求和生活走向，没有必要去揣度别人快乐与否，也不必以自己感受生活苦乐的标尺去衡量他人。

退休是人生的一个逗号或者分号，而绝不是人生的句号。退休不是事业的终点，更不是人生的终点，而是从人生的一个阶段迈向另一个阶段、从一种生活方式转向另一种生活方式的崭新节点。对于思想者而言，的确没有退休的时候，除非他已经无法思考。真正的学者在退休之后反倒会充分利用丰厚的积累、丰富的经验、充裕的时间、过人的辨析力和洞察力，作出更大的贡献。对于退休的科技教育工作者而言，退休也许是他们摆脱束缚和枷锁的契机。最不可取的自然是蜷缩在自己的"小我"或"小家"里，变得越来越封闭、越来越狭隘、越来越颓废。最美好的生活，不是躺在床上睡到自然醒，也不是整天坐在家中无所事事，而是和一群志同道合、充满正能量的人，一起奔跑在理想的路上。

本书收录的24位西北农林科技大学科技教育专家老有所为、老有所乐的事迹，足以给更多的退休人以启迪，也给那些陷入"小我""小家"中不能自拔者以启示。

　　人生难得几回搏，虽然夕阳霞满天。因此，希望每位退休人都能从"小我"或"小家"中解放出来，汇入"大我""大家"之中，挥洒人生最后的精彩，汇入波澜壮阔的中华民族伟大复兴的中国梦大合唱中，让人生最后的晚霞更加灿烂！

牛宏泰

2024 年 5 月 31 日

CONTENTS | 目录

不 老 松

2021 年，83 年党龄的熊运章教授在校园中为学生上党课

  2022 年 11 月 30 日，我国农业水土工程学科奠基人、西北农林科技大学水利与建筑工程学院熊运章教授迎来了自己的百岁华诞和从事农业水土工程事业 80 周年纪念活动。与会的人和他分布在全球各地的同事、学生纷纷给他发来祝贺，称赞他是一棵真正的"不老松"。

  为进一步弘扬和传承熊运章教授爱党爱国、严谨治学、甘为人梯、潜心科研、勇于创新的精神，研讨农业水土工程学科最新研究成果和未来发展方向，是月 29 日，由西北农林科技大学水利与建筑工程学院（旱区农业水土工程教育部重点实验室）主办的"熊运章教授从研 80 周年暨农业水土工程学科创新与发展高端论坛"在西北农林科技大学国际交流中心举行。西北农林科技大学校长吴普特教授和熊运章教授的高足、中国工程院院士康绍忠教授致辞。康绍忠院士、新疆维吾尔自治区科学技术协会主席邓铭江院士、新疆农垦科学院尹飞虎院士、西安理工大学副校长李占斌教授、中国水利水电科学研究院水利研究所所长李益农教授级高级工程师、中国农业科学院农田灌溉研究所原所长黄修桥研究员、清华大学杨大文教授、大禹节水集团研究院总工程师龚时宏教授级高级工程师、陕西省水利厅信息中心主任胡彦华及西北农林科技大学水利与建筑工程学院蔡焕杰、张富仓教授等作了学术报告，共同研讨农业水土工程学科最新研究成果和未来发展方向。国内外 30 余家单位 300 余人通过线上参会交流学习。

此次论坛以熊运章教授从研 80 周年为契机，围绕农业水系统对变化环境的响应与智慧管控、黄土高原水沙调控、西北边疆灌排体系重构、滴灌自动化发展、农业生态水文模拟、智慧农业水利实践等方面的最新研究成果进行交流研讨，拓展了西北农林科技大学师生的国际视野，有效增进了互相了解，强化了国内高校、科研单位和企业的合作联系，为农业水土资源的高效利用和生态保护提供了最新的平台，对推动开展水土资源和生态环保等领域的科学研究和人才培养具有十分重要的意义。

一

百岁"不老松"熊运章教授不忘初心，不忘入党誓词，在百年人生路上一直跟着共产党走。共产党指向哪里，他就走向哪里。在听从党的召唤方面，堪称典范。

1923 年 11 月，祖籍湖北光化的熊运章出生在陕西三原县城一个医生家庭。父亲是一位忠厚热心的医生，母亲是一位贤惠能干的小学教师。熊运章幼年时代所受的家庭教育和影响，对其勤奋刻苦和忠厚老实性格的形成发挥了重要作用。

1938 年，全国上下抗日热情十分高涨。中国共产党为了推动抗日救国运动、壮大革命力量，在离三原县城不远的安吴堡，举办"西北青年训练班"。当时熊运章正在三原县城上初中二年级。这个满腔爱国热情的年轻人闻讯后，就立即报名参加。在训练班学习中，他对共产党有了进一步认识，懂得了不少革命的道理，决心跟随共产党参加革命。1938 年 6 月，这个当时还不满 15 岁的年轻人在训练班秘密加入了中国共产党。这是他人生道路上一个重要的里程碑。此后他就决心献身革命，并一直在中国共产党领导下开展工作，即使在环境非常严峻的时候，也始终没有动摇。

原本爱好文艺、美术的熊运章，本想在训练班结束后赴延安鲁迅艺术学院学习，后听从入党介绍人"一边继续学习，一边开展抗日救亡活动"的叮嘱，考入西安兴国中学高中部。高中毕业后，还是在地下党负责人安排下，熊运章毕业会考和大学统考都填报了国立西北农学院，被顺利录取。1942 年，他到国立西北农学院报到。在国立西北农学院求学、工作期间，面对国民党的黑暗统治，他敢于和敌人作斗争，在反饥饿、反内战、争自由、争民主、保校护校斗争中，总是冲在最前面。

1946 年毕业于国立西北农学院水利系的熊运章，1947 年又报考该校农田水利学部研究生，1950年结业并获硕士学位。他还利用学校的有利条件，积极学习俄文和相关科学技术，为以后建设国家做准备，并读了不少科学家奋斗事迹和哲学、政治经济学一类的书籍，为以后从事科学、教育事业打下了良好的基础。

1948年，人民解放战争的隆隆炮声逼近西北农学院，在校攻读硕士并兼任助教的熊运章按照地下党的指示，将家属送到西安，重回学校并坚持留在校内，团结进步师生开展反迁校斗争和护校斗争，在党的领导下，国立西北农学院完整地回到了人民的怀抱。他还获得一枚"解放大西北纪念章"。

其实熊运章从1947年起即在国立西北农学院兼任助教了。1957—1959年，他奉命赴苏联莫斯科水利工程学院及季米里亚捷夫农学院进修。进修结束后，他服从组织安排，又回到西北农学院重建农田水利专业。在长达50多年的学校工作中，他始终肩负政治、业务双重重担，在承担着繁重的教学科研任务的同时，先后担任过院办秘书、院人事科科长、系秘书、系主任、代理教务长、副院长等职，还担任过中共西北农学院党委委员、水利系党总支副书记等职。这种"双肩挑"的状态一直持续了50余年，直到2004年熊运章卸任学校咨询委员会委员。此时的他已进入耄耋之年，早已两鬓染霜。

熊运章在工作上和学术上都取得了相当的成就，曾担任国务院学位委员会学科评议组成员达13年之久，为我国学科建设作出了贡献。他虽已离休，但仍被返聘为农业水土工程专业博士生导师，并兼任西北农林科技大学农业水土工程研究所名誉所长。曾获得学校党组织授予的"优秀党员"称号及国务院颁发的政府特殊津贴。

"我喜欢搞科研，对于行政管理方面并不擅长。但是，组织需要我做，人民事业要求我做，我就义不容辞了。"在兼任水利系主任、水利系党总支副书记期间，他到处奔走，多方招聚和培养师资，购买仪器设备，和留下来的老师共同努力，重新申办专业、招生，投身于教书育人的事业中。此后，他在承担教学科研工作的同时，兼任繁重的党政管理和服务工作，曾先后兼任西北农学院代理教务长、西北农学院副院长，担任农业水资源与灌溉研究室主任等。还曾兼任陕西省水利学会副理事长、陕西省原子能农学会理事长、中国水利学会理事长、中国农业工程学会理事、中国农业出版社顾问、高等学校水利类教材编审委员会副主任委员、《中国农业百科全书·水利卷》编委会委员、《陕西省志·水利志》编委会顾问。

长期从事农田水利、灌溉原理的教学研究工作的熊运章，曾经担任农田水利学、水力学、水文学、灌溉用水原理、数据处理、微机在灌溉用水中的应用等课程教学及毕业设计指导教师。编写有《材料力学》《农田水利学》《微机在灌溉用水中的应用》《土壤水分测定法》等教材和专著。编译出版《耗水量与灌溉需水量》（1982年农业出版社出版）。主持"应用核技术测定土壤水分的研究""西北干旱半干旱地区水资源的经济利用与合理灌溉的研究""微机灌溉研究中的应用"等研究课题。分别编辑论文集三本，收入论文 25 篇，其中《伽马透射法在土壤水分动态研究中的应用及其改进》《中国西北干旱半干旱地区灌溉问题》两篇论文，于 20 世纪 80 年代熊运章访问美国期间，在得克萨斯州立大学土壤系进行了交流，回国后他与人合作写出《美国干旱半干旱地区的农牧业生产》论文。这些论文分别发表于《西北农业大学学报》《干旱地区农业研究》等刊物。1988 年，他完成《西北干旱半干旱地区节水灌溉与优水用水研究》一文，获陕西省水利学会杨凌分会优秀论文二等奖，该论文（英文本）还参加了同年 9 月召开的国际灌溉系统评估与管理学术讨论会，编入该学术讨论会论文集。同年 8 月，他参加莫斯科国际干旱半干旱地区农业发展与环境研讨会，宣读《中国黄土高原水土资源开发利用》（英文）论文。

1972 年，原在西安的陕西工业大学撤销后，陕西工业大学水利系被合并到西北农学院，但实验室和大部分教职工仍留在西安。西北农学院水利系在杨陵、西安两地办学，给管理工作带来诸多困难。"担任系主任的熊运章不辞辛苦，两地奔波，决策和处理各种问题，保证了两地教学、科研、生产的正常进行。"曾担任西安水利实验站副站长的王文焰回忆说。每年春节前，熊运章必定要到西安，逐家逐户看望水利系的老师，这样的情况一直持续到 1982 年陕西工业大学水利系教职工及学生又重迁回西安，并入后来的西安理工大学才结束。在这长达 10 年之久的两地办学期间，他任劳任怨，团结带领两地教职工，克服种种困难，冒着风险，尽力排除"文化大革命"带来的种种干扰，积极开展教学和科研。在"文化大革命"这一特殊的历史时期，水利系除完成教学工作外，还取得了 30 多项科研成果，大大超过了以往的成就。在他和全体教职工的艰苦奋斗下，西北农学院水利系不断发展壮大，终于成为我国高等农业院校中实力较强的水利系。

在这期间，他总是一边从事繁忙的行政工作和社会活动，一边抓紧业务学习和专业工作。在学校学习时他成绩一直名列前茅，靠的就是这种勤奋刻苦的精神。新中国成立后，他一边承担着头绪纷繁的行政党务工作，一边担负着繁重的教学科研任务，但仍能在学术上不断取得令人瞩目的硕果，也靠的是这种精神。即使在"文化大革命"这个特定的历史时期，他也没有虚度时光，而是利用空余时间自学日语和计算机技术，翻译了不少科技资料，为以后教学科研的进一步发展作准备。

"正是共产主义的坚定信念成为我心中的一盏明灯，照亮了前行的路。"不满 15 岁就秘密加入中国共产党、党龄已经 80 多年的熊运章满怀深情地回顾自己的人生历程："一直跟着党走，一有困难就找党组织。这就是我的一生。"

二

多年从事农田水利教学、科研、管理等工作，熊运章深刻认识到农田水利学科需要进一步发展。他从学科和生产发展实际出发，提出"以往的农田水利学科仍以灌溉排水为主要内容，实际上只突出了一个'水'字。现代科学技术的发展，需要把'水''土''作物'三者紧密结合起来，看作一个整体来对待，才能有效发挥各自和整体的作用"。因此他极力建议将农田水利学科扩展为农业水土工程学科。

熊运章从中国古籍中"禹平水土""泾水一担，其泥数斗，且灌且粪，长我禾黍""土力不尽者，水力不修也"等论述以及各国关于水、土学科的设置经验中得到启发，撰写《中国农业水土工程学科及其发展预测》等论文，指出农业水土工程学科的出现是生产和科学技术发展的自然结果，并对农业水土工程的学科体系、目标、内涵及其发展提出了较为完善的意见。在他的积极倡议下，1991年国务院学位委员会农业工程学科评议组一致讨论通过将原来的"农业水土资源利用"学科改为"农业水土工程"学科。由他主编的《农业水土工程专业研究生培养方案》经全国农科类研究生培养方案会议讨论并获得通过。

作为我国农业水土工程学科的奠基者和开拓者，熊运章在西北农业大学领导创建了我国第一个农业水土工程学科硕士点和博士点，领导创建了灌溉试验站、农田灌溉与水资源研究室、农业水土工程研究所和农业部农业水土工程重点开放实验室。

"熊老师注重学科交叉渗透，特别强调关注从农田水利到农业水土科学的实质性变化，注重水、土、作物的结合，注重农业工程措施与农业生物措施的统一。"中国工程院院士、熊运章教授的硕士和博士研究生康绍忠对导师熊运章的学术思想感悟至深。20世纪80—90年代，熊运章主持的科研项目就吸纳了西北农业大学植物生理学、土壤学、农业化学等方面的教师参与，大大促进了农业水土工程学科创新性研究，并形成了系统的研究体系和鲜明的区域特色。

为了给农业水土工程学科科学研究和人才培养提供高水平的技术平台，20世纪80年代，熊运章与朱凤书、林性粹教授等一起，在西北农业大学创建了当时我国高校中唯一的灌溉试验站，这个公用科研设施平台为农业水土工程学科快速发展奠定了良好的基础。

在熊运章和西北农业大学水利系全系师生的辛勤努力下，农业水土工程学科不断发展壮大，先后被评为农业部和国家重点学科。

熊运章教授大半生执着地为祖国和人民奉献自己的青春年华与聪明才智，他大半生在科学技术和教育方面的成就和贡献主要有以下四方面：

作为我国农业水土工程学科的开创者与奠基人，熊运章教授大半生从事水土关系和农田灌溉研究，率先创建了我国农业水土工程学科和相应的硕士点、博士点、研究所，并带领学科获评农业部重点学科。

熊运章教授倡导建立起我国第一座土壤水文技术实验室，首次应用伽马射线进行土壤水分动态研究；在全国率先把计算机技术应用于灌区用水管理，开发我国最早的灌区用水计算机管理软件系统；首次将现代信息技术引入抗旱工作，完成《陕西省抗旱信息管理系统规划书》等多项研究成果……在土壤水分测定、土壤-植物-大气连续体水分运移、灌溉用水管理、灌溉与旱情预报等领域内，熊运章教授进行了大量研究与探索并多次获奖，为我国北方地区节水农业发展作出了贡献，1995 年获"陕西省防汛抗旱指挥部抗旱救灾先进个人"荣誉证书。

熊运章教授培养出我国首批农田灌溉和农业水土工程学科高级人才，并因此多次荣获陕西省和西北农林科技大学优秀研究生指导教师、优秀博士生导师称号和优秀教学成果奖。

熊运章教授参与恢复和创建我国多个工程学会。包括参与中国农业工程学会等 3 个全国性学会和陕西省水利学会的恢复和创建，并分别担任理事、副理事长等职，主持创建陕西省农业工程学会、陕西省原子能农学会，并分别担任理事长。为此曾荣获"陕西科技精英"称号。

三

一系列敢为人先成果的背后折射出的是熊运章 80 多年教学科研生涯"做学问要扎扎实实、勤奋刻苦，用最新科学技术武装学科并促进学科发展"的"敢为天下先"的治学精神。

1959 年留苏学习结束即将回国之际，他得知季米里亚捷夫农学院开办"农业原子能应用学习班"，他敏感地意识到放射性同位素在农业科学研究上的重要意义，便想办法挤出时间，参加了学习班。1959 年，他回国后很快建立了西北农学院同位素实验室，将其用于播种、作物栽培、施肥、育种、灭虫、农田灌溉等农业生产的各环节，让古老的传统农业向现代化农业迈进了一大步。此后他又建立了土壤水文核技术实验室，成为当时国内农业院校中少有或仅有的同类实验室。同时，他还将核技术应用于自己的专业研究方面，在国内率先应用伽马射线进行土壤水分动态研究，大大提高了观测精度和速度。他提出的伽马透射法陆续为我国一些大学和科研院所采用并得到逐步发展。他撰写的有关伽马透射法的论文曾分别刊登在国内期刊和苏联水利土壤改良研究所论文集上，并在访美时进行了交流。

20 世纪 70 年代初，电子计算机在中国刚刚兴起，当时已经年过半百、对新技术非常敏感的熊运章预感到这必将带来一场新的科学技术革命。当时既无教材又无老师，他便自己着手努力钻研计算机技术。靠着一台 9 英寸黑白电视机，通过收看讲座、做笔记等，掌握了计算机用法和高级语言。在他的倡导和主持下，成立了西北农业大学计算机中心和水利系计算机室，从规划、选机、确定研究发展方向乃至购置仪器设备，熊运章都亲自参与。计算机中心的建成，对西北农业大学乃至其他农业院校计算机的普及推广起了积极的推动作用。

历经 10 年，熊运章对西北干旱半干旱地区节水灌溉模式、技术以及管理等方面作了深入研究，20 世纪 80 年代完成的《西北干旱半干旱地区水资源的经济利用与合理灌溉的研究》报告就有三大本，近百万字。

在研究生培养方面，熊运章紧密跟踪学科前沿，强调"立足学科前沿，注重利用其他相关学科的最新成就发展本门学科"。"当时我的博士论文选定'用冠层温度诊断作物水分状况'研究，就是走在国内研究前列，至今我们还在围绕这个问题开展研究。"中国旱区节水农业研究院院长、西北农林科技大学水利与建筑工程学院教授、博士生导师蔡焕杰感慨地说。中国工程院院士李佩成也是熊运章的学生，他说，熊老师对科技工作有着敏锐的洞察力和敢为人先的精神。他宽厚待人、辛勤工作、不断进取的品德深深影响了我。曾任陕西省洛惠渠管理局高级工程师的罗天录，参与了"计算机在灌区用水管理中应用技术"研究课题，耳闻目睹了熊运章以身作则、全身心投入工作的敬业精神。他回忆说："年近古稀时，他不辞辛苦和我在西安同乘公共汽车，往来于有关单位查询资料。在工作中研究灌区生产实践，编制程序，上机运行，校正无误方止。"

熊运章先后承担省部级科研课题 8 项，发表论文 60 余篇，主编、参编专著 9 部，其中多项研究达到国内领先水平。培养了李佩成、康绍忠、蔡焕杰、马孝义、龚时宏、胡彦华等一大批农业水土工程学科高层次人才。

亲历西北农学院水利系、西北农业大学水利系及其后来的西北农林科技大学水利与建筑工程学院"三起三落"发展历程的熊运章，多次放弃去西安工作的机会，坚守在杨陵这方热土上，他说："我不羡慕大城市，觉得杨陵自然环境不错，当然更不能扔下水利系师生。"朴素的想法让熊运章在这片挚爱的黄土地上工作和生活了整整 80 多个春秋。他用自己的行动践行了"干一辈子，无愧于党，无愧于心"的诺言。

熊运章教授是有着 80 多年党龄的老革命，又是造诣高深的科学家。在西农学习、工作几十年，他勤勤恳恳、任劳任怨，数十年如一日潜心科研，勇于接受新事物，敢于大胆创新、锐意进取，为我国农业水土工程学科建设，为西北农林科技大学事业发展作出了巨大贡献，做到了数个"第一"。

20 世纪 80 年代初期，作为西北农学院副院长，熊运章教授率先建立了电子计算机中心，用先进的计算机技术代替古老手摇计算器和手动计算尺，大大提高了计算数据的速度和准确性，在教学、科研中发挥了重要作用。

20 世纪 80 年代，熊运章教授建议农田水利学科需要把水与土结合起来，扩展为农业水土工程。1991年，经国务院学位委员会批准，"农业水土资源利用"学科正式更名为"农业水土工程"学科，熊运章教授率先在学校建立了水土工程硕士、博士授权点，开始招收农业水土工程研究生，并建立起博士后流动站。

在几十年的教学工作中，熊运章教授爱岗敬业、教书育人，创办农业水土工程学科，始终站在教学第一线，为我国高等教育呕心沥血。他立足学科发展前沿，培养了一批又一批水利科教人才，他的学生遍布祖国的大江南北和世界各地，有院士、教授和省部级优秀干部，都是德才兼备的精英。

离而不休献余热，白首教授写苍生。1997年熊运章光荣离休。但他离而不休，乐于奉献，白首余热写苍生，继续坚持为祖国和人民奉献自己的一切，一直坚持教学、科研工作和各种相关研究与探索，包括给研究生讲课和指导部分研究生。离休后，他曾担任过学校学位及研究生教育咨询委员会副主任、西安理工大学兼职教授等。2003年9月，他被学校聘任为校咨询委员会委员。几年来主持校内外博士生论文答辩10余次，参加或主持教师职称评审会、论文或科研成果评审会与论证会、研究生指导教师遴选会等各种教学、科研活动40余次。参加"海峡两岸农业高新技术产业化研讨会""农业高效用水与水土环境保护"等学术研讨会7次（含国际学术会议3次），发表论文13篇，尤其是他积极发挥自己的专业特长，主编并出版专著《计算机在农业水土工程中的应用》，参与起草标准《灌溉与排水工程技术管理规程》。离休以来，他先后获省部级、校级各种奖项6次：1998年获陕西省学位委员会、陕西省教委优秀博士生指导教师荣誉证书，1999年获中国农学会"从事农业工作50年荣誉奖"、西北农业大学优秀博士生指导教师奖和荣誉证书、西北农业大学突出贡献荣誉证书，2001年获水利部"从事水利工作五十年"优秀老专家奖，2001年获第十届全国优秀科技图书三等奖。

尤其难能可贵的是，熊运章教授利用自己几十年在计算机应用方面的积累与探索，花费了10多年的心血和汗水，研究出熊码输入法，在基本完成熊码输入法后，为便于广大农林科技人员进行计算机汉字输入，目前又转入以紫光输入法为基础的农林紫光输入法的编制工作之中。

年逾百岁高龄的熊运章，虽然有些耳背，老伴也已经过世多年。好在他有小儿子和小儿媳悉心照顾，加之他眼不花，思维仍然敏捷、活跃，语言表达仍然清晰，他离休后一系列创造性的工作近年来常在互联网上频频出现，受到有关方面的密切关注。

处于暮年的他深感需要自己做的事情还有很多很多，因此总是加班加点工作。他在办公室里挂着一幅特意请日本书法家川边清华先生书写的条幅——"当知夕阳晚，无鞭自奋蹄"，并以此作为座右铭，用来激励自己不断奋进。

就是到了现在，虽然已逾百岁，他仍在勤奋学习和工作，每天工作都在8小时以上，其中 6 小时以上是在计算机前进行的。他的一位弟子曾十分感慨地说道："熊老师虽然年届百岁，但工作仍十分勤奋刻苦，他的工作强度比一般的年轻人要大得多！"

难怪人们称赞他是一棵挺立在北蟒塬凤岗之巅的真正的"不老松"。

玉 壶 冰 心

正在笔耕的张岳教授

坎坷人生正气歌

前些年，在西北农林科技大学北校区，晚饭前后，人们时常会看到一位年逾古稀、须发斑白却依然精神矍铄、文雅睿智、手拄拐杖的老人。他一边行走，一边和碰见的熟人打着招呼，一边又似乎在思索着什么。也许，他又在构思一篇新的研究论文吧。

他就是1930年出生于西安市鄠县（今鄠邑区）的张岳教授。

鄠邑区原称鄠县、户县，位于西安市西南部，东以高冠河、沣河与西安市长安区毗邻，南以秦岭主脊与安康市宁陕县相邻，西以白马河与西安市周至县为界，北临渭河与咸阳市兴平市、秦都区隔岸相望，古为京畿之地，历史悠久，境内现已发现的新石器遗址有20多处，早在六七千年前的新石器时代境内已有人类居住并进行农业生产。夏为有扈氏方国，商为崇国，先秦称鄠邑。秦孝公十二年（前350）迁都咸阳后置鄠县。鄠邑区是中国现代民间绘画之乡、中华诗词之乡、全国文明县城、国家卫生县城、全国围棋之乡，自古就文化教育发达，再穷再苦的人家，都要想尽一切办法供子女上学读书。就连农村妇女，辛勤劳作之余，也不忘干些文雅的事儿——拿起画笔画画儿，这就是闻名遐迩的户县农民画。因而这地方自古就人才辈出。

1930 年 10 月 7 日，鄠县当地的大户，也是鄠县名门望族之一的张姓人家，生下了一个白白净净、招人喜爱的儿子，一家人苦思冥想了好一阵，最后给这个孩子起名为张岳。从这个名字中，就不难看出张家祖祖辈辈流传下来的一个美好的愿望，饱含其中。

不知是造物主有意捉弄人，还是应了孟子老先生的"故天将降大任于是人也，必先苦其心志，劳其筋骨，饿其体肤，空乏其身，行拂乱其所为……"那句名言。张岳生来就和大起大落、大喜大悲紧密相连。

1937 年 8 月张岳 7 岁那年在当地正化小学上学，小学毕业后顺利地考进西安中学，后又于 1949 年 8 月考入国立西北农学院（今西北农林科技大学前身）畜牧兽医系畜牧专业，成为当时人皆仰慕的大学生中的一员，并于上学期间的 1950 年加入中国新民主主义青年团，1952 年秋被学校确定为"调干生"——提前中止学业选留该校担任马列主义教研室助教，讲授中国革命史课程。同年他即因表现突出，光荣地加入中国共产党。1953 年 9 月，他受学校推荐委派入中国人民大学马列主义研究生班学习政治经济学，1955 年 6 月毕业后回到西北农学院继续担任马列主义教师，主讲政治经济学等课程。在 1957 年，他暂被派到当时的西北农学院院刊编辑部帮忙，常常给院刊刊登的漫画配发打油诗。由于生性爱鞭挞邪恶、伸张正义，"眼里揉不得沙子"，一贯爱憎分明的他给学校党委书记等提了点意见，差点被打成"右派"，便不再讲授马列主义课程。

1957 年 11 月，他主动要求回到畜牧兽医系任教，讲授家畜繁殖学等课程，这一要求获得批准。这一教，就是 25 年。这 25 年，凭着"宁叫挣死牛，不叫打住车""不干则已，干就干出点名堂"的自强不息的精神，他一头扎进畜牧业务领域，坚持理论联系实际，坚持畜牧繁殖技术与畜牧生产紧密结合，利用课余、节假日等时间，深入陕西省一些县、乡、村，举办各种形式的技术培训班，普及推广人工授精技术，倡导和推广直肠检查技术。与此同时，由他主持和参与的科学研究项目"猪精液冷冻保存试验"荣获陕西省首届科学大会奖，"奶山羊奶酪加工及工业性试验"研究获陕西省科技进步奖一等奖。同类研究项目还有"节奏性饲养对幼驹生长发育的影响""母畜同期发情试验""家畜胚胎移植试验"等。他主编和参编出版发行的专著有《大家畜人工授精》（农业出版社）、《家畜的生殖激素》（农业出版社）、《常见役畜不孕症的防治》（陕西人民出版社）、《家畜繁殖学》（中国农业出版社，全国高等农业院校畜牧专业本科生通用教材，获国家教委优秀教材一等奖）。在此期间，农业部为了提高全国农业院校的师资水平，委托北京农业大学牵头，西北农学院等高等院校参加，多次举办家畜繁殖科学讲习班。他除了为这类培训班讲授有关课程外，还为这类培训班编印了《母牛怀孕的诊断》《母牛卵泡发育规律》《精子的超显微结构及其化学组成》《绒毛膜促性腺激素》等教材。

"建功俟英雄。" 1981 年，他被推举、任命为该校畜牧兽医系副主任。1982 年 6 月，他被上级直接任命为西北农学院副院长，1985 年起任院长。

改革开拓求发展

担任一校之长，担子十分沉重，更何况当时的西北农学院（1985 年年底，西北农学院更名为西北农业大学）正处在一个十分关键的特殊历史时期。他面对的是"文革"之后，校园及教学、科研等设施陈旧、破败，百废待兴的局面；一些著名的专家教授年事已高，纷纷离休、退休，教师队伍"断层"，青黄不接；改革开放，国门大开，有能耐的中青年教师纷纷赴国外留学，去多归少，加剧了教师队伍的严重不足问题。学校招生人数逐年增加，研究生教育迅猛发展，高层次人才的社会需求量与日俱增，教育经费严重短缺，教学质量滑坡，沿海及发达地区人才需求量猛增，教师队伍严重不稳，"孔雀东南飞""一江春水向东流"势不可挡，行业不同，收入差距进一步加大，比较利益的驱动，无异于给当时的西北农业教育与科学研究"雪上加霜"。各种利益矛盾与冲突，难解难分，公有理，婆亦有理，这也行，那也不错。

怎么办？怎么办？身为一校之长的张岳，面对这样一幅场景，更加感受到自己肩头这副担子的分量。

明知山有虎，偏向虎山行。他经过深入调查研究、长期深思熟虑，决定一手抓改革，一手抓管理，并从自我做起，高标准，严要求，相继走了下面几步"高棋""险棋"：

一是以教学、科研为主线，抓全校各项工作的评估，全面推进教育教学管理评估指标体系的建立与实践，从教师尤其是青年教师教学质量评估、教材建设、课程建设、教学法研究入手，狠抓管理，上水平，上质量，上档次，上台阶，辅之以实验室管理制度改革，将以往按课程划分实验室的格局改革为综合性大实验室，减少了人员配备，节约了设备投资，增添了实验室设备，提高了实验设备的利用率。经过数年努力，由他主持开展的"教育及教育管理评估系列的建立与实践研究"荣获陕西省教委优秀教学成果特等奖、国家教委优秀教学成果国家级一等奖。

二是以学科建设为重点，组织力量，结合教师队伍建设，采取措施申报和增设硕士、博士授权点。经过数年奋斗，该校逐步形成了以硕士点和博士点为"龙头"、以硕士生导师和博士生导师为学科带头人及学术骨干的较为合理的教师队伍梯队。

三是以人事制度改革为突破口，优胜劣汰，"精兵简政"，打破论资排辈的传统做法，大胆鼓励年轻人"破格"，尤其是在评定、晋升职称方面，积极创造青年新秀脱颖而出的良好环境，以"新鲜血液"弥补由于历史、社会等原因造成的"人才断层"问题。为了更好地让有事业心的人才放开手脚大干快上，他力排众议，在学校人事处设立了"人库"（现人才交流中心），作为剩余人才、人力的"过渡站"。

四是打破常规，设立学校科研基金，每两年举行一届青年科学论文报告会，扶持新苗，锻炼队伍，为青年科教人员申报有关课题创造条件。

五是建立健全各项规章制度，坚持以法治校、以法治教、以法治学、以法管理。为了便于听取各方面的反馈信息和意见建议，他坚持每周到教室听1～2次课，每周下一次学生食堂，并设立"校长信箱""校长接待日""校长办公电话"等，疏通各种渠道，畅达民心民意。

为了这一系列长远目标的实现，他在会上会下、公开私下等各种场合批评过不少人和事，有时还点个别人的姓名，因而得罪了不少人。但他始终坚持"宁肯得罪人情，也不能得罪政策"的原则，廉洁奉公，两袖清风。有人当面顶撞他，有人背后骂他，有人电话里攻击他，有人写匿名信中伤他，有人甚至在公开场合诋毁他。他始终奉行"有则改之，无则加勉"的原则，只要是自己认准了的、正确的事情，就"我行我素"，永不言悔，永不回头。

为了学校的利益，为了人民的教育事业，身为一校之长的他，"极身无二虑，奉公不顾私"，把自己珍爱的东西一件件舍弃了。专业，逐渐放弃了；教学，越来越顾不上了；科研，只能尽力而为了。申报博士研究生导师，也放弃了。申请各种荣誉、奖励，他都一概等闲视之……

从1985年到1991年12月，近7年的宝贵光阴，他就是在这种舍弃、放弃中度过的。而得到的，只能由后人评说了。这期间，多少个节假日和休息时间牺牲了，连他自己也说不清。

张波教授亲口谈了他破格晋升副教授职称的前后经历，从中可以看出张岳校长是如何在艰难的条件下奖掖后学的。

张波从西北农学院农化系毕业后，被分配到陕北的绥德县工作，1979年才调入母校古农学研究室从事古农学研究。由于当时全国拨乱反正正在进行中，他虽然工作年头不算少，但却一直没有评定过职称，按当时的文件要求，所有没有职称的人评定职称，只能从最低的助教或相当于助教这一级起步。

当爱才若渴的张岳校长听说张波已经41岁，却仍然是助教职称，就认真了解情况。原来是当时古农学研究室隶属于图书馆。张波的职称到底是走研究系列还是走图书馆系列，就成了一个十分现实的重要问题。张岳便委托当时专司职称晋升工作的人事处师资科科长杨荣耀详细考察了解张波的全面情况，将其代表作送呈西北大学语言文字专家们严格审鉴。见反馈报告中有"虽专治语言文字者亦不过如此"的评语时，张岳当即拍案："有这话还不够教授！"遂决定让张波"三级跳"，直接由助教破格晋升教授。

学校评定职称会议当天，张波与张岳校长同在当时的行政楼传达室坐等结果，因张岳校长也要由副教授晋级正教授。张岳校长当时恳切地对张波说："今天若评出一个教授，那就应该是你。不要客气，你就当上！"会上传来张波破格晋升为副教授的消息，张岳校长颇不满意评审结果。但张波却很满意且心怀感激。因为会前他已向评委会负责人表示："'三级跳'不合适，让我不好做人，也不利做学问。"

当听杨荣耀汇报说张波当时正在撰写一部拓荒性专著《西北农牧史》，还想托人请当时担任农业部部长的何康写序言时，张岳校长当即拨通了古农学研究室的电话，找到张波亲自了解情况。当听张波说专著已近煞尾时，就让张波写完后直接带着书稿来找他，他要先看看。

张波这部书稿用的是古农学研究室 20 世纪 60 年代印制得很粗糙的发黄稿纸手写的，书稿写完后，他立即带着近一尺厚的手写书稿找到张岳校长亲手呈上。张岳校长浏览后大加称赞："哪个学校能写出这部书？"答应利用出差北京的机会找何康部长作序。

可谁能想到，张岳老校长在此期间去国外进行了一次出国考察，竟然不怕疲劳不怕麻烦，带着这部厚重的书稿在国外一边考察，一边利用空闲时间浏览书稿。考察归来到了北京，他就直接找何康部长谈写序言之事。

为了使这部书稿尽早出版，张岳校长又为出版经费多方设法费心筹计。所幸后来《西北农牧史》顺利出版，不久即获中国图书奖，系陕西省首次荣获此类奖项，颁奖会在西北农业大学举行。

张岳老校长的境界不仅是关照一名骨干教师、为一本好书而奔走呼吁，他谋虑的是学校的整体事业，是人才和科研成果。两件事的处置，一是提议将助教直接晋升教授，胆识过人；二是工作细致入微，为一本书的事亲力亲为。这正是他畜牧兽医学的专业积累，与后来转教马列理论课程修养所铸。哲科思维和科学素养，形成他大度而细致的独特的校长威仪和风格。

张波从助教直接"破格"晋升副教授后，校园里传出"张波是张岳侄子"的流言。张波听闻后心里很不是滋味，遂在校园偶然路遇时对张岳校长吐露了心声。不料张岳校长却心胸坦荡地告诫张波："流言没有任何事实依据，必然不攻自破。何必在意？好好干你的事，不要因此动摇心志。"由此，张波更加沉下心来埋头于古农学研究，不久即大放异彩，被学术界誉为农史学界"张少帅"，之后又晋升校长助理以至副校长、陕西省人民政府参事室参事等。

2023 年教师节，张波教授和西安音乐学院原党委书记安宁教授相约拜望张岳老校长，见张岳老校长精神颇好，头脑仍然敏锐。唯老伴赵中宁研究员极度衰弱、卧床难起。张岳老校长就坐在榻前沙发上，详询学校近况，心系西农。安宁与张波一样，同受其恩惠润泽，栽培擢拔情事大致相同。言为心声，诚不违辞，他们不约而同，直称老校长为此生"贵人"。老校长笑而不语，只是深情地笑着，笑容中饱含着欣慰和惬意。

与时俱进"夕阳红"

1991年12月，已"超期服役"的张岳卸任校长之职，但上级领导又决定让他出任中央农业管理干部学院西北农业大学分院院长。由一校之长变为一院之长，也许很多人都不会答应干，可他二话没说，心里想的只有党和人民的教育事业。在这个任上，他一干又是两年，直到1993年退休。

退下来了，并不意味着彻底休息。勤于思考、勇于探索的他，又先后被推举为陕西省学位办高等学校学科建设专家咨询组成员、陕西省老科学技术教育工作者协会副会长等职。他一如既往，不负众望，兢兢业业，埋头苦干，并利用闲暇时间，认真总结长期从事高等教育及其管理工作的经验教训，坚持与时俱进、不断创新的作风。他结合我国高等教育和社会发展的趋势和需求，先后撰写、发表了《关于改进高等学校思想政治工作的意见》《农科类专业课程体系及其重组刍议》《农科课程改革的精神与要义》《纵谈大学生的素质教育》《提高科技觉悟迎接知识经济挑战》《对高等农业院校培养创新人才的思考》《再谈创新教育问题》《三谈创新教育问题——努力提高大学生思维素质》《高校要注意学生的个性发展》《农科高校学科建设问题》《努力提高大学生的科学素质》等研究论文数十篇，同时努力完成陕西省学位办、陕西省老科学技术教育工作者协会的有关工作，受到各方面的一致好评。

也许到了晚年，命运之神仍要考验、磨砺他似的，1998年他正在西安的女儿家住宅区散步，不幸被一个学开汽车的人开车撞成双腿胫骨粉碎性骨折，住院长达半年之久。恢复健康之后，他又投入自己的思考、分析、探索及论著写作之中，而这一切，纯粹出于自愿和爱好。那一篇篇、一部部凝结着他大半生思考与实践的研究论著，如一杯杯滋润心田的琼浆玉液，启迪感召着无数读者和后来人，令其不断从中受到教益。

为了使家畜繁殖科学技术更好地为社会和普通大众服务，他利用退休后的闲暇时光和自身丰厚的学养，根据多年家畜繁殖教学、科研、推广实践，总结吸收广大一线家畜繁殖工作者和农民群众经验，将家畜繁殖各项技术编写成诗歌、口诀、顺口溜，撰著出版了一部《家畜繁殖歌诀》专著，不仅方便记忆和掌握，也更便于传播和传承。

值得一提的是，退休后在含饴弄孙期间，他2016年与女儿张雨金合著出版了一部名叫《字词谜语7 000条》的专著。拜读之下，总给人一种如沐春风的美感享受。

张岳教授本来一直是教授中国革命史、政治经济学和畜牧繁殖学课程并从事相关科技研究与技术推广普及的，当然也长期兼任行政管理工作。但他的基本功尤其是国学的功底打得非常深厚、扎实。而他的千金张雨金女士则是学外语出身,在著名学府西安交通大学教授外语。他与女儿依据自身渊博的古今中外知识,运用分析、综合、比较、抽象、概括、发散等多种方式,通过日积月累、长期坚持不懈地反复揣摩、琢磨和推敲,可说是字斟句酌,字字珠玑。拜读再三,深感著者累积之厚、思维之巧、用力之勤。

谜语起源于中国古代民间,是古人集体智慧的结晶,后经文人的加工、创新有了文义谜,素有"国粹"之称。中华谜语历经数千年的演变、发展、完善,才形成现今的体系和格局。今天,这一古老的传统文化又获得新的生命。全国各地的猜谜活动蓬勃发展,各地的文化馆、俱乐部、工会等都成立了群众性的灯谜爱好者组织,不少地区还成立了灯谜爱好者协会。灯谜的内容和形式也有了很大的创新与发展,真正成为扎根群众之中的艳丽花朵。张岳、张雨金父女所著《字词谜语7 000条》,堪称其中的翘楚。

首先,该著颇有自身特点,别具一格,有独一无二的创新。该著一改绝大多数序言的格式,采用打油诗的形式,讲述该著的核心内容、方法和目的、意义,朗朗上口,通俗易懂,易诵易记,言简意赅。作者在诗中写道:"字谜实质是解字,知识丰富显本事。人文社会和自然,诗词典籍和古典,还有当代新知识。参考六书造字术,巧妙运用靠思维,思维领域先防窄。左顾右盼瞻前后,发散求异换角度。思维活动须灵活,时刻提防钻牛角。需要捉摸弦外音,还须揣度言外意。多因子和多变量,具体分析加抽象。归纳概括提共项,细枝末叶暂存放。综合考虑做结论,力求正确少疑问。""中小学生解字谜,语文学习兴趣提。牢记一字有多义,曲里拐弯找隐喻。解析零件巧匹配,上下左右有位移。加减乘除都有用,方位暗示要分清。正反两面探其义,摹异谐音须算计。从小提高思维力,终身受益绝无疑。""年老脑力日渐衰,生理规律难斥排。需要用心去阻遏,克衰途径有许多。饮食营养人常道,经常用脑最重要。防衰可把谜语猜,还有下棋和打牌。贪睡懒动不用脑,容易走向痴和呆。"作者创制的诸多谜语,来自他们所从事的专业,结合了诸多传统文化、民间口头文学(尤其是方言)甚至外国语言的成分和方法。这是一般同类创作者所不具备或不能为的,可谓专业美和地域美。

其次,该著巧用了中华谜语创制的传统方法如拆字法(也称析字法或字形分析法)、离合法、减损法、半面法、方位法、移位法、参差法、盈亏法、会意法、反射法、溯源法、加法、减法、加减(合用)法等,表现出著者的知识、智慧与巧思,使得该著具有一种古典美。

最后,该著具有浓厚的现代意识,将诸多时语、现代口语、外国语甚至时政语、网络语言等融入谜语之中,创作出独一无二的新时代谜语,具有现代美。这也是一般人所无法企及的。

"毫蹇未敢忘兴国，一片冰心在玉壶"的诗句，恰似对这位一生含辛茹苦、无私奉献于人民教育事业的张岳教授的生动写照！

孰料 2023 年 12 月 29 日，西安忽然传来噩耗，身体本来一直不错的张岳老校长不幸于是日四时许在陕西省人民医院去世，临终前他嘱咐亲友将他连同早前一个多月去世的老伴赵中宁研究员的遗体一起捐献给西安交通大学医学部。其境界，绝非一般人所能达到。据说遗体捐献后不几天，就有多人因移植了他们二老的眼角膜而增加了复明的希望。

闻讯后诸多师生纷纷撰写诗文挽联等，悼念这位长寿长者和老校长。

西北农林科技大学原副校长张波教授以联挽之：

> 长校创新治学善革功勋彪炳高教史
>
> 德高望重师生共戴威仪岳立西农园

原西北农业大学副校长、西安音乐学院原党委书记安宁教授写的挽联是：

> 锐意进取勇于探索功高誉满留凤岗
>
> 爱才惜才奖掖后学师生共戴传西农

陕西省教学名师、西北农林科技大学教授王遒信写的挽联是：

> 是鄠邑英才献身畜牧一生尽付时和势
>
> 掌西农校长积玉教坛千古长留德与功

西北农林科技大学蒿买道教授写的挽联是：

> 不追名不逐利一心一意为学校
>
> 不怕脏不嫌累常年教学在基层

西北农林科技大学鄠邑校友张景武写的挽联是：

> 忘我无私魂归鄠邑
>
> 德高望重心系西农

西北农林科技大学陕西蒲城校友曹均定写的挽联是：

> 躬耕一生桃园杏坛不言悔
>
> 德高望重功高誉满西农园

笔者一因是老校长的弟子，二因参加工作后多年在老校长身边受惠泽良多，也撰写诗文、挽联等纪念这位恩师。联曰：

> 宁叫挣死牛不叫打住车不鸣则已一鸣成岳
>
> 极身无二虑奉公岂顾私音容宛在教泽常张

丰　碑

李立科研究员（右一）生前在麦田中指导研究生

初夏的渭北高原，处处绿意盎然，生机勃勃。

在西北农林科技大学合阳旱农试验站的试验田里，小麦渐渐染上了一层美丽的金色。颗粒饱满、金黄发亮的麦穗在微风中轻轻摇曳吟唱，似乎在等待着一位熟悉老人身影的到来。

然而，这位老人再也不会出现了。

2020 年 3 月 15 日，西北农林科技大学资源环境学院李立科研究员，因病医治无效，永远地离开了人世，享年 86 岁。这位曾经用科技解决了改革开放之初陕西省粮食缺口难题的"当代后稷"，将自己的一生都献给了他所钟爱的农业科研事业。特别是在1981 年之后的近 40 年时间里，位于陕西省合阳县甘井镇甘井村的试验站，就成了他的另一个家。

"如果不是因为疫情，我一定要去送送他。" 5 月 12 日，坐在自家小院里的甘井村73 岁村民唐小有感伤地说。

众多村民们眼角涌出的泪花，诉说着对李立科的怀念与不舍……

在合阳县老百姓的心目中，李立科是一座永远的丰碑。

李立科是陕西农业发展史上具有里程碑意义的人物。

李立科的故事，是一个鞭策警醒世人的故事。

1989 年，受命解决陕西省"粮荒"问题的李立科病危，受陕西日报社委托，著名作家陈忠实把手头正在创作的《白鹿原》暂且放下，以《陕西日报》特约记者的身份，带领一个由科教、摄影和文字记者共七八人组成的采访组，专程赴合阳采访李立科一个多月，和李立科长谈，倾听李立科在合阳十几年的科技普及和推广经历。随后又去了几个乡镇和村庄，访问那些接受李立科新技术并且获得显著效益的干部和农民，深深地感知到当地干部和农民对李立科的赞颂乃至感恩的真挚情感。陈忠实等跟随李立科到田间地头，亲眼看到了使用李立科新技术的麦田里差异明显的麦苗，"对我也是一次科技知识的普及"。采访到号称"合阳的西伯利亚"的甘井乡（今甘井镇），朴实而又务实的乡党委书记王均海说到李立科，似乎有讲不完的故事，言语里深沉的情感是那样自然和纯朴。甘井乡年降水量很少，李立科的新技术正好解决了缺水与麦子增产的矛盾。多年后陈忠实依旧不能忘怀的是，当时接受采访的李立科不久前刚刚做过面部颌骨癌症手术，说话困难，许多接受采访的男女乡民说着说着便泣不成声……陈忠实对李立科给予了很高的评价："我在那一刻，真实地理解了作为一个人的生命的意义和价值；那些男女乡民的眼泪，无疑是对一个堪称伟大生命的礼赞。"陈忠实也在这次采访中完成了一次心灵洗礼。

回到西安不久，陈忠实与陕西日报社田长山合作，写成长篇报告文学《渭北高原，关于一个人的记忆》，全文约一万五千字，在《陕西日报》整版刊发。

隔了一天，《陕西日报》头版刊登陕西省委、省政府发文《关于开展向李立科同志学习活动的决定》。之后的两个多月时间里，《陕西日报》先后发表相关文章 60 多篇约 9 万余字，陕西省电视台、陕西省其他报社、人民日报社、中央人民广播电台等也同时聚焦报道李立科事迹，呼吁各级干部带头学习李立科，做"李立科式的好干部"。陕西省各级政府、各事业单位围绕这一主题，组织召开专题学习讨论会。陕西省委宣传部会同陕西日报社、陕西省农业厅，联合召开理论界、科技教育界和各有关方面领导参加的"李立科成长道路及其价值"理论研讨会。长期扎根渭北高原为民兴利造福却默默无闻的农业科学家李立科，走到人们眼前，引起社会轰动，影响着也提升着人们的审美和价值判断。

甘井乡一批农民写信给《陕西日报》编辑部，感谢报社宣传了李立科这种为农民做实事的好干部，他们还寄去谱写给李立科的诗歌。延安市农业局几位年龄较大的女同志，被李立科的事迹深深感动，主动要求到条件艰苦的地方去工作。

陕西日报社在总结报道李立科事迹的文章中指出，李立科身上表现出来的科学求实、艰苦奋斗、无私奉献、全心全意为人民服务、始终同农民打成一片的高贵品质，是共产党人党性的体现，是人民公仆思想作风的体现，也反映了一位先进知识分子的追求。李立科精神同时下存在的懒汉懦夫、个人第一、金钱挂帅等腐朽没落的思想和官僚主义、以权谋私等各种不正之风形成鲜明对照，具有很强的现实性、针对性。与陈忠实合作采写李立科的田长山说："并不是任何一个采访对象都可以激励和调动起记者的全副身心和创造欲望，也并不是任何一个采访对象都可以构成精彩感人的报道。我想说，记者采写李立科的成功，有'因人成事'的味道。李立科蹲点几十年，为民造福，与群众形成血肉联系，事迹感人肺腑，催人泪下，这首先给采写者以情感激励。素材充实，这是任何成功报道的前提。无论谁碰到都会唤起巨大的采写热情。"1990年，当时参与采访的人们见到许多人说着说着便泣不成声，记者有时也是流着泪在记笔记。李立科在接受采访时也流了泪。李立科伤心流泪之处，是群众当年的贫困境遇。群众动情，是因为李立科是个大好人，是真共产党人，为了让他们由温饱走向小康和富裕，数十年如一日呕心沥血地实干苦干，结果身患癌症，难保天年。

1992年初夏时节，陈忠实与田长山合写的报告文学《渭北高原，关于一个人的记忆》荣获1990—1991年度全国优秀报告文学奖。以李立科事迹为题材拍摄播放的12集电视剧《秦川牛》，在陕西等省电视台播放，广受赞誉。1995年《陕西日报》又刊发吉虹、杨前进合写的人物通讯《旱原情》，在人们面前树立起一个卓绝的农业科技工作者的形象，弘扬了新一代知识分子以科技为国为民造福的无私忘我的奉献精神。主人公李立科与渭北旱原之间的感情非同一般，结的是"生死缘"，是李立科那种如痴如醉的浓得化不开的旱原情，他不只用科学、用智慧，也是用全部的情感和生命在改写渭北旱原的历史。该通讯之后荣获第六届中国新闻奖一等奖。

1934年12月出生于陕西咸阳一个贫苦农家的李立科，遵从父命，于1957年8月考入陕西省农业学校学习植物保护专业，毕业后被分配至中国农业科学院陕西分院（原陕西省农业科学院前身）植物保护研究所工作。

从此，李立科便与土地、与农民、与农业打了一辈子交道。

从此，无限热爱农民、无限热爱农业的李立科在渭北高原留下了可歌可泣的故事。

正式参加工作后的李立科，历任陕西省农业科学院植物保护研究所副所长、陕西省农业科学院粮食作物研究所副所长、陕西省农业科学院副院长、陕西省农业顾问、陕西省政协委员等。1990年获全国农业劳动模范称号，1991年被评为陕西省有突出贡献专家，享受国务院政府特殊津贴。

20世纪60年代末至改革开放之初，陕西粮食匮乏，每年"缺口"达1亿~1.5亿公斤。陕南山大沟深，交通不便，土地少、土层薄，无法解决缺粮问题；陕北虽有土地，但干旱缺水又水土流失严重，更不可能；关中川道土地平坦，交通方便，水利设施好，水浇地面积大，但夏秋两季粮食亩产量已接近 750 公斤，没有突破性的技术支撑，产量也上不去。只有渭北旱原地区，地广人稀，可能是个"突破口"。为此，陕西省决定在渭北高原开辟"第二粮仓"。

陕西省农业厅厅长提出要陕西省农科院派熟悉农业生产的院领导去研究解决这一问题，并点将李立科，要他前往合阳县蹲点，通过调研考察、科学研究，拿出解决方案。

已有 14 年蹲点经验的李立科二话没说，怀着"让大家能吃饱肚子"的朴素信念，开始了艰难的探索研究。

临行前，不少同志告诉李立科，"文革"前后都有同志去渭北旱原蹲过点，解决几亿斤粮食的问题是件大事。

1981 年 4 月，李立科背着简单的行李卷儿，来到了合阳县甘井乡这个当时人人唯恐避之不及的地方。

当时，甘井乡被当地人戏称为合阳县的"西伯利亚"。虽然全乡耕地面积多达 10 万亩，但由于干旱缺水，粮食产量特别低。直到 1980 年，小麦平均亩产不足 50 公斤。老百姓的日子过得十分艰难。"地上不长庄稼，不产粮，吃不饱肚子的人很多。有个老汉一年只穿一件衣裳，冬天是棉袄，到了春天把里头的棉花去掉，到夏天又把里子拿出来补补穿。"有位衣衫褴褛的 60 多岁老大娘曾经悲凄地亲口告诉李立科："我自嫁到这儿几十年，从没吃饱过。"人民公社每年分给群众的口粮人均不足 100 公斤，80% 的群众是"借着吃，打了还，跟着碌碡过个年"，劳动日值 0.35 元，年人均纯收入 35 元。当地人说："天旱没法子，十年九旱，谁来也没救。"李立科也是急得团团转，天天戴个草帽到农田里看，找群众问主意。后来他发现个别田块产量不错，麦收后他测了不同产量田块的土壤含水量，结果发现，亩产 250 公斤以上的田块 2 米深的土层中基本没有剩余的有效水，亩产 250 公斤以下的田块 2 米深的土层中都有不等量的有效水，产量越低剩余的有效水越多。如何能将剩余的有效水加以利用呢？李立科对小麦根系做了施不同肥料的影响试验，经挖土洗根测量观察，施磷可把陕合 6 号品种小麦根系由 1.4 米促长到 2.7 米。李立科根据渭北的地力、肥料的吸收利用率以及对亩产 250 公斤以下田块有剩余水的观测，给当地农民种地开了"药方"：亩施 50 公斤过磷酸钙、50 公斤磷酸二氢铵（即一袋黑、一袋白）。

在试验研究的基础上，李立科提出了"以磷促根，以根调水"的解决方案。

然而，年人均收入只有 35 元的甘井群众没钱买肥料。李立科和乡政府领导商量后决定给群众贷款，但信用社又怕群众还不上贷款，不给贷。李立科托人找到合阳县人行的行长，把试验数据和调查结果向行长讲解了一遍。行长说："算你把我说服了。贷款可以，给你贷，按时还不了贷款，你负责。"李立科答应由他贷款买肥料，并当场签订了来年 11 月份还款的责任书。有人说："李立科，你不会把这款子贪污了吧？"李立科说："我若贪污了，你可以把我拉到集市上去卖了。"李立科贷款买了 300 吨磷肥、300 吨磷酸二铵、300 吨尿素，分发给群众，并在各村给群众讲施肥方法。

李立科想，即使遇到天旱、降水少的年份，土壤中留有剩余的有效水也可保障高产。

果然，第二年，凡是买了肥料、按技术施了肥的生产队，小麦亩产由不足 50 公斤提高到 100 多公斤，农民交了公购粮，还了买肥料的贷款，留足了种子，每人分了 150 多公斤小麦。农民终于吃上了饱饭，群众高兴地说："多年来吃不饱、吃不好的问题解决了。"

多年来令他寝食难安的农民饿肚子的问题，终于成为过去。

唐小有是甘井乡第一个见到李立科的人。

当时在甘井村科研站担任技术员的唐小有，接到通知，要他去火车站接李立科。"他们一行人的行李很少，我用一个架子车就拉完了。到村上以后，他们就住在科研站一间阴暗潮湿的小房子里，在集体土地里做试验。过了几年，县里才给重新修了一个院子，改善了居住条件。"

一到甘井，李立科就开始了紧张的考察。那会儿，由于当地缺水缺肥，小麦长势普遍不好。但在休里村的一块麦田里，他看见一小片麦子秆粗穗大、颗粒饱满，尤其是麦穗的颜色，金黄发亮。他对同行的人说："这块地肯定施过磷肥。"那人不信，他就在地里刨挖，最后果然刨出了磷肥疙瘩。

李立科不是神，也不会未卜先知。事实上，早在 1962 年，李立科在武功县皇中村蹲点指导农业生产时，就对土壤缺肥尤其是严重缺磷有了深刻认识。后来多年的研究和实践让他相信，增施磷肥能促进植物根系生长，调动深层土壤里的有效水，从而抵御干旱少雨的自然条件。而这，也许是解决渭北高原干旱问题的一条新途径。

为了把设想付诸实施，李立科和甘井乡干部商量以后，以个人承担风险的方式贷款 15 万元，购回几百吨肥料，全部分发到各村。同时，他一个村挨一个村地向干部群众讲解增施磷肥的道理和方法。功夫不负有心人，到了 1982 年夏收时节，甘井乡的小麦平均亩产由 48.5 公斤猛增到 136 公斤。村民们在惊喜慨叹之余，全部自觉还上了李立科所贷的款。

为了推广磷肥，1982 年夏收之后，李立科顶着酷暑，带着他在泥水里冲刷了半个多月才获得的小麦根系标本，到合阳县下辖的 21 个乡镇挨个宣讲。施磷肥后发达的小麦根系和未施磷肥的小麦根系形成了鲜明对比，而这一下子就冲破了落后的藩篱，合阳农民纷纷开始增施磷肥。1982 年，全县增施磷肥超过 1 万吨。到了 1983 年，合阳县小麦单产和总产均大幅提升，获得空前大丰收。甘井乡的小麦亩产更是达到了 153 公斤，总产量从 1980 年的 2 220 吨猛增至 7 503 吨。

此后，李立科总结的"以磷促根，以根调水"方法，像歌谣一样迅速传遍了渭北高原的 20 多个县（区），各地粮食产量屡创新高。

有人算过一笔账，渭北地区 800 万亩旱地小麦，如果以亩产增收 100 公斤计算，陕西省每年可增收小麦 8 亿公斤。

见识过科学技术的力量，李立科彻底走进了合阳农民的心里。四处讲课成了他日常生活的一部分。县上每次召开秋播会、夏田观摩会，李立科都是主角，很多农民都会放下手里的活计专门赶去听他讲课。

李立科在陕西省委礼堂向省领导讲解了这项技术，并向省领导提交了关于扩大磷肥生产"以磷促根调水"解决渭北农田的缺水和缺肥问题的报告。陕西省政府在合阳召开了现场会，李立科又到渭北的各县、合阳县的各乡镇、甘井乡各村讲了施肥技术，群众用了这项技术，把渭北旱地的 800 万亩小麦由亩产 100～150 公斤提高到了亩产 200～250 公斤，解决了陕西尤其是渭北的缺粮问题。1988 年，《人民日报》在头版头条以《水路不通走旱路，陕西获重大突破，渭北旱原成为小麦生产基地，每年增产 2.5 亿公斤，'以肥调水'农业新技术在北方值得大力推广》为题进行了报道。该技术经中央电视台报道后，被应用到了我国北方的旱地麦区，为中国粮食增产作出了重大贡献。

1989 年 9 月初的一天，李立科又接连在甘井乡讲了 3 场课。最后一场讲完时已是深夜，电闪雷鸣，大雨滂沱。村干部找来一辆手扶拖拉机送他回去。到了住处，李立科发现左眼不时流泪，左上颊有痛感。他以为是泥沙进了眼睛，并没有在意。之后，他一直在一块计划亩产 400 公斤的试验田里忙碌着。直到 10 月 10 日，左眼泪流不止、疼痛不已的李立科才到合阳县医院看病。

"是我骑摩托车带李立科到县医院看的病。刚开始以为是得了眼病，后来拍片子检查才发现事情不太好，好像是癌。当时李立科在县里名声已经很大，医生也认识他，所以不由得说了一句：'你这么好的人不应该得这个病。'不过，那会儿县里医院毕竟条件有限，最后并没有确诊，只是建议转到西安的大医院就诊。"曾代表合阳县政府配合李立科工作的李忠祥回忆。

虽然大家刻意对李立科隐瞒病情，但他还是很快就察觉到了异样。不过，他并没有恐惧，而是怕花了钱又看不好病，给家人留下个烂摊子，就坦然地对合阳县领导说："我的病如果是癌症，只要能让我活到明年 7 月就行。我死了你们就把我埋在试验田里，立个牌子，写上'李立科说在这块地里种的小麦亩产能达到 400 公斤，望大家努力'。"

李立科的病情惊动了各级领导。1989 年 10 月 23 日，李立科离开合阳前往西安看病。经陕西省人民医院确诊，他患的是左上颌窦鳞癌，已是中晚期。幸而，命运之神眷顾了他，经过 6 个多小时的切除手术，李立科成功地战胜了病魔。

1991 年，57 岁的李立科走出病房后，又像年轻小伙子一样，将全身心的力量再次投入热爱的事业中。

出院重返甘井后，他动情地表示，要将重新获得的生命，奉献给合阳这块贫困的土地和人民。

"李立科对甘井的贡献特别大，所以他患病以后乡里专门派了一个人去陪护。他做完手术之后，我们几个乡干部代表群众去看他。那会儿他特别虚弱，半边颧骨都没了，牙托还没戴，吃饭只能吃流食，说话也说不清，但他还是惦记着试验田，用手比画着告诉我们等他病好了还要回到甘井去。"时任甘井乡党委书记的王均海至今仍记忆犹新。

在李立科住院期间，合阳县的干部群众送给他一块匾，上面写着一句古诗："但得众生皆得饱，不辞羸病卧残阳。"这是宋人李纲《病牛》诗中的名句。这也是对他一生最好的评价。也正是这块匾，激励着李立科度过了生命历程中最痛苦最难熬的时刻。

1994 年年底，李立科退休了，但他却"退而不休"，一年有七八个月都"泡"在甘井村的试验田里。儿女们都担心李立科的身体，想让他在家里多享享"清福"，但他总是待不住。对李立科来说，贫困的甘井是他的第二故乡，是他最惦念的地方。

更令人感动的是，李立科自 1991 年至 2019 年，在人生的最后近 30 年里，从未停下往来合阳的脚步，而是一直在研究推广"留茬少耕或免耕秸秆全程覆盖"技术。在他看来，这项技术可以在渭北高原降水不足、水源缺乏的情况下，有效保持土壤水分，同时增加有机质，让土地更肥沃。只要能用上配套合适的农业机械，渭北高原的小麦亩产就能突破 500 公斤。

为了实现这个心愿，上了年纪的李立科表现出像倔强孩子一般的执拗。田里能亲自动手的工作，他绝不假手于人；自己干不动的，他就搬个板凳坐在地头看着别人干。"从试验田的播种、管理、收割，到观察、记录、分析，再到最后写总结报告，他都要亲自上手，特别不容易，要知道他可是有着正高级职称的研究员。"从 2002 年起就跟随李立科从事科研工作的张润辛对此深有感慨。

农耕文明前的中国广大北方地区，地表皆被绿色植物固定的枯枝落叶腐殖质所覆盖，较少发生水土流失、干旱和沙尘暴等灾害。随着中国人从游牧生活步入定居的农耕时代，人们不断开垦荒地，破坏了绿色植被及其所发挥的拦蓄、减少蒸发、防止水土流失的机制。我国北方气温低、降水少，以犁、耙、耱为体系的传统耕作法反复耕翻疏松的耕地，在日照充足、降水稀少、风多风大的北方农区，农地里 60％的降水被蒸发。针对以上问题，李立科将美国仿森林地面的生态原理运用于农田耕种中，提出"留茬少耕或免耕秸秆全程覆盖"耕作新技术，即收割农作物时留高农作物秸秆茬子、不耕地，再在留茬上覆盖农作物秸秆枝叶。农作物秸秆留茬相当于森林、草地中的杂草和灌木的根茬，所覆盖的农作物秸秆枝叶相当于森林草地中的枯枝落叶，它使自然降水就地拦蓄入渗，不产生水土流失，这一方法可将自然降水的保蓄率由传统耕作法的 30％提高到60％。秋、冬、春地面有留茬固定的秸秆枝叶覆盖，不产生扬尘，可大大缓解西北地区的沙尘暴问题。

经合阳甘井试验站试验，用穴播穴施方法种植农作物，小麦增产 30％～50％，玉米增产 50％～100％；土壤有机质含量由 0.93％提高到 1.134％；试验地也不会出现水土流失和沙尘暴。留茬少耕或免耕秸秆全程覆盖技术所开发的水源是自然降水的源头水，在北方，这一水源的水量比流入河流、湖泊的水量大 6 倍，这一技术把耕种与防治干旱、水土流失、沙尘暴和土壤培肥结合起来，使资源得到重复利用，农业得到持续发展，也能实现人与自然的和谐相处。

专家赞誉："李立科的旱原试验田产量超过关中灌区，这是陕西农业史上破天荒的奇迹。"联合国粮食及农业组织（简称联合国粮农组织，FAO）官员实地考察后对李立科说："你的研究对世界旱作农业有指导意义。"时任国务院副总理的李岚清来陕西视察时，专门约见了李立科，鼓励他继续努力。

为了这"几番"，他曾携儿带女安家在合阳，过着农民的生活；为了这"奇迹"，他辞去了省农科院副院长职务，不当领导搞科研；他记不得孩子们的生日，但记得清工作笔记上的一行行数字；他雨中辗转为村民培训，骑车滑倒在地，左腿摔得鲜血淋漓……

留茬少耕的理论已经成熟、试验已经成功，对于一个学者、一个单位，这已足够了，但对于实干家李立科而言，还远远不够，他还要用毕生精力把这项技术推广下去，目前这项技术遇到的难题是所需农用机械无法调整以至于无法大面积推广。

试验田的高产小麦已经有望突破亩产 750 公斤，大面积推广试验的小麦品种亩产也已达到 450 公斤。但李立科对此仍不满意，这还未达到他自己设定的"理想状态"。他说："我只有三年时间了，死，也要让理想变为现实！"

已经 60 多岁的乔文连跟随李立科的时间要更早一些。从 1995 年开始，她就一直受雇于试验站。回忆起李立科，她说："有一次，他见一个麦穗长得特别好，就跪在地上开始数麦粒数，时间一长诱发了腰椎间盘突出，当时就站不起来了，被人送到富平县一家骨科医院，医生按摩完后他觉得好些了，第二天就又带病去了试验田。"

李立科的忘我奉献精神深深地打动了身边所有的人。为了表达对他的爱戴和感激之情，2007 年，甘井村村民自发将一条新修的路命名为"立科路"。

2020 年 3 月李立科去世以后，乔文连将他生前使用过的一顶草帽、一双皮鞋、一件马甲和一身西服埋到了试验田的地头，用这种方式将李立科和他的试验田永远地连接在一起。

1942 年出生的王均海是甘井乡原党委书记，1985—1991 年，他与李立科在甘井乡并肩作战，在小麦技术推广、产业结构调整和李立科事迹宣传上发挥了重要作用。正是在他的陪同下，陈忠实才得以顺利采访关键群众，写出了《渭北高原，关于一个人的记忆》那篇轰动全国的报告文学作品。

2004 年王均海退休后，他与李立科的联系更多了。2012 年，两人再度联手在王均海的家乡合阳县石城村搞起了小麦高产试验和秸秆留茬全程覆盖试验。

1985 年，合阳县委书记把王均海叫到办公室说："陕西省农科院的专家嫌地方政府不支持工作，想走。你的任务就是把李立科他们留住。留住李老师就是你的功劳。"见王均海答应了，县委书记连忙让他上车去甘井乡报到，怕他反悔。临危受命的王均海到了甘井乡，发现乡政府条件确实有限，如何留住李立科，成为他日夜思考的一个问题。李立科所要求的，并非个人物质享受，而是地方政府对他做系列产业结构调整和农业发展试验的支持。

既然条件有限，只能以情留人。直到 1985 年，李立科仍是一个人住在一孔窑洞里，窑洞又湿又潮，吃不好、住不好。尽管李立科从未提过私人生活方面的要求，但见到此情此景的王均海，立即向县长汇报了此事。县政府知晓情况后，非常重视，立即筹划建设旱区试验站小院。试验站的小院建设由县政府出资，乡政府出土地和人工。今天到甘井镇，人们依然能够看到这个饱经沧桑、墙体斑驳陆离的小院，听当地人讲述李立科的故事。

见王均海真心支持旱区试验站的工作，李立科决定留下来。他把长期与自己分居两地的妻子儿女接到了甘井乡。在别人都拼命将子女送到城里读书的时候，他把儿子、女儿从城镇带到了农村，在甘井乡和农家子弟一起读完初中、高中。20 世纪 80 年代，"搞原子弹的不如卖茶叶蛋的"俗语形象地描述了知识分子阶层的经济状况。李立科的儿子要结婚，但置办新房家具的钱还没有着落。甘井乡为此召开了党政联席会议，决定以组织的名义出资 1 600 元为李立科的儿子置办家具。王均海说："这事是我们开党委会决定的，乡长亲自抓这个事情。后来还公开了账目，怕有人说这是不正之风。"乡里干部和农民群众都说，这个是应该的嘛。

1985 年，王均海到甘井乡的时候，李立科提出的"以磷促根，以根调水"的经验已经顺利推广，农民将肥料配方俗称"一袋白（磷酸二氢铵，俗称二铵）、一袋黑（过磷酸钙，俗称磷肥）"。甘井乡的麦子亩产从 50 公斤提高到 100 公斤、150 公斤。到王均海调离甘井乡的 1991 年，小麦最高亩产已达到 250 公斤了。李立科因此被当地农民称为"财神爷"。

1985 年，有上级领导来甘井乡做社会调查，问乡村干部种什么农作物效益高。事实上，李立科和当地乡村干部已经开始思考这个问题了，并设定了实施步骤。他们当时称为"三步走"。第一步，提高小麦产量，解决吃饭问题；第二步，调整种植结构，增加农民收入；第三步，种草养畜形成小生态内部循环。到 1985 年，第一个问题已经解决，李立科和当地干部开始考虑第二个问题，即进行产业结构调整。为便于群众理解，李立科把产业模式总结为一句话——"一个二亩五个半亩"，即平均每户种二亩麦子、半亩玉米、半亩烤烟、半亩苹果、半亩花生、半亩苜蓿。小麦、玉米是主粮；烤烟、苹果主要用来销售；花生可以榨油；苜蓿可以用来养牛。这样就可以实现有粮吃又有钱花的目标。由于人们刚刚从饥饿中解脱出来，挨饿的恐惧使得农民们仍偏好种植粮食作物，发展经济作物只能"小步走"。

新产业的专家去哪里找呢？这时，王均海找到了李立科，说："李院长，你把苹果的事情给咱管上。"李立科很热心，赶紧带着王均海去杨凌、扶风等地"抓"人才，对当地苹果产业影响最大的骆建军，就是当时被他们"抓来的"。在此期间，陕西省农科院也陆续派出不少专家前来指导。

当时甘井乡主抓苹果种植，乡长亲自盯着西杨村栽了200亩苹果，并在西杨村开了现场会，号召各村"向西杨村看齐"。1991年，苹果收成喜人，群众自发种植了1万亩苹果。王均海说："苹果种植成功后，我们敲锣打鼓到省委报喜。县上也非常重视李院长，每次开大会都让李院长讲话。"

1989年，李立科病了，李立科的事迹经过《陕西日报》的宣传报道，闻名全国。陪同陈忠实采访的王均海回忆说："陈忠实当时把娃上学还有工作的事情都给耽误了。他在赵家岭西下村采访时，看到文天才家房屋破旧、衣衫褴褛，流下了眼泪，还把身上带的钱都给了文天才。文天才的媳妇在糜子底下摸出几个核桃，一定要塞到陈忠实的包包里。"深受感动的陈忠实写下了《渭北高原，关于一个人的记忆》，文章的第一句是：

因为面部手术后说话困难，李立科的事迹主要依赖他的同志，依赖他蹲点的县、乡、村的干部和村民来提供；当我们不止一次地面对人们泣不成声的场面时，我们握笔的手和心就止不住地颤抖……

时隔多年后，王均海和李立科谈起这段往事，仍充满深情。王均海在2012年9月9日的日记里写道：

旱农专家李立科今来我村做秋播调研，并登门造访。回忆往事，谈及陈忠实，使我想起陪同陈忠实采访李立科事迹时，他上山下乡，走访群众，边问边记，一丝不苟。尤其到赵家岭西下村文天才家，慷慨解囊，帮贫解困，且掉下同情的眼泪。我深受感动，心想，站在我面前的陈忠实，跟李立科何其相似乃尔，这简直是又一个活生生的李立科！夜不能寐，成诗一首：

赞陈忠实

贵文载头版，神笔放光焰；

事实全相符，情感满行间。

呕心采信息，沥血写典范；

登上梁山顶，深入农家院。

含泪问贫苦，解囊助危难；

锦上不添花，雪中来送炭。

唱响正气歌，呼出百姓愿；

专家李立科，美名从此传。

打墙先夯基，础实墙必坚；

作文先做人，品高文自灿。

这首诗既是在赞颂陈忠实也是在赞颂李立科，更是赞颂曾经给渭北高原农民带来实惠、带来希望的那些英雄人物。

去看望李立科时，他话都说不成了。现在他戴着假颧骨、假牙，说话说多了就会磨出血来，但他仍然坚持每年来讲课。李立科治疗期间，陕西省委书记亲自去医院探望了他。

"秦城和家庄，马尿泡馍馍"这句顺口溜，说的是合阳县和家庄、马家庄及其与大荔县相邻的近百个村子严重缺水的情形，这一区域又被称为"旱腰带"。王均海是和家庄石城村人，2004年退休后回村里居住，过起了回归田园的生活。2012年，两位高龄的老人再度"联手"，搞起了高产小麦和秸秆留茬全程覆盖试验。

李立科认为小麦亩产200公斤以下是缺水造成的，亩产200~300公斤是缺肥造成的，而他的理想则是渭北旱原小麦亩产500公斤以上。为了实现这个梦想，李立科找到了王均海，此时已退休的王均海"赤手空拳"，已无任何资源。他想来想去，决定就在自己家乡来搞试验吧，我带头做。

群众一开始并不相信李立科和王均海，王均海就把自己家的4亩地都种上了高产小麦，然后带动周围人，最后是全村村民参与试验。为减少农民顾虑，李立科为试验申请了部分资金，主要用于补贴农户，农户每亩地出50元钱，其余投资都由旱区试验站支付。在石城村的示范带动下，周边村庄不少农户也申请加入，试验田面积最大时高达2 000亩。

2012—2015年，试验田里的小麦品种是金麦54。研究发现，这个品种亩产超过300公斤就会倒伏，在肥料上控制小麦秆——少施二铵多施复合肥，小麦亩产则为300~350公斤，抗倒伏效果明显。从2015年开始，李立科逐步引进低秆小麦品种8190，三年试验结果显示亩产高达450公斤。但这个品种不耐寒，2018年4月当地遭遇倒春寒，小麦亩产有所下降，最高亩产只有300公斤。

至此，两人已经合作做高产试验7年了，80多岁的李立科坚持年年来指导田间生产。王均海说："补贴经费也不是固定的，都是靠老汉（李立科）去各部门跑的。听说2018年，老汉又要下了肥料钱，这次国庆节到合阳县来就是指导秋播的。"

　　早在 1985 年，李立科就提出秸秆覆盖保墒的技术以缓解渭北高原旱情。王均海用行政手段予以支持，"领导干部包村，村干部包组"进行示范，但当年大风吹得厉害，田里没有什么可挡的，试验失败了。后来李立科提出留 2～3 厘米的茬子。在一次次试验中，李立科完善了自己的理论和实践体系，留茬覆盖技术得以成熟。

　　2000 年，李立科和他的研究团队在《留茬少耕或免耕秸秆全程覆盖技术的地位和作用——西部农业大开发的切入点》一文中提出："渭北连续 15 年的试验表明，传统的耕作方法对自然降水的保蓄率只有 25％～30％，只能达到中产水平。使用免耕秸秆覆盖技术，在年平均降水量 550 毫米的合阳甘井旱原地上种小麦，8 年的示范结果显示亩产平均达 407 千克，较不覆盖的传统耕作方法增产 72.6％；5 年的玉米示范结果显示，平均亩产为 572.5 千克，较传统蓄水保墒方法增产 75.6％；该技术用于果园，能够解决间歇供水易产生裂果、软果、小果的问题。"

　　留茬覆盖免耕的试验在王均海家乡已进行了 2～3 年，但效果不太理想，原因在于厂家无法生产出理想的机器。"免耕留茬全程覆盖虽然高产，但播种的问题始终解决不了。老汉（李立科）找政府要了 20 万元，定制的是上海的机器，3 年了，都没有成功。当前的点播机一小时才能种 5 亩地。"由于点播机耕种太慢，只得将秸秆打碎还田覆盖，从 6 月初收完麦子到 8 月末，秸秆覆盖保墒 3 个月。农民张振乾说："留茬免耕技术在旱原很实用，成本不高，也不麻烦。李立科老师还经常到街头发传单宣传呢。"

　　在家乡的试验并不轻松，能够和老朋友李立科再次合作为中国农业发展做点贡献，王均海感到无比高兴。他也一直被比自己大八岁、多遭磨难的李立科感动着，2012 年 9 月 29 日，王均海赋诗一首，追忆了李立科一生遭遇的三起祸患、努力做好的三件事：

　　　　　　　　年届七九岁，祸患遇三起。

　　　　　　　　坠井淹不死，翻车摔不死。

　　　　　　　　患癌病不死，生命坚如石。

　　　　　　　　蹲点六十年，办成三件事。

　　　　　　　　五改产量翻，增磷根调水。

　　　　　　　　覆盖保地墒，探索无休止。

　　正如王均海所说，李立科探索农业科学技术、教民稼穑的脚步从未停息。退休之后，李立科仍每年至少到和家庄试验田里五次。每年开春之后，他都要亲自来讲课，指导农民选种；6 月份麦子收割后，李立科要亲眼看着麦秆粉碎还田；8 月份前后是麦芽草疯长的季节，李立科亲自来看施用草甘膦灭草，并观察效果；第四次来就是种麦之前的测土；第五次就是施肥、种麦子。王均海说，李立科虽然年迈，但每次下乡都坚持坐农家的"蹦蹦车"，从不让政府派车接送。2016 年 3 月，渭北高原春寒料峭，李立科像往年一样到了石城村，那一天风雨交加，李立科亲自到田地里铲土查看墒情，感动得王均海赋诗《八三翁》以作纪念：

> 旱农专家李立科，顶风冒雨石城行。
>
> 走访座谈富民路，执铲取土查墒情。
>
> 瘦骨嶙峋惹人怜，精神矍铄壮志凌。
>
> 踏平梁罗崎岖路，往返途中坐"电蹦"。

1991年，李立科病危住院手术前，王均海真心怕他过不了那一关，便和基层干部商议决定为李立科在甘井乡的梁山上立碑留名。令他和所有关心李立科的人们欣喜的是，李立科不但越过了"鬼门关"，还得以长寿。直到85岁，他依然走在合阳县的田间地头指导小麦种植，查看小麦长势。2018年10月，有访问者访谈王均海时，王均海说："我想在有生之年，给李立科立个碑。"而2012年7月，他就写好了碑文，这是一首藏头诗——"立科精神，永垂不朽"：

> 立足甘井搞试验，科研旱农卅余年。
>
> 精雕细琢根调水，神注形趋秸盖田。
>
> 永结百姓鱼水情，垂范同僚苦乐观。
>
> 不惜生命忘我干，朽骨甘愿埋梁山。

1985年建成的合阳旱区试验站办公住宿小院，经过35年的风风雨雨，土院墙已经被雨水冲刷得不成样子，生锈的大铁门勉强支撑着，大门一侧挂着一块歪歪扭扭、已经生锈的牌子"西北农林科技大学合阳旱区试验站"，李立科在厨房热情接待了一群来访者。站在来访者眼前的这位声名卓著的老者就是李立科，他与普通农民几乎没有什么差别，头发全白、身形瘦弱、衣着朴素，毫无大人物甚至是知识分子的一点架子。

在李立科"以磷促根，以根调水"理念指导下，合阳农民吃饭的问题在1982年基本解决。从1984年开始，李立科的关注点也从解决温饱问题转为帮农民致富、培育高产小麦品种、解决旱区缺水等更为复杂、持久的问题。20世纪90年代，李立科与地方政府一道推动区域产业结构调整，他们尝试过种烤烟、苜蓿、香菇、苹果等经济作物。甘井镇今天家家户户种苹果的产业优势，就是那时打下的基础。

直到2019年，李立科仍时不时走向街头向农民发放宣传册，建议果农发展玉米种植，改善花椒、苹果等生长环境。他想把自己看到的好做法、好经验迅速传播开去，化作农民致富的帮手。

2008年8月，李立科在甘井镇集市上向农民朋友发放了两份印制好的传单。一份题为《向农民朋友提出两条建议》，他告诉农民朋友，当年春季他在调查农业生产发展时看到很多花椒树被冻死，但也有没被冻死的。这些花椒树未被冻死的原因可能是土壤中的供磷条件好，植株体内的糖分含量高，抗寒性好。他建议果农摘椒之后在花椒树叶子仍是绿色还在吸收水肥时，给苗木追施些磷、钾肥，以提升植株的抗寒能力。

2008 年 7 月，李立科在甘井镇调查农业产业结构调整时，佃头村的一位果农把他们拉到自家果园里，全园栽植的红富士苹果枝繁叶茂，但结果很少，果农说是开花时受冻授粉不好所致。李立科和同行专家们分析后认为，原因是红富士来源于日本，该国气候温和湿润，我国西北地区四五月份空气干燥，高海拔的渭北春季常有霜冻，因而影响苹果开花授粉和坐果。由此提出两条建议：第一，建议果农在采收果子后，为树体追施磷、钾肥，提高植株体内的糖分含量，增强其抗寒能力；第二，建议果农在开花时给树枝上挂瓶装水，用针扎些小孔，让其在树干上缓慢滴水蒸发，增加空气湿度，改变开花时的小环境。李立科和同行专家们带着这一设想到了甘井镇白家河水库周围的果园去调查，栽植了 6 亩红富士苹果的席学民说水库周围的湿气大，他每年施氮、磷、钾肥料，苹果树年年挂果，没有大小年，每年收入在 2.5 万～3 万元。他还说距水库近的果园结果都好，远的不行。经过席学民果园的证实，李立科增强了追施磷、钾肥抗寒，增加空气湿度促进授粉的信心。他在传单的最后写道："以上两点，望果农在自己的椒园、红富士果园中做试验，看效果，以便大面积推广。"

李立科说，搞农业的都知道"一亩园，十亩田"，农民想致富就要发展经济作物。甘井镇海拔高、缺水，适合种植苹果、花椒、大枣、柿子等耐寒耐旱作物。正如李立科所言，近几年合阳县种植花椒的农民越来越多，2018 年花椒亩产值高达 1 万元，相当于种植 20 亩小麦。20 世纪 70 年代，本地女孩出嫁"宁往南走一千，不往北走一砖"的现象早已消失，农村经济情况大为好转。

李立科还建议当地苹果果农发展优质苹果种植，加快更新换代步伐。他告诉农户："同样是一亩地的苹果，有人卖四五千元，有人卖七八千元。农户张建良的无公害苹果一亩能卖到 1 万元。甘井村二组村民张建康两口子种了 4 亩优质苹果，年收入 5 万多元，搞得非常好。"

85 岁的李立科，不顾身患脑瘤，不顾家人、同事、学生阻拦，又到了甘井镇，又坐着蹦蹦车到了石城村的田间地头，他希望将余下不多的时间奉献给他热爱的事业和念念不忘的合阳。

李立科说，他这一生做了三件事。他的好友王均海将之表述为"蹲点六十年，办成三件事：五改产量翻，增磷根调水，覆盖保地墒"。

有调研访问者在甘井镇调研期间住在麻阳村梁相斌的侄子家中，而梁相斌就是《黄土忠魂》的作者。《黄土忠魂》的主人公正是李立科。梁相斌的侄子说："老汉（李立科）在甘井吃了不少苦，1980 年以前出生的甘井人没有不知道的，他可为甘井老百姓做了大好事啊。"甘井的麻阳村是农业结构调整的示范村，在李立科的指导下，该村1982—1990 年家家户户种烤烟，合阳周边县市的烤烟技术员多数是从这个村走出去的。

1997—2003 年，该村又家家户户种香菇，号称"西北香菇第一村"，香菇技术指导专家正是李立科引荐的呼有贤。至今，呼有贤仍是该村香菇产业的技术顾问。

甘井镇西阳村 45 岁的张振乾，现在是鑫富源苹果园区的技术员，年薪 6 万元。他还种了 8 亩苹果，亩产年收入 1 万元。这比外出务工强得多。张振乾的一身本领就是从 1990 年积攒下来的。张振乾说，旱区试验站专家李立科提出"以磷促根，以根调水"的理念，解决了渭北高原小麦种植难题。20 世纪 80 年代中后期，试验站开始向农户推广苹果、苜蓿、香菇等经济作物，他就是在这样的氛围下成长起来的。

1984 年分田到户之前，各村各队都有果园子。1993—1994 年全县大量推广种植苹果，1997—2000 年苹果生产过剩，价格下滑，随后几年果农砍去不少果树。但甘井镇砍树毁园的人比较少，主要得益于李立科等人到处做工作，鼓励果农挺过去。张振乾在 2004—2011 年，听从旱区试验站专家呼有贤的建议，搞起了香菇种植。他们利用废弃的苹果树枝制作香菇培养基。刚开始几年形势大好，但随着市场的饱和，香菇价格下滑，张振乾放弃香菇行业，专注于苹果生产和技术传播。通过不断向旱区试验站专家、县农技中心专家和白水苹果试验示范站专家学习，结合个人实践经验，张振乾逐渐摸索出一套成熟的苹果栽培管理技术。

相比张振乾，武阳村村主任耿银昌属于"科班"出身的农民技术员。"1985 年倡导'一个两亩五个半亩'时，我进农广校学习，1986 年结业。当时只有各村村主任和技术员能去，一个月学习两次，一年结业。我们的苹果种植技术主要是骆建军教的，县果业局的魏立新来指导配方施肥。当时群众学习的积极性高啊。这门技术到今天都用得上，我们忙完自家农活就结队到洛川帮人剪果树枝，一天能挣 150 元，人家都欢迎我们去呢。"

耿银昌就是当年去陕西省人民医院探望李立科的群众代表之一。他说："老汉确实给我们作了很大贡献。1991 年乡党委书记王均海带着我们去省人民医院，我作为村代表也去了，大伙提着鸡蛋、土特产上了车。我们盼着李老师早点回来。"

李立科、呼有贤、骆建军等一批农业科学家在渭北高原上传播了技术，传播了为人民服务的精神，他们培育了今天留守农村、支撑农业发展、实现乡村振兴的一批精英人士，李立科的感人事迹也被他们口耳相传。

作为一个旱区农业专家，李立科深知小麦、玉米等作物都是有生命的，容不得半点马虎，只有亲眼看着才放心。直到 2017 年，李立科每年都还要在甘井镇住几个月。2018 年，李立科时常感到头疼，检查发现他的脑袋里有肿瘤。无论如何，儿女都不让他再去甘井镇了。老伴也说："你还没弄够？这么大的病，死了怎么办？"可谁能拗得过李立科呢，尽管嘴上都说不愿意送李立科去甘井，但为免父亲劳累，儿女们还是去接送李立科。

王均海 2017 年在日记里写道："旱农专家李立科，甘井蹲点卅载多。秸秆覆盖显神威，小麦高产八百多。只因成果未普及，八四老翁不歇脚。昔与癌魔赌死活，今向阎罗争日月。"2018年9月27日，李立科坐着蹦蹦车又到了石城村的田间地头查看墒情、播种效果。

2018年10月，在旱区试验站的厨房里，李立科说："我脑子有肿瘤，不敢动手术，怕动了手术一出血，人就完蛋了。今年看到试验田有亩产800公斤的苗头，我就特别想来继续搞。我最多只有三年时间了，要让理想变为现实！"

"与生命赛跑"的李立科说，自己爱上了这份事业，因为爱，他才不惧生死、不计名利、不顾年迈体衰奔波于田间地头，"把论文写在大地上"，把汗水洒进黄土中。不问生前身后事，只求初心天地间。捧着一颗心来，不带半根草去。

身患癌症30年，扎根农村50余年，80多岁高龄仍奔忙在渭北高原试验田。爱国为民、无怨无悔、敬业守职、不计得失。全国农业劳动模范李立科，从青丝到白头，至去世前三年，他一直不遗余力奋战在渭北旱原，用自己的行动诠释着一位老共产党员对社会主义核心价值观的理解。

翻看李立科往日的照片，他出现最多的地方是农田。盼丰收的期待、手捧饱满麦穗的喜悦、讲起农业的神采飞扬……他把自己的一生都献给了渭北高原，献给了让农民幸福的事业。合阳县人大常委会原主任雷哲生评价李立科："黄土地上写论文，百姓心中树丰碑。合阳的百姓称赞李立科是'人民科学家''百姓活财神'，这两个称号他当之无愧。他的执着坚守和奉献精神令人敬仰，他是我们这个时代的一个标杆、一面旗帜。"

2023年，由李立科的堂弟、杨凌示范区戏剧家协会主席李恒屹以李立科的故事为原型创作的新编秦腔戏《黄土情》荣获第三届陕西戏剧奖·剧本奖。农历2023年2月21日，在李立科的故乡——南庄村首演该剧。剧协主席李恒屹、书法家李旭升嘱笔者为演出戏台拟联二副以传播李立科的事迹与精神，故笔者根据李立科的故事拟出对联两副：

辞去官职落户乡村持续帮扶千家万户齐奔富裕路
以磷促根以根调水田间地头传播科技满腔黄土情

欲知世上观台上方寸悬明镜
不识今人看前人事迹启后昆

2023年5月，以李立科事迹为原型、根据陈忠实和田长山获得1990—1991年度全国优秀报告文学奖作品《渭北高原，关于一个人的记忆》改编，由张朋亮编剧、王明军导演的电影《旱塬情》开拍。

李立科虽然倒下了，但他在人们的心中却矗起了一座丰碑。

这座丰碑告诉我们，一个对人民有益的人，人民是不会忘记的。

"植物软黄金"开发记

正在内蒙古考察元宝枫天然林的王性炎教授（左）

近20多年来，耄耋科学家王性炎教授开发"植物软黄金"元宝枫的事迹传遍了大江南北。

王性炎1933年12月生于四川成都，1956年毕业于西北农学院林学系，后留校任教。历任西北农学院森林利用教研室主任、林产化学教研室主任，西北林学院教务处处长、副院长、院长。兼任全国高等林业院校经济林教材编审委员会副主任委员，武功农业科研中心党组成员、副主任，中国林学会第七届常务理事，陕西省林学会第五、六届副理事长，中国科学院"黄土高原水土流失区综合治理与农业发展研究项目"专家委员会成员，中国林产化工学会林副特产新资源利用学组组长，中国林学会经济林学会副理事长，中国林业史学会副理事长，陕西省政府农业顾问组副组长，陕西省政府专家顾问委员会委员，陕西省科技进步奖评委，国家科技进步奖评委，中国经济林协会常务理事，陕西省决策咨询委员会委员，陕西省农业发展办公室顾问，湖南省林产化工工程重点实验室学术委员会主任委员，西安交通大学兼职教授，第四军医大学药物研究所元宝枫新药研制技术顾问。现任陕西省林业局元宝枫高产示范建设项目高级顾问，杨凌金山农业科技有限责任公司首席专家。

王性炎教授长期从事林产化学和经济林产品利用的教学与科研工作，主讲森林利用学、林副产品及其利用和经济林产品利用学课程，是我国经济林产品和林副产品加工利用的学科带头人。在担任西北林学院副院长和院长的 7 年间，主持制定了学校发展长远规划，加强了教学、科研和校外实习基地建设，在增设新专业、学科建设和对外学术交流等方面都取得了较大成果。自 1970 年起，王性炎开始研究元宝枫，并深深地迷恋上了它。他主持的 1990 年陕西省政府下达的科技扶贫任务"岚皋县林业综合实验基地"项目，与地方政府紧密合作，经过近 4 年的努力，使该县摘掉贫困帽子。该项目于 1992 年获陕西省科技进步奖二等奖，1993 年获国家星火奖三等奖。主持的"元宝枫开发利用研究"项目，1998 年获陕西省科技进步奖二等奖。协助主持的"巴山冷杉精油开发研究"项目，1999 年 1 月获国家林业局科技进步奖三等奖。先后主持的 9 项科研项目，其中获国家级奖项 2 项、省部级奖项 5 项。主持的"漆树品种调查及增加流漆量的研究"项目，1978 年获全国科学大会奖。主持的"漆树综合研究"项目，1980 年获陕西省科技成果一等奖。1986 年被林业部评为有突出贡献的中青年专家。1992 年享受国务院政府特殊津贴。1998 年被国家林业局评为农业科技推广先进个人。1998 年 12 月被评为台湾中兴大学刘业经教授奖励基金第三届获奖人。发表论文 60 余篇，主编出版著作 5 部，参编出版著作 5 部。撰写的科研成果报告《乙烯利刺激生漆增产的研究》和《中国漆史话》，1982 年分别获陕西省科协优秀论文一等奖和二等奖。参编的《中国主要树种造林技术》，1981 年获林业部科技成果一等奖。参编的《经济林产品利用及分析》，1992 年获林业部优秀教材二等奖。参编的《中国农业百科全书·林业卷》，1994 年获第六届全国优秀科技图书一等奖。主持的"九五"国家科技攻关计划项目"干旱区元宝枫丰产栽培及产业化技术研究"，于 2000 年 12 月 19 日通过国家验收并被认定为林业项目重大成果之一。获得 2003 年中国老科学技术工作者协会授予其"优秀老科技工作者"称号。2009 年中国老教授协会授予其"老教授科教工作优秀奖"。2013 年陕西省老区建设促进会授予其 2012 年"服务老区优秀工作者"称号。2013 年陕西省老科学技术教育工作者协会评其为"全省老科协科技创新先进个人"。2013 年陕西省老教授协会授予其"老教授突出贡献奖"。2014 年中共中央组织部授予其"全国离退休干部先进个人"荣誉称号。

2017 年，杨凌金山农业科技有限责任公司承担了陕西省林业厅的陕西省元宝枫高产示范园建设任务，在陕西省林业厅和杨凌农业高新技术产业示范区管委会、杨陵区政府的支持下，聘请王性炎教授为该项目首席专家。

在元宝枫的研究和推广事业上坚持了 50 多年的王性炎，首次将元宝枫种子开发加工为食用油，把元宝枫变成了"软黄金"，为中国和世界增添了一种新的食用植物油。这种"软黄金"已经在我国云南正式上市。因此，王性炎被誉为中国元宝枫产业奠基者和开拓者，中国元宝枫研发利用第一人，荣膺"中国元宝枫之父"的美誉。

元宝枫学名元宝槭，又名五角枫，是一种中国特有的树种，全身都是宝，同时也是一种高营养的树种。元宝枫籽油是多种生物成分的复合体，含有 12 种脂肪酸、18 种氨基酸，含有维生素 B_1、B_2、B_3、B_6，维生素 A，维生素 E 等多种维生素。元宝枫籽油为植物油脂之冠，在每百克元宝枫籽油中天然维生素 E 含量达到 125.23 毫克，是棕榈油的 8.3 倍、茶籽油的 4.6 倍。元宝枫侧根发达，在干旱贫瘠的土地或沙丘恶劣环境中也能生长，是荒漠治理特别理想的树种。作为木本油料树种，它的种仁榨取提炼的植物油，神经酸含量高达 5.52%。

秋冬之际，元宝枫一树通红的叶子令人赞赏叫绝，但很多人可能并不了解从元宝枫籽中提取的神经酸油。

人体缺乏神经酸，易诱发脑卒中、阿尔茨海默病等脑部疾病。食用油中的神经酸，能够直接作用于神经纤维，改善脑部亚健康状况，所以元宝枫籽油的经济效益、生态效益和社会效益潜力巨大。

有数据显示，我国食用植物油的自给率不足 40%，60% 以上靠进口国外的木本植物油——棕榈油或橄榄油等，年花费千亿元以上。这个现状让从事经济林研究的王性炎很心痛，他说："国家培养了我，我就要为国家争光、为国家争气、为子孙后代造福，发展我们自己的木本食用植物油。"

1994 年，从工作岗位退休的王性炎，退而不休，在自己执着追求的元宝枫事业道路上继续前行。

2000 年 12 月，王性炎主持的项目通过科技部专家组验收，被评定为"九五"国家科技攻关计划林业项目重大成果之一。项目结束后，由于王性炎已属退休人员，继续科研将不再有项目经费支持。但这并未阻挡他研究的脚步，他依靠自己和老伴的工资继续着科研工作，走南闯北，推广发展元宝枫产业。

2005 年，他的研究论文《神经酸新资源——元宝枫油》在《中国油脂》杂志发表后，引起美国科学界的重视，当即邀请王性炎教授参加由美国化学学会在亚特兰大召开的国际会议，并将该论文收录到学会的论文集中。

2011 年 3 月 22 日，卫生部第 9 号文件公告批准元宝枫籽油作为新资源食品，为元宝枫籽油正式进入中国食用植物油大家庭签发了准入证。

2013 年，王性炎教授将自己对元宝枫 40 余年的工作实践浓缩为一部拓荒性学术专著——《中国元宝枫》，成为我国乃至全世界第一部元宝枫专著，填补了我国和世界特有经济林树种的研究空白。

对元宝枫了如指掌的王性炎，为了将大自然馈赠的宝贵财富转化为农民致富的"金蛋子"，退休后仍然走南闯北，大力推广元宝枫的集约化种植，引导农民和企业迈上致富路。为了实现元宝枫籽油的工业化生产，2014年5月，王性炎教授奔赴沈阳，经过一个多月的实验研发，生产出我国第一批商用元宝枫籽油。7月，元宝枫籽油在云南正式上市。

为了实现元宝枫集约化种植，王性炎教授在陕西省扶风县太白乡（今杏林镇）长命寺村，扶持农民王新绪、王高红父子，建立起我国第一家元宝枫育苗基地和丰产示范园，带动全村200多户农民脱贫致富。2010年，王高红受到中国科协的表彰并被奖励20万元。该基地被陕西省老教授协会评定为科技兴农示范基地。

由于常年坚持工作，王性炎经常腰腿疼痛、睡眠不足，还患有胆结石、胆囊炎，但他只要感觉自己身体稍好，就依然奔走于田间地头，宣传、推广、指导农民种植元宝枫。

科尔沁沙地是京津风沙源治理工程的重点地区，是我国生态地位最重要的地方之一。

2003年，王性炎教授在内蒙古调研时，在科尔沁沙地发现了一片3万～4万亩的元宝枫天然林，这是我国少有的树龄200年以上的天然林。这让王性炎异常惊喜，但在随后的调研中，他发现对林地的破坏也相当严重，这让他心痛和着急。为此，2003年起，他先后七次赴该地调研，向当地政府和林业部门建议保护该地区的生态环境。他将调查情况上报国家林业局党组，并在《中国林业》上发表题为《科尔沁沙地元宝枫林亟待保护》的文章，建议保护好元宝枫的生境地，使之有效遏制该地区的土地沙化进程，减轻北京、天津等地的风沙危害。同时，他把保护和合理利用元宝枫与农民增收、农业产业结构调整、脱贫攻坚紧密结合，走出一条治沙、治穷、致富的新路子。

在他坚持不懈的努力下，元宝枫在西北、西南、华北和内蒙古赤峰地区得到迅速发展。尤其是2011年，元宝枫产业迎来快速发展的新机遇，云南、山东、四川、重庆、甘肃、内蒙古、河南等省份的政府和企业纷纷邀请王性炎教授前去指导当地元宝枫产业，目前已有11个省份的企业采种育苗，建立了元宝枫原料生产基地，生产出了元宝枫籽油、元宝枫茶、元宝枫化妆品等多种产品，推动了我国元宝枫产业发展。

老骥伏枥，志在千里。王性炎表示，如果在国内种植元宝枫33亿棵，按照8～10年每棵产籽20公斤计算，就可以收获6 600万吨果实，产元宝枫籽油达1 150万吨，可基本解决国内食用油问题，并把新科技带来的健康环保理念送进千家万户。"到那时，我的梦想才算彻底实现。"

2010年，王性炎来到成都市，扶持一家科技开发公司在龙泉山建立万亩元宝枫丰产栽培示范基地，现已营造元宝枫林4万多亩，受到成都市委、市政府的重视。随后，成都市政府规划在龙泉山 5 年内建成 20 万亩元宝枫丰产林，为山区农民开创一条脱贫致富新路。

"随着生活水平的提高，人们的保健意识也在增强。元宝枫作为一种纯天然、无公害、高营养的树种，必将成为开发系列保健品和药品的重要原料。"王性炎表示，通过丰产林建设、产品深度开发、市场开拓等多方面的努力，元宝枫定能在 21 世纪成为造福人类的高效经济树种。

回 敬 布 朗

王立祥教授（右）大半生关注国家粮食安全，将他退休后的重要著
作捐赠给西北农林科技大学图书馆

　　面对 21 世纪，全世界的人都在期待，但也有少数头脑冷静清醒者在审思，在叩问。
退休后的王立祥教授则用冷静的思考、严谨的逻辑、全面而真实的数据构成的几本大部
头专著，回敬布朗先生的"世纪之问"。

　　布朗？布朗是谁？"世纪之问"又是怎么回事？

　　布朗是美国的一位经济学家，全名叫莱斯特·R. 布朗（Lester R. Brown）。他于
1994 年在美国《世界观察》杂志上发表了一篇题为《谁来养活中国》的文章。文章认
为，随着中国的人口增长、耕地面积减少、水资源匮乏、环境破坏等，中国的粮食缺口
将威胁整个世界。因而由此提出了解除这个"威胁"的出路何在的"世纪之问"。

　　一时间，这个"布朗之问"冲上世界各大媒体头条，用长期以来形成的西方话语
"霸权"垄断的舆论优势，逐渐演化为一股甚嚣尘上的"世纪之问"热潮。由此成为当
今愈演愈烈的"中国威胁论"的始作俑者。

面对新世纪、面对布朗先生的"世纪之问",中国政府、理论界、学术界尤其是农业学术界、农业科技教育界的专家学者以及民间人士,全都在思考、在回答。

此时,王立祥即将退休。他决定在最短的时间内给予布朗先生的"世纪之问"以最有力量的"回敬"。

唐代诗人李商隐有诗句说:"夕阳无限好,只是近黄昏。"可对于已经进入"夕阳"之年的王立祥来说,他的夕阳之光却一点也不输其在职在岗时的风采,甚至更加光彩夺目。退休 20 多年来,他心济苍生,潜心研究,著书立说,笃志奉献才学,为中国的粮食安全作出自己的贡献。先后领衔主编多部农业专著,两次获得国家出版基金资助并获中国国家图书奖;向国家、地方政府部门提出相关意见建议 10 多个,其中 5 个被采纳。2015 年获"陕西省教育系统离退休干部先进个人"称号。

建言献策经国本

1935 年出生于安徽嘉山(今明光市)的王立祥,1957 年毕业于西北农学院并留校任教,历任西北农业大学农学系助教、讲师、副教授、教授、科研处处长、干旱半干旱研究中心主任等,直到现在仍然兼任西北农林科技大学咨询委员会委员等。他长期致力于农业资源与高效耕作制度研究,在旱区资源优势利用和农业结构调整促进产业化方面成果显著,先后主持国家级和省部级重大项目 10 多项,获得国家科技进步奖二等奖 1 项,省部级一、二、三等奖 10 余项。

2001 年,66 岁的王立祥离开了自己挚爱的工作岗位,正式退休。在之后的 20 多年间,他退休不退岗,退休不退志,持续热心关注"三农"事业,结合自己长期的科学研究、科技推广等成果和经验,密切关注国家粮食安全、生态维护、脱贫攻坚、乡村振兴等重大国计民生问题,积极向中央和陕西省献言献策。

在此期间,王立祥以一个有世界眼光、全球视野的学者的胸怀,高度关注全球气候变暖对国家粮食安全的威胁,以大量的科学数据展示近半个世纪降水减少、气温上升的气候发展态势,先后围绕"南水北调"和"北米南运"的辨析、关注南方湿润气候区季节性干旱、南水北调中线水源区生态维护与中线受水区的社会发展互补机制构建、我国农业整体发展,以及发挥陕西农业资源优势、增进粮食发展能力等建言献策,受到各级有关政府部门的重视和采纳。其中,中线水源区及受水区社会发展互补机制构建,得到国家财政专项支持。从"十一五"起,科技部把长期局限于北方旱区农业发展的攻关项目,扩大到四川、重庆等南方季节性干旱区;陕西农业部门已把榆林"压杂扩薯"、渭北"压夏扩秋"、关中"改籽粒玉米为青贮玉米"、陕南发展"多熟种植"作为提升粮食生产能力的重要举措。

作为中国农学会耕作制度研究会副理事长，王立祥高度关注有助于缓解人多地少、耕地资源紧张，富有中国特色的"多熟种植"的宝贵经验，早在 20 世纪 80 年代就参与了由沈学年、刘巽浩等编著的《多熟种植》这部专著的撰写，时任农业部常务副部长刘瑞龙亲自为此书作序，后由农业出版社于 1983 年 3 月出版发行，影响深远。他还多次以"关注复种，倡导复种，支持复种"上书党中央、国务院及各级有关政府等，屡次受到有关部门重视。

担任陕西省老教授协会农业委员会理事长以后，王立祥仍以高度关切之心，想农民之所想，急政府之所急，多次组织离退休专家教授深入农村传经送宝。他还组织老教授、老专家，就陕西榆林构建"陕西第二粮仓"、陕西旬邑苹果主产区优化"果-畜-肥-粮"结构、陕西汉阴月河平坝发展优质稻米生产等进行专题调研，提出发展规划设计。

著书立说尚科学

立德、立功、立言被古人称作人生"三不朽"。典出《左传》："太上有立德，其次有立功，其次有立言，虽久不废，此之谓不朽。"立德，是指树立德行，即提高道德修养，给人们树立道德方面的标杆和榜样。立功，是指为人民做好事，立下大功。立言，则指以救世之心著书立说，用之当代并传诸后世。

抱着同样的心理，退休后的王立祥有感于中华民族伟大复兴这一义不容辞的历史重任，笔耕不辍，以旱区农业可持续发展和坚实国家粮食安全基础为己任，主动承担国家重点农业专著编写工作，先后组织全国 28 所高等院校、科研机构和农业管理部门的 70 多位科技教育工作者，共完成近 500 万字的 8 部专著撰写出版任务。其中，《中国北方旱区农业》荣获第四届中国国家图书奖提名奖，《中国旱区农业》荣获第三届中华优秀出版物（图书）提名奖并入选向国庆 60 周年献礼图书。

他还参与了《中国现代科学全书》的编写，主编的《耕作学》，2001 年 1 月由重庆出版社出版发行。

20 世纪初，面对人口峰值逼近和更高水平小康生活的需求，以及仍将不期而遇的粮食生产双重风险，为了保障国家粮食安全，王立祥提出撰写一部有关提升中国粮食生产能力的专著。在时任校长孙武学的支持下，由国家出版基金项目资助，王立祥、廖允成两位教授联手我国粮食生产领域的 200 多位专家学者共同完成了《中国粮食问题——中国粮食生产能力提升及战略储备》一书，2010 年由阳光出版社出版。作为向政府进言献策、供各级政府决策参考的 150 万字的巨著，该书是迄今为止第一部全方位讨论我国连同台湾在内的各省、市、自治区和黑龙江、新疆两大垦区粮食生产能力提升的专著，该书一出版发行就被分送给中央和各省份主管部门负责人，成为他们案头必备的参考工具书。2015 年获得第五届中华优秀出版物（图书）奖。

2019 年，他写成《我见证的新中国粮食生产光辉成就》一文，完全站在一位负责任的科学家的立场，用自己亲身经历、参与、见证的事实和大量真实数据说话，有力地回敬了布朗先生的"世纪之问"。

王立祥有近 15 个年头生活在"三座大山"重压下的旧中国，亲身遭受过粮食极度匮乏的磨难且至今仍然记忆犹新。

新中国成立后，他长期从事栽培学与耕作学教学、科研、推广等带有专业性质的科技教育工作，全程见证、参与并深刻体会了新中国粮食生产的发展过程及其光辉成就，两相对比，反差显著，他更加深刻地感受到粮食的有效供给维系着国家安全、社会发展和民族振兴。

1936 年，全国粮食以 1.243 7 亿吨的产出量，成为旧中国的最高纪录，按当年的 4.6 亿人口匡算，人均 270 公斤。1937 年抗日战争全面爆发，饱受战乱摧残的中国粮食生产一落千丈。1938—1945 年的 8 年间，全国粮食年均产量仅约 7 280 万吨，人均不足 160 公斤。抗战胜利后，广大国统区的劳苦大众仍未推翻"三座大山"的压榨，民不聊生，直到新中国成立前，粮食生产也未恢复到 1936 年的水平。食不果腹、衣不蔽体、战乱不断、灾害频仍、赤地千里、饿殍遍野可谓是旧中国粮食匮乏的真实写照。

1949 年 10 月 1 日，新中国宣告成立。中央政府面对当年产不及需的 1.131 8 亿吨的粮食产量，全方位地尽力恢复生产，仅用一年时间，1950 年即以 1.321 3 亿吨的粮食产量，一举超越旧中国最高水平，有力地应对了国外敌对势力军事围堵、经济封锁，试图把共和国扼杀于襁褓中的图谋。此后，国家工业化发展、生产条件改善，借助于科学技术的进步，新中国的粮食生产突飞猛进，实现了从短缺到温饱再步入小康生活的历史性跨越，前所未有，举世瞩目。

新中国成立后，全国粮食产量在 1949 年 1.131 8 亿吨基础上，经由 1958 年的 1.976 5 亿吨、1978 年的 3.047 7 亿吨、1984 年的 4.073 1 亿吨、1996 年的 5.045 3 亿吨，到 2013 年的 6.019 4 亿吨，前所未有地实现了 5 个亿吨级的增长。2018 年以 6.578 9 亿吨再创历史新高，比 1949 年净增 5.447 1 亿吨，平均每 12 年新登一个亿吨级的台阶，新中国成立后 70 年的粮食产量增量之多、增幅之大、增速之快举世无双，堪称典范。

5 个亿吨级增量，使新中国粮食产量占世界粮食总产量的份额扶摇直上，在 1949 年不及世界 12% 的基础上，经由 20 世纪 60 年代的 15%、70 年代的 17%、80 年代的 19%、90 年代的 22%，跃升到新世纪的 25%，并于 1982 年首次取代美国成为世界第一粮食生产大国，至今已有 40 多个年头一直稳居世界第一粮食生产大国地位，占有世界粮食产量的四分之一，可谓举足轻重。

2018年，全国粮食产量较1949年净增4.8倍，远超过同期1.7倍的人口净增幅度，全国人均粮食占有数量得以倍增，实现了对世界人均粮食占有水平的历史赶超。王立祥亲身经历的半个多世纪的跟踪观察表明，中国人均粮食占有量1961年为206公斤，不及世界323公斤的65%，经由20世纪60年代的75%（263/350）、70年代的77%（309/399）、80年代的90%（366/405），于90年代略超世界平均值——101%（390/385）。此后虽有波动，但在国家惠农优粮大政方针支持下，整体呈增长态势，2009—2018年的十年间，以不低于105%比率（437/416），稳定超越世界平均值。2018年，全国人均粮食占有数量再次突破450公斤，足以保障小康生活对粮食消费的基本需求。

20世纪50年代，面对全国粮食产不及需的实际，中央政府为了确保军需民食基本供给，从1953年12月起在全国范围内实施粮食统购统销政策，对完成第一个五年计划、渡过"三年困难时期"难关、缓解粮食供需矛盾，起到无可替代的作用。直到1984年，全国粮食产量登上4亿吨台阶、人均粮食占有量逼近世界平均值、温饱问题得到解决之后，实施30多年之久的粮食统购统销政策的任务圆满完成，统购统销的逐步取消标志着国家粮食形势基本好转，"凭票吃饭"成为历史记忆。

20世纪六七十年代，我国粮食生产发展滞后，1966—1977年全国人均粮食占有量不及联合国粮农组织设定的低限水平。在中国恢复联合国合法席位之后，联合国世界粮食计划署（WFP）1979年把中国确定为粮食受援国。直到2005年的20多年间，总共向我国贫困地区提供380万吨的粮食援助。鉴于中国粮食生产形势的基本好转和人均粮食占有水平的显著提升，2005年WFP与中国政府协商后，终止了对中国的粮食援助，并从2006年起把中国的身份从"受援国"转变为"援助国"。

据不完全统计，2006—2017年的12年间，中国对非洲、拉美和南亚地区的一些发展中国家提供的粮食援助，早已数倍于WFP曾经对中国的援助。中国援外粮食完全属于无偿、无任何附加条件的人道主义援助，截然不同于某些粮食大国基于地缘政治战略需求、谋求一己之利的援助，深得受援国的一致好评，彰显了中国的大国责任担当。

改革开放后，我国粮食产量在1978年3亿吨的基础上，迅速提高到1984年的4亿吨，1993年达到4.5亿吨。面对中国粮食消费增长的势头，美国世界观察研究所的莱斯特·R.布朗对此"忧心忡忡"，他在《谁来养活中国》中，作出不切合中国实际的臆断，认为"到2030年，中国粮食赤字将达到3.78亿吨之多，届时世界没有一个国家或国家集团能够提供如此之多的粮食"。他还认为，"中国的粮食危机必将危及世界安全，并引发全球生态灾难，最终将导致世界经济崩溃"。对于布朗的这种"高见"，国际舆论一片哗然，一些境外媒体据此节外生枝，大肆炒作"中国粮食危机——世界的灾难"。《谁来养活中国》是科学家的忧思，还是另有目的的政治图谋？

王立祥认为，布朗的这个"高见"，与西方不时叫嚣的"中国威胁论"，似有某种异曲同工之处，值得警觉、警惕、警醒。此后，布朗面对中国很快超过 5 亿吨的粮食产量，2008 年时不得不改口称"中国粮食已能自给自足"。但是，他对中国能否养活中国依然固执己见。2013 年，在中国粮食产量跃居 6 亿吨台阶之后，布朗却一反常态，箴言闭口，没有任何表态。然而，这一切的一切，都无妨"把中国人的饭碗牢牢端在自己手中"的目标及决心、信心。

王立祥主编的《农作学》荣获陕西省普通高校优秀教材奖二等奖。《宁南旱区种植结构优化与生产能力提升》是王立祥及其研究团队在宁夏从事旱地农业研究与实践 30 年工作的结晶，他们所倡导的"压粮扩草、压杂扩薯、压夏扩秋"的"陶庄模式"已成为宁夏南部旱区的主体种植结构，成功地使昔日国家财政重点支持的西吉、海原、固原（简称西海固）从温饱步入小康，实现了人均粮食占有量达到全国平均水平的目标。

"屡教不改""工作狂"

多年来，王立祥始终保持着良好的生活习惯，不吸烟、不喝酒、不打牌，从不把时间和精力浪费在不必要的应酬或"空耗"上。除了每天一万步的自创拍打散步、观看晚上的新闻联播雷打不动外，他的全部时间都用于将自己所学服务国家社会，用他老伴张云青教授的话说，他一写书就变成了"工作狂"。

2005 年，王立祥突感不适，紧急送医后被诊断为心肌梗死，需要立即住院手术，而他只是在门诊看了几天，自觉身体恢复得差不多时就立即返回家中接着工作。后来心肌梗死再度发作，心脏先后安装了三个支架。就算这样，一旦进入近乎"疯狂"的工作状态，有时他便忘了自己还是个病人。

2009 年，《中国粮食问题——中国粮食生产能力提升及战略储备》专著初稿陆续汇集到王立祥手中，他细读下来不由得倒吸了一口凉气。虽然前期讨论、统一过多次，也有基本框架、撰写要求，但到手的初稿写作水平仍千差万别，体例也是五花八门。打回去重写，时间来不及，也许会更难以统一，而此时距正式出版只剩一年时间，可谓箭已在弦，不得不发。他只好在这一年时间里，将自己深深地"埋"在初稿中，没日没夜地修改。既要尽量保持原作的内容、风格，又要字斟句酌、精益求精，确实十分艰辛。多数稿件改了 3 遍，最多的竟然修改了 10 遍之多。用他的话说，就是"改稿比我自己重写还困难"。

当时已经 74 岁的王立祥会用计算机，但不是很熟练，对稿件他边斟酌边修改，想好了再在键盘上一字一字录入修改。有时思路堵塞、迟滞了，一两天都没有进展；有时思路来了，半夜披衣下床，赶紧记到本子上，唯恐第二天起床后又忘记。用他的话说，就是人老了，要"笨鸟先飞""笨鸟多飞""笨鸟勤飞"。

进入最后的校对阶段，王立祥大年三十晚上还在熬夜修改书稿。连续的"持久战"使他的视力严重受损。终稿送到出版社后，他才去医院进行检查，视力从 1.0 下降到 0.2，且属于老年性黄斑变性。当时医生警告他再也不能工作，否则可能导致失明。而经过一段时间的治疗，视力有所恢复后，他又是一副"屡教不改"的"工作狂"模样。

理论实践两躬行

其实，王立祥回敬布朗"世纪之问"的历史，最早可上溯到 20 世纪 80 年代初。1982 年，西北农学院的扶贫工作，最先在宁夏南部西海固地区结合"开发大西北"展开。

为贯彻宁夏回族自治区党委宁南山区工作会议精神，自治区各相关部门遵照中央科技扶贫的要求，多次来西北农学院商请学校支撑和洽谈合作事宜。

1982 年春季开学，西北农学院领导决定先期派王立祥以及王留方、韩怀礼、李青旺、蒋骏等承担此项任务。为了不误农时，他们抓紧时间作了必要的准备，于是年 3 月 1 日启程到达固原，在当时地委、行署领导关照和科技处安排下，着手考察和选定基地。经过实地调查比较，他们选定具有宁南半干旱气候典型，能代表西海固的陶庄村，作为开展科技扶贫的工作基地。

宁南山区，实际上并没有明确的行政辖区范围，泛指贺兰山区、银川平原以南的宁夏回族自治区南部地区，涉及整个固原地区，以及吴忠的盐池、中卫的海原等。西海固位于宁南山区腹地，与当年甘肃的定西和河西统称为"三西"地区，以贫穷著称。除贫困人口多、粮食极度短缺、社会发展严重滞后等共同点外，西海固还是我国回族人口聚集区之一。西海固连同陕甘宁边区的盐池县同为革命老区。加大民族地区、山区和革命老区的扶贫工作力度，意义重大。

陶庄村当时属于固原县杨郎公社，年均降水量约 400 毫米。全村有近千人口、5 000 亩耕地，当时人均年收入不足 60 元，产粮人均不到 130 公斤，缺衣又少食。按当地群众的说法是"吃的救济粮，穿的黄军装，守着 5 亩地，不够半年粮"。

进驻村庄后，他们当即会同村上干部，晚上访贫问苦，察看村民的生活，听取村民的心声，了解村民抗灾生产的经验；白天深入田间察看土壤墒情，监测地力；深入圈舍、粪场，察看牛羊膘情、草料储备，监测粪肥质量。面对"人缺粮、畜缺草、地缺肥""广种薄收、五谷不丰、六畜不旺"的情况，凭借他们多年研究积累的"地力水平与降水利用效率相关显著"等认识，联系陶庄与西海固的实际，王立祥等逐步形成了"压粮扩草"的工作思路，开始确立以扩大苜蓿种植面积为突破口，促进畜牧业发展，通过种植业结构调整，压粮扩草强化农牧结合和土地"用养"结合，发展系统生产力，助力温饱与减贫的工作方案。

为使方案如期实施，他们会同村干部认真研究，统一了认识，召开村民代表大会讨论。会上有位长者担忧地提醒他们："陶庄过去种那么多的粮还不够吃，压粮扩草，粮食产量掉下来怎么办，谁负责？王老师你们赔得起吗？总不能让人也吃草吧？"他的话使会场一片哗然。面对这个场面，王立祥向大家首先说明"压粮扩草"的科学道理，并结合村上实际介绍"草-畜-肥-粮"方案农牧结合增粮、增收的可行性。最后还不得不面对那位长者提出的责任问题，作出"万一减产了，我负责，我们赔"的明确表态，博得会场一片掌声。

会后的当天晚上，王立祥认真思考会上自己的表态，心里开始感到有点不够踏实。毕竟，陶庄方案思路的根据是他们早先在陕西半湿润偏旱气候区"压粮扩草"实践得出的认识，现在面对的是半干旱气候区的西海固，能成吗？不怕一万，就怕万一，万一有个闪失，粮食减产了，责任确实太过重大，王立祥越想越难以入眠。

经过一番深思熟虑，第二天一大早，王立祥赶到固原地委和行署，找到地委书记刘全声和行署专员杨兆清，向他俩作了汇报，诉说了自己的担心，并征求他俩的意见。他俩同为农学科班出身，懂行，听完王立祥的情况汇报后，认为"陶庄的方案有新意，切合西海固实际，'压粮扩草''农牧并举'，粮食肯定会增产，大胆干，不要怕。万一真的减了产，由地委和行署负责，大不了增拨点救济粮，怎么能让西农老师赔呢"！他们的一席话，坚定了王立祥的信心。

赶回陶庄后，王立祥向基地的同志转达了地区领导的态度，提振了大家必胜的决心和信心。

宁南季节来得晚，苜蓿要到四月下旬前后才下种，他们就抓紧时间筹措资金，购买1.5吨苜蓿良种和20吨磷肥。考虑到陶庄村的实际，不能增加群众经济负担，经商得自治区科委应允，先从拨给基地的工作经费中列支，容后再由地区经费给基地补上。经过帮助，总算提前备足了一千亩苜蓿种子和磷肥等，待有墒情时下种。

可天公偏不作美，那年持续春旱，缺雨欠墒，耽误了苜蓿的正常播种期，急得大家团团转。左盼右盼，延后近一个月来了一场不足10毫米的雨水，他们只得抢墒下种，还算好，捉住了苗。但是又遭遇了夏秋连旱的极端干旱天气（全年降水量不到250毫米），苜蓿小苗发育滞缓不旺，年前收不到草，当年的粮食产量也达不到预期。面对大家一年的辛苦，还是那位在会上担心粮食产量下降的长者说了句公道话："今年的产量虽然赶不上风调雨顺的年景，但和往常的旱年相比，产量还算不错，不是还多了一千亩苜蓿吗！"这可谓是他和全村群众对"压粮扩草"的初步认可。

种草是为了养畜，继千亩苜蓿扩种成功之后，力促全村牲畜群规模翻番，就成为他们工作的又一个重中之重，按方案要求，苜蓿产草高产期到来之前的三年内，新增200个牛单位的任务，必须如期完成。但在按种草面积把任务分解落实的过程中，碰到的还是群众无力添置种禽和种畜的问题。怎么办？有问题，找政府。经行署疏通，从银行扶贫专款中通过贴息贷款的方式，解决了农户的难题。陶庄村开始摆脱"人缺粮、畜缺草、地缺肥""广种薄收、五谷不丰、六畜不旺"的局面，"草多、畜多、粪多、粮多"成为现实。全村在1982年人均粮食产量135公斤的基础上，1985年人均粮食产量提高到349公斤，逼近当年全国的平均值，开始终结陶庄村粮食产量长期不高的历史，使温饱成为可能。

陶庄方案初战告捷！

对此，固原地委和行署不失时机地作出两项决定：一是认真总结经验，再接再厉，持续攻关；二是在固原清水河流域10个乡镇、村大范围推广陶庄方案。这两项决定使在基地工作的同志干劲倍增。经过又一个五年的奋斗，1990年全村苜蓿面积扩增到耕地面积的三分之一，粮食面积减缩了三分之一，全年产粮420吨，较1982年的120吨净增近3倍，人均粮食产量448公斤，超过全国平均水平，苜蓿干草产量从1982年的40吨，提高到720吨，净增17倍，牲畜群规模逾500个牛单位，较1982年净增1.5倍，粪肥的数量和质量也早已今非昔比，畜禽出栏数量逐年增多，农业净产值增加118倍，人均收入从65元跃增到706元，初步奠定了从温饱步入小康生活的基础。中央和自治区领导对陶庄的工作予以高度赞扬，称誉为"陶庄模式"。

1987年，"陶庄模式"再次经受了更为严酷的干旱考验（全年降水量229毫米），的确比较稳定。国家环保局把陶庄的"草-畜-肥-粮"良性循环结构，树立为全国生态农业典型之一。他们在陶庄基地致力于科技扶贫的旱区农业研究，被正式纳入"九五"国家"北方旱区农业"科技支撑计划，实施攻关，并依托陶庄基地，由王立祥领衔在半干旱偏旱区的海原二道沟，增设"国家宁南旱农试验区"，构建"压粮扩草、压夏扩秋"稳定型种植结构，是谓"海原模式"，连同他们融入富有西吉特色的"压麦扩草"经验在内，扩大在西吉县的示范推广，实现西海固地区全覆盖，经过又一个五年的攻关，陶庄与海原的两个模式已成为今日整个宁南山区种植结构的主体。据2008年的统计，整个宁南山区人均拥有粮食已逾400公斤，与当年全国的平均水平持平，实现了全区粮食自给有余。

王立祥和坚守宁南山区科技扶贫、科技攻关的西农人，以及先后参加两个基地工作的宁夏农科院、宁夏大学农学院、固原农科所和中科院水保所的同志联合扶贫30年。这30年是团结奋进、不辱使命的30年，是在社会发展主战场建功立业的30年，是富有成效的30年。30年间，他们的基地多次被评为自治区先进集体，1995年受到国家科委科技扶贫办公室表彰，2001年获国家科技进步奖二等奖，王立祥还受聘为宁南生态农业专家组成员，一直延续到 2015 年。为了传承陶庄与海原两个试验区的精神和经验，从 2005 年开始，王立祥和廖允成领衔先后撰著出版《宁南旱区种植结构优化与生产能力提升》《中国粮食问题——中国粮食生产能力提升及战略储备》《中国粮食问题——宁夏粮食生产能力提升及战略储备》三部专著，向各级政府建言献策，深得自治区政府和中央有关部门高度重视。

30 年间，王立祥及其团队加入宁南科技扶贫行列，身历其境地感受到宁南农业快速发展、农村面貌显著改观、生态环境质量水平持续提升，富有宁南特色的苜蓿、马铃薯等产业走上规模化生产之路，如今航线、高速公路、高铁相继开通，山区不再闭塞，整个宁南山区呈现出一派生机蓬勃的景象。

回想曾经走过的扶贫路，王立祥感慨万千。他说这一切的一切发展变化均应归功于全面建成小康社会的大政方针，是脱贫攻坚和科技扶贫的成效，是中央惠农政策和国家加大对宁南财政投入的成效。简而言之是"一靠政策、二靠科学、三靠投入"的成效，至于我们宁南的工作，应该是西农秉持"经国本、解民生、尚科学"办学理念和服务国家重大战略发展的成效，是宁南各族人民和各级政府支持的成效。

正是由于大半生的"理论实践两躬行"，《中国粮食问题——中国粮食生产能力提升及战略储备》《中国旱区农业》等多部巨著的主编由他来担任，才能够服众，才能够有凝聚力，也才能那么高效、优质地如期出版。这是从理论到实践两个层面对布朗的"世纪之问"的最有力的"回敬"与回击。由于这些大部头著作从宏观到微观、从理论到实践，条分缕析地论述了中国的粮食战略，用翔实的数据、真实的记录、科学的推论来说话，句句实实在在，字字有理有据，逻辑严谨，令人信服。所以，由布朗的"世纪之问"和"中国威胁论"引发的舆论热潮才得以慢慢"降温"。

作为粮食战略研究专家，他经常查阅各种地图。还利用外出开会、出差、自费旅游等多种途径，走遍了祖国各地的山川河流，了解各地物产尤其是农业生产状况等。在他的大脑中，装着一幅幅被他自己"活化"了的以世界地图为暗衬的中国地图和一个取之不尽、用之不竭的中国农业大数据库，某种粮食作物主产区在何处，当地耕地总面积是多少、总人口是多少、产量水平如何、生产技术如何、生产潜力如何、水肥条件如何，单产和总产上的突破口在哪里，国家及地方政策怎样，等等，他都有一本"账"。一旦提及，一串串数字、事例甚至图像、情景都会"列队呈现"，因而每每谈及中国粮食安全、农业生产，他总是成竹在胸，讲起来就口若悬河、滔滔不绝。这全得益于他大半生严谨治学，洞悉中国"三农"相关理论、实际和各个时期的农业政策与国情民情，又走南闯北，遍访中外，尤其是深入中国"三农"第一线并认真躬行和实践，加之他又善于消化吸收、深入观察、反复思考及娴熟运用语言文字予以最优化表达。因而凡是听过他讲课或作报告的人，无不如沐春风，深感醍醐灌顶，对其高超的业务水平、严谨的逻辑思维、平实形象的文字叙述、风趣幽默的语言表达深表赞佩和叹服。

尤其是他于 2015 年开始进行的中国现代化研究，立足中国，胸怀世界，放眼全球，以世界公认的 14 大类 60 个现代化指标，引经据典地对比世界先进国家的相关指标、数据，一一剖析、预判中国现代化各种指标数据的实现条件，具有十分重要的参考价值。

其实，对于现代化这个问题，他从上大学时就十分关注，也曾陆陆续续请教过好多老师、官员、学者等，一直未得到清晰准确、令人信服的答案。因而这个问题一直萦绕在他的心头，挥之不去。

20 世纪 60 年代，曾经担任清华大学副教务长、校长助理、党委副书记，时任中共中央西北局宣传部副部长的陈舜瑶在甘肃天水参加社教，她向陕西省委宣传部副部长陈吾愚表示想要选择一位懂农业、农村、农民工作的科教干部，支援一下她的社教工作。陈吾愚打电话给时任西北农学院常务副院长、自己之前的好搭档康迪请求帮忙，康迪就选派王立祥到天水去做陈舜瑶社教工作的农业科技助手。在此期间，王立祥也曾请教陈舜瑶关于四个现代化的问题，其时陈舜瑶也表示她说不清楚。

直到 2015 年，王立祥借鉴国内外大量相关参考资料，从 1954 年首次提出的"四个现代化"这个术语入手，进行了全球化视野下的系统研究与梳理，分析了全球现代化国家的历史、各种指标等，并对 14 大类 60 个指标进行了全面分析与预测，认为现代化仍然只能是一个阶段性目标，不可能成为终极目标，因为即使实现了现代化，人类社会还要前进，不可能停止不前。而且整个现代化过程仍旧必然是螺旋式波动上升的过程，不可能是一帆风顺的。这些，我们必须做到心中有数。

多年来，他的老伴、同为退休教授的张云青，成为他生活、事业的最佳助手，不仅包揽了大多数家务，还是王立祥著述研究的同伴，默默地付出了很多。"军功章啊，有你的一半，也有我的一半"的歌词用在张云青身上，一点都不为过。可所有专著中，却没有张云青的名字。她成了王立祥一部部巨著背后的无声支持者。

岁月无情催人老，晚霞更比早霞红。如今已经 89 岁的王立祥虽然有点耳背，使用助听器也不很灵便，与人交流有时还不得不借助于纸笔，但他却人老心不老，仍然每天起早贪黑，精神矍铄地从事力所能及的思考与著述，而且时时关注学院和学校年轻学者、学生的健康成长。

是啊，作为一名大半生教授栽培学与耕作学的教师和研究粮食战略的学者，他无时无刻不在思考普通老百姓的"饭碗问题"。他认为"把中国人的饭碗牢牢端在自己手中"，是"双一流"农业大学的神圣使命。

"经国本，解民生，尚科学"是西北农林科技大学的办学理念。秉持"民为国本，食为民天"的西农人，想国家所想，急人民所急，为了国家粮食安全，不畏艰难险阻，到粮食主产区挥洒汗水。几代西农人为新中国的粮食生产发展作出显著贡献。以誉满华夏的赵洪璋院士、李振声院士为代表的小麦育种学家，先后育成具有广泛适应性与稳定生产力的优质高产小麦良种 70 多个，多次引领黄淮麦区的品种更替，累计推广面积逾 3 亿公顷，增产粮食近 5 000 万吨，相当于现今 4 个陕西省的年均粮食产量，为国家粮食供需平衡尽责尽力。

面对新时代"乡村全面振兴"和"农业农村现代化"社会发展重大战略需求，认真践行"夯实农业生产能力基础。深入实施藏粮于地、藏粮于技战略，严守耕地红线，确保国家粮食安全，把中国人的饭碗牢牢端在自己手中"的大政方针，已成为奋进新时代西农人的追求。王立祥相信，秉持崇尚务实传统精神、甘于无私奉献的西农人，将不负国家重托和人民期盼，为再创我国粮食辉煌，从种子产业、扩大复种指数两个方面继续贡献"西农力量"。

扶 贫 状 元

退休后的卢宗凡研究员仍在从事水土保持研究与著述

2021 年 7 月 20 日，在陕西省延安市安塞区沿河湾镇峙崾岘村，71 岁的贺健拿出珍藏在影集里的一张大伙共同劳作的老照片，给在场者讲述 40 年前村里退耕还林还草的往事。

贺健说，照片里一个农民模样的人，就是中国科学院、西北农林科技大学安塞水土保持综合试验站首任站长卢宗凡研究员。"卢宗凡真是我们的大恩人，我们能过上现在的好日子，全靠试验站在村里推行退耕还林还草。"贺健深情地回忆说。

贺健和村里人认识卢宗凡，缘于 40 年前的那场"冲突"。

原来，贺健所在的峙崾岘村，位于黄土高原腹地的安塞纸坊沟流域，这里是黄河泥沙的主要来源区和生态治理的核心区域之一。1981 年，为了加强水土保持，开展生态建设科学研究和试验示范，试验站打算在纸坊沟进行退耕还林还草试验。

当时，卢宗凡在峙崾岘村组织召开示范培训会，叫每家每户来一个人，结果全村只来了不到 10 个人。卢宗凡正介绍水土保持技术，提倡坡耕地少种粮食，变成梯田，多种些果树时，村里的种粮好手怕果树收入不高，急了眼，质问卢宗凡赔钱了咋办？

面对村民的质疑，卢宗凡掷地有声地回答："你放心，采取我们的措施，产量肯定翻番。如果赚了钱，你们拿走。赚不了钱，我给你们赔偿损失。"

如何把村民口中的"不可能"变成现实？卢宗凡和同事们在纸坊沟找了 5 户社员，进行"生态户"试验，开展农业技术推广。

通过田间试验和访问调研，卢宗凡发现，影响当地粮食单产的主要原因是品种老化，播期不适宜，少深翻、少施肥或不深翻，留苗过稀，管理粗放。

为了提高单产，卢宗凡和同事们对"症"开良方，积极引进小麦、玉米、谷子等新品种并调整播种期，进行深翻，还适当密植并加强田间管理。一年后，这 5 户"生态户"耕地面积由 244 亩减少到 194.5 亩，但粮食总产量却由 1 万公斤出头增加到近 1.6 万公斤。

"生态户"试验进行了 3 年，卢宗凡进一步扩大了试验规模。从 1985 年起，试验站以村代户，从 5 户"生态户"试验变成整村建为"生态村"，退耕的土地三分之二种草，三分之一种经济林，流域植被得到了很好的恢复，初步形成了多林种、多树种、高效益的防护林体系，逐步形成了纸坊沟生态治理与农业发展模式。纸坊沟流域的植被、环境、气候在退耕还林还草后产生的变化，让村民们亲眼见证了退耕还林还草的好处。

经过多年的研究和实践，卢宗凡和他领导的课题组创建了"纸坊沟流域水土保持型生态农业实体样板"，提出了"水土保持型生态农业"理论。"水土保持型生态农业"及其配套技术体系还在同类示范区得以推广。

2020 年，纸坊沟森林覆盖率达到了 60.4%。峁嵛嶮村人均纯收入从 1973 年的 50元增长到 2018 年的 7 000 元，生态与经济相互促进，发展越来越好。

曾经的荒山秃岭变成了现在的秀美山川，人均收入近万元。"当时一亩地从来没打过 50 公斤粮食，产量翻番想都不敢想。"峁嵛嶮村村民宋加前说："现在的好日子，以前做梦都不敢想。"

其实，早在 1997 年 10 月，中国科学院水利部水土保持研究所（简称水保所）传出一个新闻——卢宗凡研究员又获奖了！各种各样的奖项，水保所的科研人员得过很多，早已不足为奇了，但这次，喜报传来时，人们还是抑制不住地激动了，全国十大"扶贫状元"——全国仅有十个，而他是其一！

那段日子，许多报刊、电视台都纷纷把焦点对准了卢宗凡和他那鲜红的第四届全国十大扶贫状元荣誉证书及金光闪闪的奖杯，同时也对准了孕育"状元"的水保所和农科城杨凌。卢宗凡这位平凡但不平庸的农业科学家，又在后稷传人的光辉史册上添了浓墨重彩的一笔，而这一笔是他在黄土高原上辛勤描绘了六十多年的色彩凝聚！

状元者，封建社会科举考试中殿试录取的第一名。但回顾历史上的状元们，有多少真正关心过民众的疾苦？有多少为老百姓谋过幸福？即便就是有几个敢于为百姓说话者，也不过是为了维护封建统治阶级的利益而已。而卢宗凡却是一位真真正正、全心全意为贫穷老百姓谋利益的"扶贫状元"。

一

这"状元"的背后，是卢宗凡那颗不变的初心。

卢宗凡本是西安人。高中毕业那年，他没有像大多数城里青年那样选择一个热门专业，以便毕业后仍回城里，而是毅然决然地报考了位于小镇上的西北农学院。1957年，手捧大学毕业证书的他，又毅然决然地迈进了同样位于小镇的中国科学院西北农业生物研究所（今中国科学院水利部水土保持研究所）的大门。从此，他把事业的根扎在了大农业的领域中。从此，他与黄土地的深厚情缘也悄悄结下。那年，他22岁。

第二年，他参加了由中国科学院副院长竺可桢率领的黄河中游水土保持考察队，踏遍了青海、甘肃两省的大部分地方，深入进行农业和土壤肥力的考察。

20世纪60—70年代，结合自己的专业特长，卢宗凡参加了小麦丰产试验和育种工作，尤其是较早地进行了小麦辐射育种研究。他先后开展过 60Co-γ 射线辐照小麦干种子、萌动种子、花粉、子房、不同生育期的小麦植株等研究，并选出矮秆、大穗等新品系。在工作中，他始终坚持定位试验，并撰写出小麦辐射育种方面的论文多篇，促进了小麦辐射育种工作的广泛开展。同时，他还不畏艰辛地深入农村一线开展示范推广工作，因为他深知，农业科学的成果，是要写在广阔的大地上才能体现出它真正的价值。

就这样，在黄土地上卢宗凡的根越扎越深，而他最美好的青春年华却绽放得平静而清冷。除了没日没夜拼命工作外，他无暇享受什么。也许，有人会替他哀叹这份青春年华的默默流逝，可每一位有着远大理想的人却能从这失去中寻到价值，因为当理想一点一点实现时，回首过去，每一份失去换来的都是一份更为珍贵的体验和踏踏实实的足迹。

卢宗凡就是用他的青春年华为后来的成功打下了坚实的基础。当跨越而立之年时，他的事业也踏上了一个新的台阶。

二

20世纪70年代初，卢宗凡已成长为单位的科研骨干。工作的需要和十余年积累的科研、推广经验，使他满怀信心地投入水土保持研究工作中。

1973年，卢宗凡被派往安塞茶坊基地（试验站前身）进行建站前的考察。次年，他到该地从事野外试验科研工作。之后他和二十多位科研人员一起在这个村里劳动锻炼，"接受再教育"。

"这片广袤的土地已经被水流剥蚀得沟壑纵横、支离破碎、四分五裂，像老年人的一张粗糙的脸……"路遥在小说《平凡的世界》中这样描述陕北黄土高原。

茶坊位于黄土高原腹地的延安安塞，是黄河泥沙的主要来源区和生态治理的核心区域之一，对于开展水土保持与生态建设科学研究和试验示范具有典型代表性。

他们面对的就是路遥小说《平凡的世界》中所描述的因长期滥垦、滥伐、滥牧而几乎无荒可开的黄土地，接触到的是因落后的认识和生产方式而挣扎在温饱线下的贫苦村民，他们只为着亩产25公斤的收获辛勤劳作。由于沟壑纵横、植被缺乏，冬天连烤火都成了奢望。更令人惊心的是连送葬时用的"引魂棍"都要到很远的其他乡镇去寻找。卢宗凡还亲自对十几个农户进行过系统调查，把他们的窑洞、被褥、衣服、锅碗、农具等所有东西都折价，计算其家产，结果80％的家当是土窑洞的钱……身为农业科技工作者，卢宗凡和同事们为村民贫困的生活而深感不安，暗暗立下了用科学改变落后面貌的决心。从此，卢宗凡在黄土高原一扎就是二十多年，勤勤恳恳，无怨无悔。

那时候，交通实在不便。坐火车转汽车再转拖拉机或徒步行走，辗转4～6天才能从杨陵到达茶坊基地。没有水，就到后山去挑；没有电，就点煤油灯；没有电话，就到县城去打。五六个人同住在借用的一孔窑洞中，翻身都需要统一行动。这是早年卢宗凡和同事们在基地生活的真实写照。

虽然条件极其艰苦，他们依然白天和村民一起参加劳动，进行调查研究；晚上，五六人围坐在一两盏油灯下，整理资料，进行研究工作。炕头当凳，膝盖为桌，他们常常就这样工作到实在筋疲力尽了才倒下睡去。

1974年的一天，一位操着当地口音的陌生汉子来到卢宗凡他们住的窑洞请求说："帮我们搞个规划吧，再难，我们也要把它治好，让山绿起来，让乡亲们富起来。"张志俊，这位正值而立之年的纸坊沟峁嵝崄村党支部书记真诚地表达了一位贫穷村干部对科学的崇尚之心。因最初纸坊沟峁嵝崄村没被列入卢宗凡他们的扶贫范围，所以他们没有马上答应张书记，而张书记就两次、三次地上门请求，终于以三顾茅庐的精神将卢宗凡他们请到纸坊沟峁嵝崄村。张书记立誓要改变家乡面貌的决心感动了卢宗凡，他那坚定的信念也增强了卢宗凡和同事们治理黄土高原的信心。

就这样，他们每年的3—11月都蹲点在纸坊沟，和村民同甘苦、共患难。开始，村里给他们派饭，他们就和乡亲们一起吃土豆，喝苞谷糁。后来，因家家村民自己都填不饱肚子，村里的饭派不下去了，他们就从杨陵带去粮食，自己做饭吃。生活虽苦，但大家的工作热情却很高，常常在劳累一天后还不忘为村民办科学技术培训班。渐渐地，那几孔窑洞中夜夜燃起的小小灯焰，变成了科学的火种，在一个个规划方案的制定、一份份发展生产建议的提出、一本本培训农业技术员的讲稿的完成中悄然播下……

在和村民们一起劳动和生产的过程中，卢宗凡看到了严重的水土流失和老区人民贫困的生活现状，深深体会到要改善他们的生活，就必须想尽一切办法提高单产。为了提高单产，卢宗凡和同事们通过田间试验，对"症"开"药方"。积极引进小麦、玉米、谷子等新品种并调整播种期进行深翻，还适当密植并加强田间管理等，当地粮食产量不断提高。

经过几年的努力，卢宗凡进一步认识到，要想彻底改善老区人民的生产生活环境，就必须切实做好水土保持工作。而要做好这项工作就必须有大田试验。因此，他们在茶坊进行了山地、川地试验场的建设。

到20世纪70年代末，纸坊沟便有所改观，川地实现了园林化，粮食产量也有了较大幅度增长，但村民们的温饱问题仍没有解决。

1981年，为了解决农业生产和水土保持的问题，卢宗凡和同事们希望在纸坊沟找几户社员，进行专门的退耕还林还草的"生态户"试验。

面对村民的不理解，卢宗凡挨家挨户做工作，并承诺若是造成损失，他们来负责。

为了确保试验顺利进行，基地和5名社员订立了合同。卢宗凡带领科研人员为"生态户"提供农业技术支持。一年后，这5户"生态户"耕地面积由244亩减少到194.5亩，但粮食总产量却由原来的10 553公斤增加到15 818公斤。

经过三年"生态户"试验，卢宗凡进一步扩大了试验规模，从1985年起，他们以村代户，建立"生态村"，逐步形成了纸坊沟生态治理与农业发展模式，使村民们看到植被、环境、气候在退耕后产生的巨变，相信了退耕还林的好处。

卢宗凡和他领导的课题组经过20多年的研究和实践，提出了"水土保持型生态农业"理论，创建了"纸坊沟流域水土保持型生态农业实体样板"，为革命老区人民脱贫致富开辟了新途径。

党的十一届三中全会后，我国广大农村迎来了改革开放的春天。农民脱贫致富的信心增强了，黄土高原农业与水土保持科学研究也加大了力度。1982年，在原来试验基地的基础上，中国科学院西北水土保持研究所正式在安塞的茶坊村建立了综合试验站。当时的副所长杨文治亲自挂帅，组建了一支科研实力雄厚的队伍，在安塞县政府的支持下，与陕西省科委签订了"陕北黄土丘陵区水土保持农林牧综合治理中间试验"合同。由此，他们在8个村、78.5千米^{2}的更大范围内扬起了科学治理黄土高原的旗帜。在这场改天换地的大会战中，杨文治的得力助手卢宗凡表现出了超前的智慧和非凡的战斗力。

有资料证明，位于黄土高原腹地的陕西安塞，历史上曾是"水草丰美、土宜畜牧、牛马衔尾、群羊塞道"的牧场。至20世纪30年代，仅有24户94口人，人口密度11.4

人/千米² 的安塞纸坊沟流域内还是林草茂密，耕地集中于川台地，耕垦指数只有13.4％。从 20 世纪 40 年代开始，随着人口的增长，广种薄收现象日益严重，滥垦、滥伐、滥牧导致水土流失加剧，生态环境及农业生产条件急剧恶化。

山道弯，纸坊沟的"绿色梦"能否再圆？何时能圆？

在科研人员住的几孔破旧窑洞中，还是常常透出彻夜忽闪的光亮。纸坊沟半个世纪的变迁过程，使卢宗凡开始了新的思索：黄土高原并不是天生的贫瘠焦土，而是在人们不同的生产活动下，农业生态系统向着不同的方向发展了。由此，他和科研人员们结合课题的研究，提出了退耕陡坡耕地，科学合理地利用土地资源，综合发展农林牧的治理思路。

杨文治副所长和卢宗凡带领科研人员先对 8 个村进行了综合考察和规划，认为要想推广科学技术，首先要让农民看到实惠。于是他们把粮食问题作为首要问题来抓，推出了合理调整作物结构、修高质量梯田、引进良种、科学种植等方案。因为村民习惯了原始的耕种法，对现代科学竟存有近乎排斥的冷漠。他们就耐心地说服，甚至不遗余力地搞样板田，和村民一起修梯田，用科学，更用真心感召着村民。第二年粮食单产便显著提高，进而增强了村民们对科学的信任感，激发了他们退耕土地，发展高效农业的热情。1985 年，"陕北黄土丘陵区水土保持农林牧综合治理中间试验"合同期满验收时，粮食产量比以前增加了 29％，人均退耕 0.24 公顷，占总耕地面积的 52％。农林牧用地比例达到 3.7∶2.1∶4.2，减少输沙量 61.8％，村民温饱问题基本解决。

这期间，他还主持开展了"生态户"试验，为村里搞了水土保持规划，指导村民大搞科学种田，平整土地，退耕还林还草。水土保持型生态农业的雏形已出现。

经过长期治理，纸坊沟实现了森林覆盖率达到 60.4％的转变，峙崾岘村人均纯收入从 1973 年的 50 元增长到 2018 年的 7 000 元，生态与经济的"体格"和"体质"越来越好。

三

恢复、重建退化生态系统的过程是艰巨而漫长的，单退耕陡坡地造林种草就起步艰难。由于群众多年来形成了广种薄收的习惯，开荒风一时难以制止，加上盲目发展羊只，初建的人工林总是遭到不同程度的破坏。1983 年时，耕垦指数甚至由 1978 年的42.9％又扩大到 47.9％。卢宗凡深知要使农民从长期形成的对土地等农业资源掠夺式的利用转变为合理利用，进而主动投入，实行现代化集约经营，不是一年两年的事，必须有一场传统思想和种植经营制度的"革命"。

以卢宗凡为首的科研人员，一方面用单产的提高增强村民对科学的信任感，另一方面总结国内外该领域研究的经验教训，依据多年对黄土高原研究的成果，根据生态学和系统工程原理，提出了建立"水土保持型生态农业"的理论。"水土保持型生态农业"一经提出，即占领了该领域制高点，产生了较大的轰动效应。卢宗凡将"水土保持型生态农业"解释为：以水土保持为主要目的，以恢复建立良性生态经济系统为中心，形成高效的农业生产系统，达到生态效益、经济效益和社会效益的有机结合。从 1986 年起的十年里，卢宗凡作为第一负责人连续主持了"七五""八五"国家攻关项目，开展了安塞丘陵沟壑区提高水土保持型生态农业系统总体功能研究，在 8.27 千米² 的纸坊沟流域建立了水土保持型生态农业实体模型。

这时的卢宗凡，已沿着黄土高原治理的艰辛之路攀上了事业的高峰，从这份艰辛中，他同时也获取了更多的经验和智慧。于是，在水土保持型生态农业理论指导下，他别出心裁地提出了很多具体措施。其中水土保持耕作法颇具典型代表性。水土保持耕作法以保水、保土、保肥为目的，按照水土保持需求，在黄土高原丘陵沟壑区复杂多样的地形上开展分类种植，即在川平地实行垄沟种植，在小于 25°的坡耕地实行水平沟种植，在 25°～30°的坡耕地实行草粮带状间轮作，在大于 30°的坡地实行草灌带状间作。实践证明，这一技术方法的增产效果明显，水土保持效益显著，农民极易接受。尤其是在 25°～30°的坡耕地进行草粮带状间轮作中，他又出绝招，提出了几年草、粮交替来种的法子，即在种粮的带状地域种草，种草的带状地域种粮。这样粮食长在草茬上，沤在地里的草根作为有机肥，大大改善了土壤肥力。使用水土保持耕作法种植的粮食长势喜人，一亩地的产量甚至可顶过去的三四亩，在提高了粮食单产的同时也保证了总产，为进一步退耕创造了条件。

作为一名科研人员，他以精湛的学术造诣和孜孜以求的精神获得了成功；作为一名试验示范区负责人，他又以调兵遣将的能力和坦诚豁达的性情赢得了人心。十年间，他充分调动着每一个子专题、每一位科研人员的积极性，并充分发挥农民带头人的作用。比如纸坊沟峙嵝崄村的村支书张志俊，就坚定不移地配合他们二十年，终于使科学的种子潜移默化地扎根于每位村民的心里。在卢宗凡有条不紊地统一领导下，双方默契配合，"八五"期间优化农林牧用地比例的步子迈得更快了。他们通过进一步退耕低产坡耕地，建设高标准基本农田，使农田子系统得以优化；通过大力发展经济林，强化山地果园早实、丰产技术的示范、推广，使林果子系统逐步得以完善。各自系统功能提高了，农业整体功能也较大幅度地提高了。"八五"以来，农林牧用地比例更加优化，由 1990 年的 1∶0.9∶1.2 进一步调整为 1995 年的 1∶1.7∶2.1，耕垦指数降到 18%，人均耕地面积减少到 4.1 亩，粮食单产由"七五"的 88.8 公斤增加到 129.6 公斤，人均纯收入达 1 658 元，基本实现了农业生产和农村经济的可持续发展。侵蚀模数减少了 59.6%，治理度和林草覆盖率分别达到 69% 和 41.2%。

纸坊沟变了！不再是穷山恶水，不再是秃脊险沟。这片在高亢的安塞腰鼓声中沉睡于荒芜与贫穷中达半个多世纪的黄土地，在卢宗凡和他带领的科研人员的精心描绘下换了容颜。最早将科学请进村的峙崾崄也最早将富裕带进了村。张志俊书记这样概括他们的变化："粮田少了，产量高了，人比过去闲了，经济收入多了。"1995年，峙崾崄村人均纯收入达2 200多元。受益于科学知识的村民们，有了钱，不忘投资教育，村里将以前只有两孔土窑的村小学改建成十孔的石窑。全村少年儿童入学率达100%。有关部委、省市领导先后视察过纸坊沟，对小流域治理的成就给予了充分肯定，一致认为安塞试验示范区是水土保持型生态农业示范的样板。

但面对仍是大面积裸露的黄土高原，卢宗凡的心还在痛。已经退休的他深知，要摘去整个黄土高原贫穷的帽子还需几代人的共同努力，可纸坊沟治理的希望又总是激励着他扬鞭奋斗。

通过对经验的总结和整个黄土丘陵区目前实际生产水平的分析，卢宗凡和试验示范区的科研人员再一次提炼出智慧的结晶——水土保持型生态农业三阶段论，即用10～15年时间逐步改变水土流失状况，用5～10年时间稳定发展农业，用5～10年时间达到良性循环阶段。他们把这三阶段分别概括为生态系统初始发展阶段、生态系统稳定发展阶段、生态系统良性循环发展阶段。

良性循环发展阶段是人们期望最终达到的阶段。纸坊沟流域经过20年的治理，已完全步入了良性循环，证明了黄土高原严重退化的小流域生态系统经过约20年集中持续治理便可恢复。三阶段论目前已被运用于生产实践中，产生着巨大的经济效益和社会效益。

四

卢宗凡始终追寻把科研成果写在大地上的实践效应，因而他非常重视自己科研成果、生产技术的示范与推广。他把扶贫工作看得与基础研究同样重。

"七五"期间，在水土保持型生态农业研究中，卢宗凡等人总结出"拦蓄降水，建设基本农田。做到提高单产与退耕陡坡、还林还牧同步；发展林果，提高经济效益与恢复植被、改善生态环境同步；开展小流域综合治理与发动群众治穷致富、促进商品经济同步"的"三同步"经验，他马上把这作为一条能使农民脱贫致富的捷径大力推广。从1987年开始，卢宗凡等组织力量首先在安塞县的杏子河流域和最贫困的北五乡进行推广，获取了极大的经济效益。杏子河流域治理面积两年完成55.17%，而在地处高寒山区、土地沙化严重的北五乡更是硕果累累。试验示范区技术与经验的推广，使贫困的北五乡群众在两年内越过了温饱线。

一项项科学技术的推广，使安塞乃至整个陕北的农民获得了可观的经济效益，走上致富路的农民越来越多。然而，最初时，卢宗凡和科研人员们也走过了一条艰辛的科技推广与扶贫路。

就拿栽果树来说吧，一些村民最初硬是不能接受，科研人员买来果树苗送给他们，他们也不舍得腾出地来栽。开展流域规划时，卢宗凡他们费尽了口舌，村民才将信将疑地给出几分地。果树苗扎下根长出新叶新枝条时，他们又嫌果树争了庄稼的土地和营养，故意损毁幼嫩的树苗。面对这些可笑又可气的行为，他们唯一能做的就是用行动感化，用事实证明。他们手把手地教村民侍弄果树的技术，待到挂果后，还要免费为他们提供化肥……推广灭鼢鼠技术时也是如此，村民们没有看到庄稼被彻底啃食，就总是抱着无所谓的态度，而卢宗凡和科研人员们则忧心如焚，他们先是一日日蹲在地里探察鼢鼠行踪，然后制定最有效可行的灭鼠方案。他们买来灭鼠药免费发给村民，给村民开办灭鼠学习班，并提出学习期间补发工分，还管午饭的优惠政策，可许多人仍是不来学。他们只好下到村里，挨家挨户地把技术教给村民。为了村民早日脱贫，他们付出的不仅是心血和汗水，更是一份情真意切的深情。

此外，他还带领科研人员研究并引进"两法种田"、玉米早播、地膜栽培、烤烟种植等十多项实用技术，使安塞农民逐步走上了利用本地自然资源优势，自力更生的脱贫致富之路。早播玉米累计推广 45 万亩，增产 2 250 万公斤。引进日本北海道荞麦良种，累计推广面积 12 万亩，增产粮食达 400 多万公斤。卢宗凡还努力将水土保持型生态农业模式在杏子河流域联合国世界粮食计划署项目和延河流域世界银行贷款项目中得到实施，推广面积超过 5 000 千米^2，仅 1994 年增加产值 5 300 万元。

1984 年 11 月，卢宗凡光荣地加入中国共产党，工作劲头更足了。

卢宗凡深深体会到，参加宏观指导能使试验示范区经验在更大范围内推广，起到更显著的扶贫作用。1987 年，在陕西省科委的领导下，他组织部分科研人员，与有关单位合作，制定《安塞县 1988—2000 年经济社会发展战略规划》。在该规划执行中，卢宗凡又组织科研人员当好参谋，不定期到一些重点村进行技术指导和培训。该规划产生了极显著的指导作用，使整个安塞县发生了翻天覆地的变化。几年后，该规划制定的指标已不能适应现阶段经济社会发展的要求了，卢宗凡又带领科研人员切合实际地制定了《安塞县 1996—2010 年经济社会发展战略规划》，为安塞县未来 15 年的发展勾画了一张宏伟蓝图，并提供坚实的技术保障。

1998 年年初，针对整个黄土片区召开的一个大规模试验示范区交流会上，安塞一位副县长的发言感染了在座的大多数同志，他一遍一遍地提到卢宗凡及其他长期扎根安塞的科研人员的名字，表达着安塞人民对他们的感激之情。此时的卢宗凡虽已退休，可安塞人民仍记着他，并永远地记着他。

五

一分耕耘，一分收获。

卢宗凡卓越的才能，不仅表现在他的业务水平上，也表现在他的管理能力上。做了十年安塞试验示范区第一负责人兼安塞试验站首任站长，他把安塞站建设得红红火火。1973年几孔土窑的科研基地，1982年试验站的初建，1985年列入中科院野外台站行列，直到1992年，建成中国生态系统研究网络农业生态重点站。每一步，都镌刻着他的创业功绩。

试验站初建时，条件极其艰苦，无水、无电的日子持续了好多年，加上交通条件的不方便，使他们的科学研究受到一定影响。1989年时，他们曾有过把试验站搬到延安市的想法，可尝到科学甜头的乡亲们早已对他们这些"神奇"的科学家产生了强烈的依赖感，县上说啥也不让搬走，甚至通过中国科学院、陕西省政府来挽留。这时，足智多谋的卢宗凡不失时机地对县领导说："不走也行，但有三个条件。第一，土地价格要执行优惠政策；第二，要在纸坊沟修一条过水桥；第三，水电要尽快通到试验站。"县领导一口应允："别说三个，就是三十个条件我们也答应。"就这样，试验站仍在安塞，但条件大幅度改善，他们买了1 100多亩地，水电路也实现了三通。在此基础上，试验设备也进一步改进并完善。1991年后，在中科院生态系统研究网络支持下，卢宗凡带领大家建起了包括坡地养分平衡试验场、土壤侵蚀试验场、水土保持耕作试验场、山地气象站等在内的大型山地试验场，并到位了许多先进仪器设备。几年来，积累了150多个小区的侵蚀观测资料和20多万个试验数据。他们还改善了生活条件，建起了新的住宅楼，完善了各种生活设施，使科研人员更安心地扎根于这里，也方便了更多的中外友人来这里交流工作。在安塞站，他是一个好"将军"，认真、严格又宽宏、大度，打造了一个集智慧与锐气于一体的平等和谐、责权分明且团结协作的工作团队。尤其是20世纪90年代初的"下海"热潮使他们经受了严峻的心理考验。在他和一些老同志的带动下，安塞站全体同志始终把握住奉献的主旋律，谱写出一曲曲水土保持科研工作者的感人乐章。安塞站多次获得先进集体的表彰。

这期间，他先后主持中国科学院、陕西省重大课题，中日合作研究、中苏合作研究课题，国家"七五""八五"攻关课题等多项研究项目。在此期间，曾先后到罗马尼亚（1984年9月）、苏联（1991年5—6月）、美国（1994年9—10月）、日本（1996年9月、1999年10月、2000年12月）进行考察或开展合作研究。

回首过往，自20世纪50年代以来，卢宗凡长期在黄土高原丘陵沟壑区生产第一线，严谨治学，勤奋求实，开展水土保持与农业科学研究工作，在黄土高原农业发展战略、水土保持型生态农业、水土保持耕作体系、水土保持生态环境建设、西部大开发等方面，提出若干新概念和设想，建立了黄土高原水土保持型生态农业实体样板，并在同类型地区进行了大面积示范推广，对黄土高原农业生产及生态农业的建设，起到了积极的指导和促进作用。

他深入系统地研究了黄土高原农业发展战略目标，对该区农业发展进行了新的定位。针对长期以来黄土高原农业发展战略目标存在的分歧，受全国农业区划委员会的委托，朱显谟先生组成研究组，卢宗凡任副组长及总报告主笔人，对黄土高原农业发展战略目标进行了深入系统的研究，提出了黄土高原农业发展的战略目标为"合理利用土地，增加植被，保持水土，防治黄河水患；建立自给性农业，商品性牧业，保护性林业，农林牧副综合发展；实现生态经济系统的良性循环，提高人民物质文化水平"。这一新的定位，对指导黄土高原的农业生产发挥了积极的促进作用。该战略目标又经卢宗凡深入研究实践，进一步调整为"自给性农业、水土保持性林业和商品性牧果业"。这一研究结论仍为近期的一些战略研究报告采用。

卢宗凡于1982年从"生态户"和"生态村"的综合试验入手，经多年研究，1987年和杨文治一起提出"水土保持型生态农业"，又经他10多年的研究实践，发展形成了"水土保持型生态农业"的新理论、新方法。该理论与方法，不仅在当地水土保持生态环境建设中得到广泛应用，而且对同类型区域水土保持建设与农业生产持续发展起到了积极的指导作用。其中，水土保持型生态农业建设的阶段理论被《全国水土保持规划》和《全国生态环境建设规划》所采用；20年可进入良性循环的论点，被中国科学院、水利部等机构采纳；研究建立的纸坊沟流域水土保持型生态农业实体样板，受到国内外同行专家的推崇，成为该区被破坏生态环境逐步恢复的典型实例。该理论的主要创新点是：

——提出水土保持型生态农业的基本概念是将水土资源的保护与利用相结合，生态建设与经济建设相协调的一种综合性农业发展体系。以强化降水就地入渗防治水土流失为中心，以土地合理利用为前提，以恢复植被、建设基本农田、发展经济林和养殖业为四大主导措施，建立水土保持型生态农业体系，实现农林牧综合发展，生态经济良性循环。

——提出水土保持型生态农业应分阶段实施：即生态系统初始发展阶段，约需10~15年；生态系统稳定发展阶段，约需5~10年；生态系统良性循环发展阶段，约需5~10年。并为各阶段分别拟定了发展目标。

——经长期探索研究与实践，他指出在黄土高原水土流失严重地区，在一定的投入下，按照科学的方法，进行水土保持型生态农业建设，一个被破坏的生态环境系统经20年可步入良性循环发展阶段。

就这样，安塞试验站成为黄土高原农业科学研究的基地，每年吸引几十位中外客座人员来这里搞研究。同时，它也成为人才培养的摇篮，不少获取了实践经验的硕士、博士研究生从这里走出，成长为水土保持领域的优秀人才。

在卢宗凡等数代科学家的努力下，如今安塞试验站已名扬全国，走向世界。"黄土高原农业持续发展中日合作研究""黄土高原植被恢复中俄合作研究"等国际合作项目均已在安塞开展。每年，卢宗凡还在安塞站坚持工作三四个月。他说："我要在黄土高原上再干十年！"

再干十年，恐怕也放不下他系在黄土高原上的那份深情。黄土地，在卢宗凡脚下已经永无尽头，无人能丈量出他留在高原上的足印有多长，然而，从他获得的一项项奖励中，我们却能够感受到60多年艰辛而辉煌的奋斗历程。他主持的科研课题先后获国家科技进步奖一等奖（排名第二）、二等奖（排名第一）、三等奖（排名第一），省部级科技进步奖三等奖。他个人获得过全国先进工作者、竺可桢野外工作奖、何梁何利科学与技术进步奖、香港振华科技扶贫服务奖、陕西省扶贫开发工作奖、陕北科技扶贫奖、中国科学院野外台站先进个人奖、第四届"全国十大扶贫状元"等。2019年他还获得了"庆祝中华人民共和国成立70周年"纪念章和陕西省"科技扶贫功勋奖"……基于他对陕西省作出的较大贡献，陕西省委和省政府还授予他1996年度"陕西省有突出贡献专家"称号。

60多年的辛勤耕耘，他撰写发表了130多篇论文和专著，一些论著在国内外学术界产生了广泛影响，他使得无数关注黄土高原的人们从安塞试验示范区的实践中看到了黄土高原美好的前景。

对近些年来过延安的人来说，千沟万壑、黄土漫天的印象已被彻底颠覆，曾经的荒山秃岭变成了现在的片片青山。但也许人们并不清楚投身水土保持科学研究的科研人员为此付出了多少艰辛和努力。

"这些年您遇到过不少的挫折，有没有想过放弃？"面对提问，卢宗凡说："人这一生最不能说的就是放弃，放弃何其容易。只有坚持，方得始终。所有能解决的困难都不叫困难，所有能吃得下的苦都不叫苦。想着为人民做点事，就没有克服不了的困难。"为了这份初心，从青丝到白发，从青年到退休，如今89岁高龄的卢宗凡仍在坚持开展黄土高原农业发展战略研究和科技咨询工作。他以数十载的坚持和热爱，践行着一位水土保持科研工作者的初心和使命。

"辣椒王"的别样人生

"辣椒王"庄灿然教授正在察看辣椒优良品种结实状况

　　提起庄灿然，不仅在陕西，而且在全国辣椒界都人尽皆知，那可是有"辣椒王"之称的大名人。他在外贸线辣椒新品种选育、栽培技术更新、辣椒综合利用和开创辣椒新兴产业等方面成绩显著，多项研究成果处于国内领先水平，被国内同行公认为我国制干辣椒研究的权威。他是宝鸡市人民政府首批从西北农林科技大学特聘设立农业科技专家大院的专家，被国内同行誉为"辣椒王"，国外同行称他"中国辣椒先生"，地方群众亲切地称他为农民朋友的"火财神"。

一

　　1936 年，庄灿然出生在河南舞阳县一个普通农民家庭。1957 年，他以第一志愿考入西北农学院园艺系。由于亲眼看见了家乡的连年旱灾和农民生活的艰辛，中学时代的他就对达尔文、拉马克、米丘林等生物学家的理论产生了浓厚兴趣，树立起了要用知识改变农村贫穷面貌的理想。在大学的四年里，他善于独立思考，常常能把自己的所学所思和生产实际联系起来，分析问题思路独到，深受当时的园艺系系主任路广明教授的赞赏，认为他是个难得的科研苗子，因此 1961 年大学毕业时，他被分配到中国农业科学院陕西分院蔬菜研究所工作。从此，他与辣椒结下漫漫长缘。

他基础理论扎实，肯于钻研，被蔬菜专家任省鉴研究员亲自挑选到自己麾下。1962 年，他便开始挑起工作大梁，承担了一项课题——"农田畦梁套种研究"，成为中国农业科学院陕西分院当时最年轻的课题主持人。1963 年，单位派他到中国农业科学院江苏分院进修，从事胡萝卜、洋葱雄性不育和茄子杂种一代的优势利用研究。1964 年，他回所后被委派主持全国辣椒新品种选育研究项目。正当庄灿然满怀激情地憧憬着辣椒研究的美好未来时，风起云涌的"文化大革命"中断了他刚做起的"辣椒梦"。在随后的岁月里，他曾被安排搞了 4 年的甘蓝研究，但他凭着自己的勤奋和聪明才智，很快便同宝鸡市的农民技术员育出了 4 个优良甘蓝一代杂种。1970—1973 年，他又被派往陕南商洛山区蹲点，他在那儿通过农作物品种更新、耕作制度改革等技术措施，成功地解决了农民的吃饭问题，深受当地群众的拥戴。

1978 年，我国拉开了改革开放大幕，科学的春天到来了，科技再次成为影响经济发展和社会进步的主角。线辣椒被誉为"椒中之王"，系我国独有、陕西主产，是陕西省唯一能在国际市场上叫得响的创汇拳头商品。因外贸出口的需要，陕西省安排陕西省农科院蔬菜研究所加强线辣椒育种研究，为生产和出口创汇提供科技支持。庄灿然被所领导亲点重用，重新开始了他与辣椒结缘的漫漫长旅。为此，庄灿然和在陕西省农科院蔬菜研究所从事辣椒育种研究的同事们，庄严地立下誓言：一定要让陕西省这只火红的外贸"拳头"握得更紧更有力、举得更高。

为了尽快拿出新品种，1979 年庄灿然主持在陕西大荔、蒲城、耀县、兴平、扶风、岐山、陇县、千阳、户县、周至和蓝田等线辣椒主产区开展了一次地毯式资源调查，终于从 100 多处椒田、120 万株品种群体中选择出了 300 多棵优良的变异（突变）单株。后经连续三年的严格筛选，确定 1982 年的第 12 号品系为目标品系。这个代号为 8212 的新品系线辣椒颜色红亮、抗病抗虫性强、成品率高，比各产区原主栽品种增产 30％以上，从根本上解决了限制线辣椒外贸出口的品种问题。1983—1985 年，8212 连续三年在陕西省区试中表现突出，备受椒农和国际客商的青睐，我国外贸部门提出优先收购 8212 用于出口。8212 于 1986 年顺利通过陕西省品种审定，到 1990 年，累计推广面积达 200 多万亩，净增产值 2 亿元，创汇 4 000 多万美元，使陕西线辣椒生产和贸易获得了一次飞跃性发展。该项成果也先后获得了陕西省科技进步奖二等奖和国家科技进步奖三等奖。在此后不到三年的时间里，8212 就在陕西全省普及种植，并推广到山西、河南、内蒙古、新疆、甘肃等省（自治区）。得到实惠的农民曾用两句顺口溜传颂和评价这个品种："线辣椒是个钱串串，8212 是状元。"

8212 选育的成功，极大鼓舞了庄灿然的工作热情。随后，他又用抗病能力强的突变品系黑红椒作亲本与 8212 杂交，于 1988 年育成了又一个国内外著名的优质线辣椒新品种 8819。这个线辣椒品种刚走出试验田就在国内产生了轰动，被同行们称之为"具有突破性的品种"，并很快推广到全国 25 个省份和缅甸、泰国、老挝、越南、马来西亚等国家，在我国市场刮起了"8819 旋风"，国外客商在广交会上点名要进口 8819 辣椒品种。截至 2001 年，该品种累计推广面积达 900 多万亩，累计净增产值 18.24 亿元，出口创汇 1.8 亿美元。陕西产区的种植面积在 1997 年就突破了 100 万亩，陕西省的制干辣椒综合排名多年稳居全国首位，年出口量占全国年出口量的近一半。1998 年，8819 新品种选育成果获得了陕西省科技进步奖一等奖。

二

在重视线辣椒品种选育的同时，庄灿然也十分重视研究和示范推广的良好结合。他从 1969 年就开始在农村搞科学试验与农业科技示范推广工作。他每办一个农村试验示范基地，都会有力推动那里的农村经济发展，使许许多多的农民很快富了起来。因此，庄灿然备受农民的信赖与爱戴，都希望他"能在我们村办个试验点"。他先后主持建成的 13 个省、市级试验示范基地都已成为著名的成果转化样板，还依托试验示范基地培养了一批又一批优秀的科技骨干、农民育种专家和一大批农民技术员。20 世纪 80 年代末，为了充分利用空间、时间、资源，他利用作物间生物学互助的原理，成功研究出了麦、辣椒、玉米阶梯套种新组合、新结构，并在陕西、山西、河南、山东等省推广，实现净增产值 17.6 亿元。他提出的"陕西辣椒生产基地由川道向塬区转移""陕西线辣椒发展的问题与对策""大力发展高效创汇蔬菜""积极发展辣椒产业化""加速辣椒综合利用开发"等重要建议，也分别被国家和陕西省有关单位采用。这一系列来自生产、试验，经过实践反复检验了的方法、措施和理论，对我国 20 世纪 80 年代至今的线辣椒商品生产持续发挥着极其宝贵的指导性作用，他也因此被誉为"引导线辣椒生产技术革命的人"。

辣椒种子的质量直接决定辣椒种植的经济收益。庄灿然的研究成果"利用 95％置信限度统计进行线辣椒种子质量分级"，在国家修改制订新的蔬菜种子质量分级标准时被采用。他利用系统论原理，结合农业科技的实际进展，研究制定了我国首部省级辣椒无公害、标准化生产技术规程——《辣椒综合标准》（DBG/T—50—92），著有我国首部辣椒专著《中国干制辣椒》，还作为主要成员参与了《中国土特产大全》《陕西农牧志》等多部书籍的编写。

自 1986 年以来，他的研究成果转化累计净增产值 38 亿元，为农民节约病虫害防治投入 5 亿元，为国家出口创汇 2 亿多美元，曾获得国家和省部级研究成果奖 6 项，被评为陕西省农业系统先进工作者、陕西省有突出贡献专家。

21世纪初，随着我国加入世界贸易组织（WTO），国外市场对中国辣椒产业提出了更加多样化的需求。为实现新梦想，他不顾年老体迈，壮心不已地追赶着世界辣椒研究前沿，成功选育了世界首例高生物钙含量线辣椒新品种陕椒2001，并迅速在陕西省内外大面积推广种植。

三

世事沧桑乃天道，老牛奋蹄夕阳红。

不知不觉间庄灿然已是华发老人了。

退休后的他，工作热情却依然如故。

他受宝鸡市特聘，常年在岐山县的辣椒试验示范基地——宝鸡市辣椒专家大院持续辛勤耕耘，依然从事他热爱的辣椒研究与推广工作。

他的身心与火红的辣椒早已深深地融为一体。

他说，只要生命不停止，他就要为辣椒研究事业继续创造新的辉煌……

此时的庄灿然已把睿智的目光投向了更远的地方，依旧壮心不已地追赶着世界辣椒研究的前沿。

他敏锐地认识到，随着我国加入WTO，中国的辣椒生产必须瞄准国内外发展的市场，要在多样化品种结构的前提下追求规模效益，发展产业化经营，从而产生规模化效益。

因此，他不断适应国际市场对具有营养、美容功效的辣椒叶的出口需求，对辣椒的综合利用开发进行了系列化深入研究，改变了我国辣椒品种单一，产品以辣椒果为主的局面，筛选了国内大量的辣椒种质资源，率先育成国际首个叶片专用型线椒品种20PF23，其叶片产量比常用品种高3.5倍，使辣椒生物学产量的利用率由40％提高到90％，使辣椒大田生产的亩产值由800～1 000元一下子提高到了3 500元。这些研究成果一经问世，立即引起了日本、韩国等国际同行的高度关注。亚洲蔬菜研究发展中心立即来电，向他抛来了橄榄枝，并与他建立起长期的合作研究关系。

2001年，他与同事们选育成功了世界首例高生物钙含量线辣椒新品种陕椒2001。该品种具有很强的发展潜力，并在陕西省内外大面积推广种植。

他针对我国彩色椒育种落后的现状，积极加强国际科技交流与合作，充分利用国外彩色椒资源，培育了一批具有自主知识产权的彩色椒优秀育种材料和新品系。

直到今天，他仍然在为辣椒研究不懈努力着。

你看那一株株、一串串火红火红的陕西特产线辣椒，不正是庄灿然那别样的火热人生的象征吗？

勇攀高峰的"白菜女王"

"白菜女王"柯桂兰研究员正在大白菜品种选育试验田中察看新品种长势与性状表现

在全国首个农业高新技术产业示范区杨凌这个世界著名的中国"农科城",有一位中等身材、干练利落、满头银发、和善可亲、精神矍铄、已经87岁的老太太,多年来每天骑着一辆半旧的自行车早出晚归,奔波于实验室和试验田之间。人们只有在大田、温室大棚、实验室里才能看见她忙碌而又不知疲惫的身影。

她,就是60多年如一日致力于蔬菜科研和推广工作,创下"大白菜胞质雄性不育系研究""大白菜育种学"两个世界第一,为丰富城乡人民的"菜篮子"作出卓越贡献的西北农林科技大学著名蔬菜女科学家柯桂兰研究员。她利用大白菜胞质雄性不育系技术主持育成"秦白系列"大白菜杂种一代蔬菜新品种十多个,获国家科技进步奖二等奖、农业部科技进步奖二等奖、陕西省科技进步奖一等奖等奖项十多项,被授予全国三八红旗手、全国先进工作者、全国巾帼建功标兵、陕西省劳动模范、陕西省有突出贡献专家等荣誉称号,并享受国务院政府特殊津贴。

见她这么大年龄仍然这样忙碌，人们难免总是好奇地问她这样忙活为了啥？她也老是笑着淡淡地说："我才87岁，还能干得动。我要把余生继续奉献给我所挚爱的科学事业。"

昨夜西风凋碧树， 独上高楼，望尽天涯路。

1937年9月27日，祖籍湖北大冶的柯桂兰出生在甘肃一个知识分子家庭。她父亲先后在甘肃河西走廊的临泽、武都、高台等县担任过教育科长，代管过县务。她母亲是一位接受过系统正规教育的女子，有觉悟、有知识、勤劳贤惠、坚强不屈、待人热情、明达事理，是她人生的第一位导师，也是她人格教育的恩师。父亲离世后，她和母亲相依为命，在外祖母家度过了童年，亲眼看见了由于连年战乱、天灾人祸，河西走廊民不聊生的一幕幕惨景，使她在幼小的心灵里立誓长大后要学好本领，拯救人民的苦难。

1955年高中毕业后，她于同年8月参加高考，以优异的成绩考入当时西北地区唯一的农业高等学府西北农学院。在大学四年的苦读中，她抱着"科技救国"的远大理想，对园艺科学怀着孜孜以求、一丝不苟、积极进取的态度，如饥似渴地学习，无论是学理论还是做实验，都非常认真、用功。尤其是在陕北绥德县生产现场开展的相关教学活动，让她深深感到农业、粮食对生命的重要，使她的灵魂、肉体受到了实实在在的巨大震撼，专业思想愈发稳固，学好本领的劲头更足了，因而她更加热情、努力、勤奋地学习，年年都是品学兼优生，毕业时，还光荣地加入了中国共产党。

1959年大学毕业的柯桂兰，踊跃响应国家号召，积极报名到边疆去、到基层去、到祖国和人民最需要的地方去。可因为她的同班同学和爱人赵稚雅作为调干生已经在母校园艺系一边参与管理服务工作一边随他们班听课，她被照顾留校参加工作，被安排在学校园艺试验站从事果树科学教学、研究与科技推广等工作。

在教学、科研、推广一体化的实践中，她才慢慢体会到，课堂上书本中学到的知识是十分有限的，生物科学、生命科学工作者，还需要过一个最大也最重要的"关"，就是直面生产实际、生产活动的"实践关"。如果不能经受实践的检验，仅仅只从事实验室研究工作，那终将是无法扎根、不接地气的"空中楼阁"或"海市蜃楼"。包括果树科学、蔬菜科学在内的园艺学，远非她原有的"在菜园里果树下跳舞"的幻想那般曼妙，是必须与实践、生产实际紧密结合并经得起生产实际检验的。因此，她从最基本的园艺活动入手，深入调查研究，积累并掌握了大量第一手资料，并积极参与各种生产实践，包括从整地、播种、定植、浇水、施肥、防病治虫到收获的全过程劳动，虚心向工人技师和老农请教，掌握书本、课堂中未涉及的知识，从而奠定了坚实的实践基础，积蓄了大量实践的"活水"。

加之那时强调并号召知识分子养成"敢想、敢说、敢干"的"三敢"革命精神和"严肃、严格、严密"的"三严"科学态度,这也成为她之后取得突破性研究成果的重要保障。

1962 年 5 月,她又和丈夫赵稚雅一起被调入刚刚兴建的中国农业科学院陕西分院蔬菜研究所。组织上安排她从事蔬菜育种工作,安排她丈夫赵稚雅从事蔬菜栽培工作。他们一下子由木本作物领域转入草本作物领域。可他们二话没说,服从组织安排,认认真真地从一点一滴扎扎实实做起。生活中两人是夫妻、是伴侣,事业上两人是同行、是搭档,夫唱妇随,令人好生羡慕。

省级农业科研单位是以应用研究为主的,所有研究必须紧密结合生产实际,解决现实生产中存在的主要问题。

20 世纪 60 年代初,霜霉病一直是困扰陕西黄瓜生产的主要障碍。面对这一难题,她跑遍三秦大地进行调查,查阅了大量国内外科技资料,认为应从选育抗病品种入手,来解决生产上的这一难题。因此她征集品种资源、筛选亲本、鉴定抗性、育苗、杂交授粉,一年四季苦战在田间,忙碌在实验室里。经过几年的艰苦努力,她主持育成了高抗霜霉病的黄瓜新品种 151、732 两个品种,并很快应用于生产。1967 年在陕西陇县朱家寨创下了黄瓜亩产 21 209.5 公斤的最高纪录。该成果 1978 年获陕西省农牧系统科技成果奖。

20 世纪 70 年代,她深入农村指导生产,到耀县(今陕西省铜川市耀州区)进行生产调查,总结了耀县解放大队"豇豆高产栽培技术",撰写相关文章在全国学术会议上进行了交流,被十多个省市农业科技刊物转载,该技术被摄制成电影纪录片在全国播映推广,使我国豇豆生产水平由过去亩产 1 000~1 500 公斤增长到 3 000~3 500 公斤,产量提高 50% 以上,为解决我国夏淡季蔬菜供应作出了贡献。这项成果 1978 年分别获陕西省和全国科学大会奖。

新中国成立后,党和政府十分重视大白菜等主要蔬菜的科学研究工作。从"六五"至"十五"期间,国家组织了主要蔬菜育种的协作攻关,取得重大进展,成绩斐然。其中,杂种优势利用是 20 世纪作物育种史上的一场革命,并在抗性育种中建立起多抗性育种技术体系,大大缩小了我国在作物育种上与世界先进水平的差距。杂种一代能否应用于生产,除了本身是否具有杂种优势外,最重要的一点就是是否有简便易行的制种技术。雄性不育系的发现、创制和利用则是一条行之有效的途径。

大白菜起源于我国,是我国的特产蔬菜,素有"菜中之王"的美称,种一季,吃半年,是"菜篮子"工程支柱品种,深受广大消费者喜爱。大白菜又是我国栽培面积最大的蔬菜作物,在蔬菜周年均衡供应中占有非常重要的地位。就大白菜乃至十字花科芸薹属蔬菜作物的杂种优势利用而言,当时国内外普遍采用的是自交不亲和系制种,该方法存在着亲本选育及繁殖需要蕾期人工剥蕾授粉等问题，费工费时，而且制种田常因气候等原因发生自交苗，影响制种质量及杂种优势的充分发挥。从 20 世纪 60 年代起，十字花科芸薹属蔬菜作物胞质雄性不育系的选育，就受到国内外学者的高度重视，各国学者做了大量的探索和试验，但都因种种生理缺陷或环境敏感问题，一直没有突破性进展。因而这一难题被国内外科学家比喻为充满险情的科学"虎山"。

柯桂兰与丈夫赵稚雅却"明知山有虎，偏向虎山行"。他们将"大白菜胞质雄性不育系的研究和应用"确定为自己的攻关目标，怀着赶超世界先进水平的雄心，开始探索我国大白菜杂种优势利用的新途径，立誓言"不实现十字花科蔬菜杂优化死不瞑目"。因为柯桂兰夫妇信奉这样的信条：认准的路，就要有一股"不到长城非好汉"的劲头；看准的事儿，就要有不成功绝不罢休的决心和毅力。

然而，女性要想在事业上获得成功，往往要付出相较男性成倍的代价，首先意味着她要比别人吃更多的苦，遭更多的罪。多少麻袋演算纸也演算不出一个能让成千上万普通百姓普遍受惠、认可的成果来，条件多么优越的实验室也代替不了酷暑严寒下、疾风暴雨中面朝黄土背朝天的虔诚探索。杂交育种，首先要选育出适合育种目标要求的亲本，这一般就需 5～7 年的时间。从柯桂兰的实践看，成功的概率只有万分之一甚至几十万分之一！比喻为"寻遍沧海觅一粟"也不为过！你如果不是一个热爱庄稼的最忠实的农夫，像养护自己孩子一样年年月月精心侍弄它们，机遇随时可能会从你身边溜走。

多年来，她几乎放弃了所有的节假日。试验田和实验室成了她的家。在白菜育种过程中，特别是在花期时需要 24 小时不间断观察记录，往往几天几夜不能休息，定时定点不能有丝毫的疏忽。凝滞的目光注视着一行行希望的数据，深深的脚窝锚定着科学的支柱。科学研究就像行走在崎岖的山路上，荆棘遍布，峰叠嶂阻，时而四面开阔，时而又是高深莫测的断涧幽谷。花开花落，寒来暑往，几度风雨，几度春秋。反反复复，即便在毫无希望的情况下，她也从没有气馁过。

斗转星移，春去秋来，经过 12 年的潜心研究，采用远缘杂交、细胞质融合等手段，柯桂兰成功地把欧洲油菜（*Brassica napus*）的不育胞质基因导入大白菜，育成了世界上第一个具有可直接利用价值的大白菜异源胞质雄性不育系 CMS3411-7，并率先配制了胞质雄性不育系一代杂种——秦白系列大白菜。一个国内外科学家长期以来苦苦探索的重大科技难题被攻克了！

一石激起千重浪！这项成果公布后，《人民日报》《科技日报》《光明日报》《中国科学报》《陕西日报》等 10 多家新闻媒体纷纷予以报道，轰动一时。国家科委和农业部将秦白系列品种列入国家级重点推广品种和农业部重点扩繁推广计划。

一个有事业心的人对理想的追求是永无止境的。连战皆捷的喜悦，并没有给柯桂兰的事业画上"休止符"。她又向新的科学制高点发起冲锋。

她开展了胞质雄性不育系恢保关系、遗传规律、同工酶分析、核型分析等遗传机理方面的研究与探索，搞清了该不育系在大白菜中的恢复谱、保持谱的分布及不育的遗传规律，建立起大白菜胞质雄性不育系的理论技术体系。以此为指导，她在短期内又育成了小白菜、菜薹胞质雄性不育系，配制的强优势组合秦薹1号已大面积应用于生产，结束了长期以来有关菜薹杂种优势的争议，为白菜类蔬菜作物育种技术全面创新、生产应用迈上新台阶奠定了坚实的理论与技术基础，具有重要的理论、实践意义和先导价值。

以制约大白菜生产的病毒病为突破口，柯桂兰主要研究了芜菁花叶病毒（TuMV）的株系及抗血清制备，研究了大白菜霜霉病的生理小种及黑斑病的种群组成、季节变化规律，研究制定了TuMV、霜霉病和黑斑病三种蔬菜病的单抗、双抗及三抗苗期人工接种抗性鉴定规程，创造性地把三抗性鉴定技术应用到抗源筛选上，提高了育种工作的预见性及种质创新效率。这项技术对提高和加速大白菜抗病育种进程具有重要意义。她培育的秦白系列大白菜成为国内蔬菜市场上响当当的"名牌"，一直独占全国大白菜种植的半壁江山，累计推广面积2 000多万亩，新增经济效益40多亿元，为丰富我国人民的"菜篮子"作出了卓越贡献，并在东南亚、欧洲的多个国家试种成功，荣获国家科技进步奖二等奖。她参与组织全国11个兄弟单位合作完成了"中国十字花科芜菁花叶病毒株系划分及大白菜抗源"研究，厘清了我国十字花科TuMV株系类型及分布特点，建立起中家大白菜TuMV的抗源基因库，得到了国内外同行的重视和应用。

衣带渐宽终不悔，为伊消得人憔悴。

青春、年华、心血、汗水点染着她87年的人生。

87个春秋，在历史的长河中只能算是短暂的一瞬，但对一个人而言确实是一段漫长的岁月。柯桂兰为了事业，已经从一位巧笑倩兮的少女，变成了一位耄耋之年的老人。

白菜在古代叫菘，唐代时改名为菘。在其历史演化进程中，凝结了历代劳动人民的智慧，培育出众多的品种。国家种质资源库保存的大白菜种质资源，就多达1 700多份。菘这个名字本身就很独特，蕴含着白菜像松柏一样凌冬不凋、四时长有、四季常青的内涵。从某种意义上看，它就是柯桂兰品质的象征。她的大半生都倾注在以大白菜为主的蔬菜科研事业，她的品德、精神、毅力都浇灌在大白菜等蔬菜育种的研究与推广上了。

为了大白菜等芸薹属蔬菜作物的杂优化，推动蔬菜生产走上新台阶，她尽心尽力，奋斗一生。

在科学技术研究中，她一直以"严肃、严格、严密"的"三严"著称。与她一起工作过的同事，总是被她那种在科学上勇于探索、勤奋努力、实事求是、乐于奉献、孜孜以求的精神所深深感染。有时为了取得一个实验数据，她可以从早到晚待在温度超过30℃的温室大棚里。她以身作则，常常告诫身边的青年科技工作者："搞研究首先一定要有科学的态度。马克思曾说，在科学的道路上来不得半点虚假。这是一条颠扑不破的真理。对待科学研究要严肃，执行计划要严格，组织管理要严密。其次，要有工作热情，干一行，爱一行，钻一行，要有孜孜以求的精神。最后，要深入实践。农业科技的生产实践性很强，不深入生产一线就是瞎子、聋子，还怎么搞科学研究？归根结底，研究的最终目的是用有限的研究经费创造无限的社会财富！"

正当大白菜育种取得初步进展时，她来到海拔2 000多米的高寒山区陕西太白县，进行亲本加代。四五月份，山下正是油菜金黄、鲜花飘香之时，山上却是寒气逼人。她在崎岖陡峻的山路上来来往往，在风霜雨雪中建棚、育苗、剥蕾、授粉，她像衔泥的春燕般往返飞奔，又像勇敢的精卫般顽强拼搏，精卫要填平大海，可她要培育出新的大白菜品种，贡献于人民。在那些日子里，她常常冻得浑身打战，双腿痛得不能打弯。有一次从太白山上下来，她的鞋带磨断了，只能一走一跛，一走一拐，几乎是跺着鞋底向前缓缓移动。

新品种育成了，为了早日应用于生产，她亲自挂帅，带领课题组三四个年轻人，到当时主产大白菜的西安市未央区蹲点，扶持当地的蔬菜生产，住在农户家中，白天骑着自行车跑遍西安市东西南北四大郊区大部分蔬菜生产队，检查、指导，晚上办农民夜校，培训农民技术员，把知识送到每一个菜农手中。特别是秋雨季节，满路泥泞，她和同事们不避风雨，和当地政府密切配合，建立起以秦白系列大白菜品种为龙头的"中心试验田""样板田""万亩丰产田"等，进行典型试验、示范，指导大田生产。并以西安市未央区为中心，辐射到渭南、华阴、三原、富平、咸阳、宝鸡等地。受到当地政府和广大菜农的高度评价。

1991年11月，正当她主持研究课题取得重要进展的时候，和她相濡以沫、志同道合、事业与共的好丈夫赵稚雅研究员因积劳成疾，不幸英年早逝。

而此前不久的6月份，她刚刚失去了哺育她成长、给予她谆谆教诲与支持帮助的慈母。

不到半年痛失两位至亲，这悲伤几乎将她击倒，这痛苦几乎使她崩溃。

如此沉重的打击和精神上的强烈刺激，就是放在任何人身上，也是无法承受之重！这双重打击给她的生活蒙上了一层浓重的阴影，久久挥之不去。

但她没有被这沉重的打击击倒，她强忍泪水，化悲痛为力量，想尽千方百计，排除一切杂念，逼迫自己忘掉一切，全身心地投入大白菜异源胞质雄性不育系的选育及应用之中。她感到唯有完全投身紧张而又忙碌的育种研究与技术推广服务之中，才能进入"忘我"的状态，以暂时忘却或转移心中的悲痛。

也多亏了这种"沉潜"，使她得到一种精神的暂时麻木或情绪转移，慢慢摆脱了这沉重的阴影。

1992年，她的这项研究成果通过了国家级评审，同行专家给予高度评价。认为不仅为我国而且为世界填补了一项空白！

接着她又将选育成功的不育系的小白菜、菜薹向白菜型油菜上广泛转育，到"九五"结束时就在同类作物上全面应用，使该类作物在生产上迈上了一个新台阶。

1998年陕西省组织专家外出考察，由于旅途劳累，途中她感到眼睛疼痛难忍，可她硬是随队坚持到考察完毕。回西安后经诊断是视网膜脱离，按照医生要求，手术完毕后，必须静养，最少得休息3个月，可她仅住了20多天院，就马不停蹄地回到试验基地投入调查株选工作。可想而知，没有对事业的执着、渴求，没有坚定的信念和过人的毅力是很难做到的。

每年冬季，她都要带领助手从地里的几百个育种材料中精挑细选，筛选出一二十个进入温室，春天时移栽到大田里。十字花科蔬菜是异花授粉作物，不同品种间极易串花杂交，要保纯就必须严格地从原种生产抓起，严格规范原良种生产程序。因此，每到人工授粉季节，她坚持一定要亲临试验地，认真检查隔离区是否合规，现场指导工人们用镊子拨开花蕾，按照操作要领，小心授粉，确保育种材料的纯正。尤其是不育系的转育和原种、原原种制种，她坚持自己亲手做，以确保转育和制种质量，进而保障千家万户"饭碗""菜篮子"的安全。用助手宋放的话说，柯老师一到地里，眼里就只有大白菜，别的什么都忘了。干起活来，更是忘记了自己的年龄。她的心里，始终装着千千万万老百姓。

众里寻他千百度，蓦然回首，那人却在，灯火阑珊处。

柯桂兰是一个永不满足的人。她在不断地总结经验，不断地思考并着手解决新的问题。

结合60多年蔬菜育种研究与推广的理论与实践，她先后在《园艺学报》《植物病理学报》《农业科技通讯》《中国蔬菜》《陕西农业科学》等刊物上发表论文30多篇，对蔬菜生产和研究具有重要的指导意义。

2010年，她主编的《中国大白菜育种学》一书由中国农业出版社出版，成为她理论实践两兼顾、两不误学术思想的结晶。全书约70万字，编著历经4年，是新中国成立以来第一部全面、系统反映我国大白菜育种水平和成就的专著，也是国家出版基金资助项目"现代农业科技专著大系"之一,填补了一项世界空白。该书不仅内容丰富,章节安排合理有序,便于读者循序渐进阅读,而且有关育种技术的几个层面又各具特色,独立成章,内容系统完整。加之作者在编写上充分体现了理论与实践相结合的原则,阐述了大白菜在我国蔬菜科研、生产中的地位,全面论述了我国在大白菜起源、分类、资源以及基础生物学研究、育种理论和方法创新等方面所取得的成就。重点介绍了我国在大白菜杂种一代优势利用中的自交不亲和系选育与利用、雄性不育系选育与利用,以及抗病育种、品质育种、抗逆育种、丰产育种、多倍体育种、生物技术育种等方面的技术成果和创新技术。该书理论结合实际,便于实践应用,在本学科领域中具有较强的科学性与前瞻性,既反映了我国在大白菜育种工作中取得的理论成果,更突出了便于实践应用的初衷,由于文字流畅、言简意赅、通俗易读、图文并茂,深受相关高等院校、科学研究、科技推广专家的青睐。由于这部专著坚持老、中、青相结合的编著原则,参编人员达 35 位之多,分布在全国 15 个科研教学单位。作者们都是在总结自己科研实践经验的基础上,参阅了国内外大量文献资料之后而成稿的,体现了实践与理论的有机结合。中国工程院院士、中国农业科学院蔬菜花卉研究所方智远研究员为该书作序,予以郑重推介。

······

辛勤的耕耘,留下了柯桂兰在攀登科研高峰征途上的一串串足迹:

1992 年,由她主持完成的"中国十字花科芜菁花叶病毒株系划分及大白菜抗源"研究获国家科技进步奖二等奖。

1993 年,由她主持完成的"优质多抗丰产大白菜新品种秦白一号、秦白二号"获陕西省科技进步奖二等奖。

1994 年,由她主持完成的"大白菜黑斑病种群组成及人工接种抗病性鉴定技术"获陕西省科技进步奖二等奖。

1996 年,由她主持完成的"大白菜异源胞质雄性不育系选育技术"获国家发明三等奖;同年获国家"八五"攻关重大科技成果奖。

1996 年 12 月 18 日,北京,人民大会堂彩灯辉映,中华科技精英荟萃一堂,欢声盈耳。中国科协第五次全国代表大会正在隆重而热烈的气氛中进行。江泽民、李鹏、胡锦涛、温家宝等党和国家领导人出席会议,致辞祝贺。1 129 名与会科技精英个个披红戴花,眉开眼笑。满头银发却依然精神矍铄的柯桂兰尤其受到人们的关注。作为陕西科技界的唯一与会代表,她感人的事迹,深深打动了与会者的心,引发了大家的共鸣。镜头不停地在她身上聚焦,闪光灯在她身上久久闪动着,记录、传递着她一个个精彩的瞬间。

1998 年,由她主持完成的"秦白系列大白菜品种推广"项目获陕西省农业科技成果推广一等奖。

2003年，由她主持完成的"优质、多抗、丰产秦白系列大白菜品种的选育及推广"项目获国家科技进步奖二等奖。该成果以严谨的科学手段，育成了优质、多抗、丰产秦白系列大白菜。秦白系列大白菜的突出特点是优质、多抗、丰产、适应性广、类型多样、经济性状优良、结球紧实、适口性好、符合市场要求，缓解了丰、歉年造成的供需矛盾，年种植面积已占陕西省大白菜总播种面积的85%以上，并在豫、桂、鄂、川、新等20多个省份大面积推广。

......

她的研究与贡献，不仅体现在新品种繁育方面，更重要的是在育种技术上的重大突破，她发明的异源胞质不育技术成为填补空白的世界领先技术，已在大白菜、小白菜、菜薹等蔬菜作物上广泛应用。

为祖国作出卓越贡献者，必将得到人民的厚爱和褒奖。中央和地方多家媒体报道了她的事迹......当这些让人称羡的荣誉纷至沓来时，她却总是淡淡地笑笑："荣誉和名利只是努力的结果，不是我追求的目标。""这些荣誉既是对科技工作者的肯定与鼓励，也是一种鞭策与鼓舞，让我感觉更加有责任在自己力所能及的条件下为社会创造更多的财富。""我深知这一项项崇高的荣誉，不仅属于我个人，更属于党，属于国家，属于人民。"

其实，她内心深处，常常有一种失落感，尤其是每次获奖时。因为此时，她总是不由得联想到英年早逝的伴侣，无法与她一同分享成功，反倒使她在这种应当高兴的时刻产生出一种莫名的落寞......

谈及人生，她说："人的价值在于奉献。只有把个人的人生奋斗目标与国家和社会的发展紧紧联系起来，这样的人生才会充实而有意义。"

面对时光，她说："要学会珍惜光阴。不要让自己长知识、长才干的人生黄金时代虚度。"

面对成绩和荣誉，她总是这样谦虚、低调。而面对科学、事业她又特别高调。她的大半生都倾注到对蔬菜科研事业的热爱中。她的品德、精神、毅力是如此熠熠生辉，她身上处处表现出新中国培养的一代知识分子所独有的特质与风采。

在科学研究事业上，她始终身先士卒、言传身教，给年轻人起到了突出的表率作用。分配到她身边的大学生、研究生，在她的感召下，都潜移默化地学习了她乐于吃苦、甘于奉献的精神。她积极鼓励年轻人到生产实践中去，务实创新，自觉实现科研与生产的接轨，并谆谆告诫他们，应用研究必须面向生产实际，研究成果必须经受得住行业和种植者的反复检验。

她虚怀若谷、坚韧不拔、勇于探索、刻苦钻研、奋力攀登、无私奉献，不计得失地默默耕耘；她实事求是、作风正派、严于律己、团结同志、克己奉公、呕心沥血，全身心地投入科学事业。她是德高望重，备受人们爱戴的榜样。

为帮助农民学会发家致富的本事，她总是手把手地教他们关键技术。试验田周围的村民，个个和她熟悉、亲热得就像一家人。

人有悲欢离合，月有阴晴圆缺，此事古难全。

2000年，为白菜耗费大半生心血、又"超期服役"多年的柯桂兰从工作岗位上正式退休了。按说忙碌了大半生并且"功成名就"的她总该歇下来了，可她却不敢也不能赋闲在家。因为她放心不下。白菜雄性不育系三系配套杂交育种技术及其应用，常出现许多无法预料的问题，稍不留意，就会给生产和人民生活造成无法挽回的巨大损失，她不忍心也不允许这种情况的出现。怎么办？经过反复掂量，她有了自己的新打算。她想到在岗时，开展科技攻关重点在于理论创新和技术发明，如今是否可以打造一个科技转化平台，把多年的科研积累和研究成果持续转化、推广应用，使之服务于社会大众，不断创造社会经济效益？她的这个想法与上海的一位已经下海创办科技企业多年且具备相当实力的同行不谋而合。于是，沿着这个思路，一家专业从事十字花科研究的民间科研实体诞生了。这家上海科技企业出资在杨凌注册了民营农业科技公司杨凌上科农业科技有限公司并"遥控"指挥管理，她担任这家公司的首席科学家，开展育繁推一体商业化育种推广。就这样，几乎没有过渡，她退而未休继续在蔬菜育种、繁殖、推广一体化与商业化方面进行探索，继续着她发光发热的人生。

退休二十多年来，她一方面应邀活跃在各种蔬菜科技培训讲座中，一方面致力于她的科学研究和成果推广。

公司刚成立时，她首先想到的是如何让老百姓春夏秋冬四季都能吃上新鲜大白菜。"过去人们没有菜，每到冬天，家家户户都要储备大白菜，而且白菜越大越好。可现在，全国大多数家庭基本上都是三口之家，都希望大白菜小一点，一顿吃完一个。"你看，她想的是如何顺应市场需求，满足已经悄然变化了的中国老百姓的"舌尖"。"这种菜从菜苗时就可当娃娃菜吃，一直能吃到长大，而且还能在阳台上种植，这样一年四季就都能吃上新鲜大白菜了。"她的愿望素朴而简单，她的事业却平凡处见伟大。

就这样，柯桂兰继续着她熟悉的科研工作。位于杨凌陈小寨的40亩试验田是公司从农民手里租的。土地板结，为了确保育种质量，她就每年提前预订农家肥，培肥地力后才开始白菜选育。上科公司因故剥离后，她又与张掖一家科技企业合作，在武功县张堡村租了10亩地作为试验田。每天，她骑着一辆半旧自行车，从杨凌早出晚归，奔波于武功的试验田。直到2013年杨凌10路公交车开通后，她才改坐公交车。时间长了，连司机都认识了她。直到2017年，公司买了小车，她的出行状况才得以改善。

为了让大白菜跟上时代发展步伐，柯桂兰带领团队在大白菜小型化上下了大功夫，先后培育出金春秋、金夏秋 50、金夏秋 55、金秋 66、金秋 70、金秋 90 等 6 个兼具春、夏、秋不同季节播种，涵盖早、中、晚熟，具有丰产、抗病、优质、耐贮运、适加工等优点的多种类型的白菜和菜薹，全部通过陕西省新品种登记。其中，金秋 66 作为中熟一代杂种，生长期 66 天，以其甜脆等独特风味和极佳口感赢得了市场的广泛欢迎。此外，她还育成青菜品种 3 个。

西北农林科技大学离退休处每年都组织离退休职工春游和秋游，但她从来没有去过。因为一年四季她确实不得闲，每年一次，她得专门到甘肃张掖秦白系列白菜育种基地，检查公司制种情况，确保种子纯度；试验田里的育种她更是放不下，只要有时间，她就要到地里转转、看看。就连回到家也有工作，由于试验田面积有限，她居住的楼房一层南侧的小花园被她因陋就简地改建成了小温室，菜薹的种质资源圃就设在这里，几类菜薹的种质资源一行行整齐分布，错落有致。就是在这不到一分地的家庭小温室"试验田"里，她竟然选育出 3 个菜薹新品种！

如今已经 87 岁高龄的她，尽管已在蔬菜王国里辛勤耕耘了 60 多个春秋，尽管早已功成名就，可她对白菜育种研究的热情依然不减当年。

很多人不理解，已取得那么多成就，衣食无忧，87 岁高龄的她为何还是这么拼？对这些不解和疑问，她淡然处之。因为在她看来，从事科学研究是一件幸福的事情，荣誉和名利只是努力的结果，不是追求的目标。"只要干得动，我要把我的余生都奉献给我所挚爱的科学事业。""人活着就要有所创造、有所贡献，才活得有价值、有意义。""我的事情还没有做完，不管退休不退休，只要人不倒下去，就继续做。""能干就要继续干，不能干了也要把我所学的传授出去，让年轻人少走些弯路。"这，就是柯桂兰这一代知识分子身上所拥有的崇高的境界和宝贵的品质！

2023 年"五一"小长假前，笔者再次拜望柯桂兰，86 岁的她如数家珍，介绍自己退休后 20 多年来培育的 10 多个大白菜、中白菜、小白菜、菜薹等蔬菜新品种。这些蔬菜新品种，倾注着她对科研事业的热爱，更见证了她割舍不下的蔬菜育种情怀。每次一到自己的试验田里，她便开始忙个不停，一会跑到这儿看看，一会到那儿瞅瞅。她说，一到地里，自己就像个孩子一样忘乎所以了，眼睛里、脑袋里全是这些蔬菜，其他一切都忘了，全都顾不上了。

退休 20 多年来，她坚持走专业化、精品化道路，自主研发出抗病、丰产、高技术含量、拥有自主知识产权的金字系列白菜、菜薹优良品种。这些品种不仅涵盖早、中、晚熟，兼顾春、夏、秋不同季节播种需要，而且兼具高品质、高抗病性、高产量，尤其是无丝、甜脆等风味独特和口感极佳的白菜品种，拥有相当的市场占有量。不仅如此，面对激烈市场竞争以及大白菜种植发展、类型变化新趋势，她及时瞄准了小型化、早熟型、高抗病、苗菜兼用新型大白菜——快菜新品种研究，目前该新品种已选育成功，正在大面积推广。

柯桂兰用她在"白菜世界"里演绎出的精彩人生告诉人们，她的母校西北农林科技大学"诚朴勇毅"四字校训的真正含义以及一名中国当代科学家的崇高使命，就是要为人类科学发展作出贡献，为祖国和人民作出贡献！

可当提到老家时，这位刚强干练的女科学家却流露出内心柔软的一面。她深情地回忆父亲的故事，以及父亲一直想回大冶老家看看这一未能了却的心愿。

"我弟弟已经七十多了，他在兰州，一直向我提起这事。"乡愁就像是一把心灵的锁，锁住了就无法打开。百年离散，两代牵挂，八十多年时光交错，柯桂兰仍然记得父亲在她耳边念叨老家时的样子。她说，父亲当年未能完成的回家之路，她和弟弟一定要接续下去。"我那从未谋面的老家是什么样子的，我真想去看看。"

柯桂兰回忆，父亲说过，老家是湖北大冶一个名叫"盘底庄"的村子。这是她寻根的唯一线索。可她多方查询，却一直未能找到。

直到 2016 年 4 月 8 日，在《东楚晚报》记者帮助下，柯桂兰才与弟弟郝兴林携家人回大冶省亲。

在大冶北站，时已 80 岁的堂兄柯善树与她们紧紧抱在一起，老泪纵横。

这是一段漫长的、不堪回首的回家路。

1917 年，柯桂兰的父亲柯长浓离开大冶到甘肃闯荡。

1937 年，柯长浓携妻女返乡，走到甘陕川交界处时，因全面抗战爆发，回家路从此被阻断。

1948 年，柯长浓抱憾离世。

父亲的遗愿，柯桂兰一直牢记在心。2015 年 11 月，在《东楚晚报》记者的帮助下，她成功地与老家亲人取得联系。中断近百年的亲情，从此紧紧相连。

柯桂兰的父亲柯长浓，是清朝末年从大冶陈贵镇李河村柯盘底湾，赴西北闯荡的三名有志青年之一。

这三个青年人一个叫柯树荣，上过高等学堂，族谱记载曾任南京兆尹总务科科长、直属吴桥县知事等职，后投奔西北军，相传曾担任冯玉祥贴身副官。

另两人是一对堂兄弟，一个是柯长浓，另一个叫柯长洐。1917 年，两人赴西北投奔柯树荣。

新中国成立后，柯长洐回到家乡，于 1954 年去世。柯长浓则一直没有音信。

近一个世纪来，柯家人一直惦记、寻找着柯长浓。

柯长浓的父母，都在二十几岁时离世，留下柯长浓与弟弟柯长源相依为命，两人感情十分深厚。生前，柯长源曾托人到河西走廊寻找过哥哥，遗憾的是未能如愿。因估计哥哥在战乱年代出了意外，怕断了他们这一脉的"香火"，他将长子柯善樟过继到哥哥柯长浓名下，并将一些打听来的碎片化信息写进了族谱，嘱咐子孙继续寻找。

柯长源的次子柯善树，20世纪50年代曾跟随解放军部队，在甘肃酒泉驻扎过三天，当时他就想去找伯父柯长浓，但面对眼前的茫茫戈壁，根本无从下手，只好作罢。

后来的几十年，每逢过节，柯家人都会想起失散的柯长浓，念叨他去了哪，为什么一直不回家？他有后人吗？这一串串问号，一直萦绕在柯家人的心头，化不开，挥不去。

柯桂兰、郝兴林姐弟俩的归来，才解开了柯长浓失散多年音讯全无之谜。

原来柯长浓到甘肃后，主要从事与教育有关的工作。在甘肃临泽县，他先与当地一位名叫李明德的女子结婚，两人于1933年5月生下一个女儿，取名叫柯玉兰。孩子出生仅一个月，李明德便离世。后来，柯长浓又娶李明德的同学公荣庆为妻。

1937年，柯长浓携妻女由甘肃省高台县出发，踏上了漫长的返乡之路。当好不容易走到甘川陕交界处时，全面抗战爆发，回家路断。柯长浓遂让妻女到兰州暂居，自己在当地谋到一份工作，设想择机再接妻女回乡。同年9月28日，柯桂兰出生。

柯长浓回乡的决心非常坚决，只隔了四五年，就又设法带着妻女回家，无奈战火纷飞，只好再次返回兰州。

抗战后期，柯长浓靠做些小生意养活家人，一家人颠沛流离，受尽苦难。"父亲在哪里做生意，我们就到哪里。"柯桂兰回忆说。父亲随身带着一本族谱。有许多次，她依偎在父亲怀中，听父亲念叨老家的事。"文革"期间，族谱被烧毁，柯桂兰脑海中有关故乡的线索，便只剩下湖北大冶和"盘底庄"三个字。

1948年10月，柯长浓因病逝世。回不了老家，成了他的终生遗憾。他去世时，儿子柯兴林出生仅4个月，女儿柯桂兰仅11岁。姐弟俩与母亲相依为命。

新中国成立后，母亲与一名郝姓同事结婚，弟弟柯兴林遂改姓郝。

在个人简历中，柯桂兰在籍贯一栏始终填写的是"湖北大冶"。

退休后，姐弟俩千方百计寻找故乡所在地，但一直没能如愿。

2015年11月初，柯桂兰以78岁高龄再度培育出大白菜新品种。在新闻报道中，她介绍自己"祖籍大冶"，这引起《东楚晚报》记者的注意。接受《东楚晚报》记者采访时，柯桂兰兴奋不已。她讲述父亲17岁离家，至死未能回乡的曲折经历，十分难过。"这些年，我和弟弟一直想回老家寻根，但知道的信息太少，无从下手。"她说，过去是知道故乡在哪，回不去；如今是回得去，却不知故乡在哪。

同年11月17日，《东楚晚报》独家报道柯桂兰的事迹和她想回老家省亲的心愿，引发读者关注。一天后，《东楚晚报》记者成功找到柯桂兰的老家。她老家堂兄柯善树得知堂妹的下落，当场流下眼泪。

2016 年 4 月 8 日是柯桂兰、郝兴林姐弟与柯善树约定团聚的日子。当日上午和下午，柯桂兰与弟弟郝兴林携家人先后抵达大冶。这才有了在大冶北站三兄妹老泪纵横的场景。

当日傍晚，柯桂兰携大女儿、郝兴林携大儿子抵达柯盘底湾。看着父亲生前念念不忘的故乡就在眼前，时年 79 岁的柯桂兰脸上笑着，眼眶却不知不觉湿润了。

这次回乡省亲，柯家多位年轻人向柯桂兰表达了想投资蔬菜产业的愿望，柯桂兰非常高兴。她说，柯盘底湾有不少抛荒的土地，家乡人完全可以把这些土地利用起来，通过科学的规划，有针对性地种植相关蔬菜，一方面可以帮助乡亲们致富，另一方面还可以留住青壮劳动力，解决留守儿童等社会问题。

"到时候，我可以定期回乡帮助大家。"她的一番话，令几名年轻人吃下了"定心丸"。

2016 年 4 月 11 日上午，柯桂兰、郝兴林姐弟俩携子女离开大冶，与亲人依依不舍。临行前，他们专门向《东楚晚报》致谢。"是你们的牵线，才让我们找到了故乡，找到了亲人。"柯桂兰动情地说。

你看，"白菜女王"光环下，柯桂兰也是一位有血肉、有感情、有温度、有人情的"立体"的真实而又不平凡的普通人。

创 新 之 歌

正在授课的袁志发教授

在人类的智力攀登中，数学不但是理性的阶梯，也是神秘思想的阶梯。

——J.布罗诺夫斯基语　代题记

在欣然应袁志发教授之邀去他的"精神花园"里坐坐、谈谈之前，我就知道他的头衔不少：农业应用数学家、原西北农业大学基础课部主任、中国现场统计研究会生物统计专业委员会副主任委员、中国农学会农业应用数学分会常务理事、陕西省数学学会理事、全国一级学报《生物数学学报》编委……

在这么多"光环"后面，是怎样一个真实的他呢？在古老的基础科学——数学的原野上，他是怎样耕耘、创新，开拓出自己的一片新天地的？

西北农林科技大学"凤岗"西侧博导楼住宅区里，安置着他的家。家里的陈设几乎与他一样不修边幅，没有多少称得上时兴的东西。最让他感到自豪的，是房间里到处堆放的书。

正是盛夏酷暑时节。他带我走进他的家中，一步步指点我走进他圣洁的"精神花园"。

道可道，非常道；名可名，非常名。

——《道德经·第一章》

数学，是一门古老的科学。自有人类之日起，它就实实在在地存在着。它是人类理性中固有的。在人类历史中，它的地位绝不亚于文学、艺术或宗教。以概念和理论为根据的物理学，至多只有数百年的历史，科学中的生物学、医学、统计学和心理学等诸多学科，有许多甚至出现得更晚。然而，数学却是以千年作为它的历史尺度的。早在中国古代，人们就已有不少数学发现。古希腊时代欧几里得精湛的逻辑，虽然在现今逻辑专家们眼中是简单的，但这已是一道不易跨越的高栏，足以使半数以上的读书人"望洋兴叹"。现在读完高中课程的人，大约只达到17世纪中叶的数学水平。而大学一年级的微积分，也不过使一些大学生的数学水平达到18世纪而已。

19世纪和20世纪初，多种科学包括数学因发现了基本原理而迅速产生普遍性的理论，从此面貌一新。目前学习自然科学的大学生就是从这个"革命"里学起的。而多数学生的数学学习之路则到此为止。

19世纪，数学沿着两个截然相反的主题和方向迅速发展。一个是应用的、具体的、对外有影响的。另一个是理论的、抽象的、内省的。但它们却来自相同的根据。19世纪的主要成就，足以说明纯粹数学与应用数学之间巧妙的共生现象。数学的世界被看作由以纯粹数学为核心的许多同心圈层组成。在数学科学的核心范围内，已有100多种可以识别的分支。假如再加上各种应用数学，其不同分支的数目不下几百个。这些领域的研究，刊载在大约1 500种用近100种语言文字出版的刊物上。20—21世纪，当代数学已发展成为一个巨大、复杂的科学体系，远远超出非专家的语言或直觉。然而，数学科学的核心范围仍在不断地被新概念、新结构和新理论搞得越来越炽热。来自核心的概念，透过数学科学的外层，源源不断地以智慧的燃料供给更多的应用领域以某些难以想象的复杂问题。反过来，外层产生的问题，在纯粹数学与应用数学混合扩散的界面上，供给"核心"以新结构、新方法和新概念。从而使数学从一个单独学科发展为一个数学世界，甚至上升为一种"哲学"。数学在各门科学的交叉、渗透、扩散是如此广泛，以至文学、政治学、历史学、经济学、医学、生物学、社会学、心理学、生态学等，无不受数学扩散与渗透的影响。人类的智力活动中，未受数学影响的领域，已寥寥无几了。

处在这样的时代里，数十年从事高等数学教学与研究生培养工作的袁志发，面对这样一个多样化的、"不可一日无此君"的数学时代和数学世界，他既感到幸运与兴奋，同时也感到迷惘与惶惑。

幸运与兴奋的是，自己毕业于数学力学系，也一直从事数学教学与研究，面对多样化的数学时代与数学世界，自己怎能不感到幸运与兴奋？

然而，数学是基础科学之一。自己从事的数学教学仅仅是农业大学的高等数学教学，若要想从数学基础理论方面有所发现、有所创造、有所建树，实在是一件不容易的事。这不仅需要具备更多的知识，还需具有深邃的思想、正确的方向、科学的方法和一股坚韧不拔的开拓创新精神。是满足于当好一名优秀教师还是在当好优秀教师的同时去勇敢开拓新天地？他感到迷惘与惶惑。

经过一段时间激烈的思想大斗争之后，他选择了后者。

这一选择促使他逐渐成长起来，事业之树越长越高大，越长越繁茂了。

因为他选择的是一条创新之路。

创新是人类文明进步的本质特征，不仅是一个民族也是整个人类社会发展的不竭动力，不仅是时代的要求，更是历史的召唤。理解创新、努力创新，就必然会谱写出华美的乐章。勇于创新、乐于创新、善于创新，就会破浪前进，就能永远立于不败之地。依靠创新，人类走出史前蒙昧时代，迈进文明的门槛，从而不断发展进步。创新，尤其是自主创新能力的高低，是衡量一个国家是不是创新型国家的重要指标。

他清楚地知道，中华民族从来都是乐于创新、勇于创新也善于创新的民族。从燧人取火、伏羲画卦、女娲造人的传说，到汉字的发明与运用，从科举制度对世界文明的贡献，到四大发明对人类文明的巨大推动，从"两弹一星"的问世，到牛胰岛素的人工合成，从"神舟"飞天的壮举，到激光照排引发的印刷革命……中华民族创新的脚步，从来都不曾停歇过，也反复证明中国人历来都不缺乏原创精神和创新能力。中华民族五千多年的文明史，就是一部不断创新的历史，中华民族正是因为不断创新而生生不息，发展壮大。创新为我们带来了骄傲与荣光，每一项创新都凝聚着中华儿女的坚韧探索，提升着中华民族乃至整个人类社会的文明程度。

从古至今，中华民族确实不乏创新的自觉意识，中国传统文化中对于创新的诸多精辟论述，蕴含着先贤重视创新的思想，反映出中华民族创新意识的久远渊源。然而，他也清醒地认识到，中国传统文化崇尚"中庸"，孔夫子强调"述而不作"，中国古训中还有"木秀于林，风必摧之"，民谚中也有"枪打出头鸟"之说。几千年代代相因，形成中华民族过于求稳趋同，不敢求异冒险的心理"积淀"。封建社会的思想虽经五四运动和新文化运动的有力冲击，但仍有少量残余。这样长期积淀的结果，就是中国人缺乏一种创造的内在冲动，缺乏一种大胆质疑的批判思维，这就在很大程度上制约了中国人创新能力的发挥。他觉得这是中国人目前创新能力、创新动力不足的深层原因。

作为一名数学学者，他当然明白，创新既是一门学问，也是一种思维艺术，更需要有超前意识。

他明白，创新往往就是"离经叛道""异想天开""胡思乱想""特立独行"的代名词。思想、观念、思维、方法的创新，尤其如此。一个有独到眼光、独立头脑的人，一个不随大流、不人云亦云的人，一个敢于批判、敢于说"不"的人，一个敢于并善于大胆创新、拥有超前思维的人，是最受幸运女神的青睐、最受上天青睐的人。特立，就是脑袋不要长在别人的肩膀上，要有自己的头脑。独行，就是要有"走自己的路，让别人说去"的风骨。特立加独行，方能产生独创。

法国一位生物统计学家说，生命科学由于应用了数学而获得了第二次生命。农林科学同数学的紧密结合，使农林科学获得新生，向纵深发展，从而把农林科学的发展提高到一个崭新的阶段。

正是基于这些发散性思考、不断内省与持续创新，近半个世纪来，袁志发先后在国内外有关的 30 多种期刊上发表研究论文 100 多篇，主编、编译、参编《模糊数学在农林上的应用》《多元统计分析》《概率基础与数理统计》等有关数学专著、教材近 20 种，多数都多次再版。他研究中的核心问题，就是如何在基础科学领域坚持创新、持续创新，在数学科学与生命科学的交叉地带，开辟出一片生物数学的新领地。让生命科学插上数学的翅膀，向着更高更远处飞翔，向更加精准的方向前行……

他一直爱不释手、常诵常新的《道德经》第一章中的"道可道，非常道；名可名，非常名"可以说是他的座右铭。也正如他喜欢的袁枚的一首诗所言：

> 但肯寻诗便有诗，灵犀一点是吾师。
>
> 夕阳芳草寻常物，解用多为绝妙词。

合抱之木，生于毫末；九层之台，起于累土；千里之行，始于足下。

——《道德经·第六十四章》

袁志发 1938 年 8 月出生于陕西渭南一个农民家庭。在兄弟 5 人中，他排行第三。中华人民共和国宣告成立那年，他只有 11 岁，在渭南老家上完初小后，他随父母到陕西宝鸡上高小、初中、高中。由于自幼酷爱数学，1957 年他报考了兰州大学数学力学系，一试即中，走进兰州大学 5 年制本科学习的教室里。

5 年大学生活，勤奋的学习、刻苦的钻研，他的数学功底打得相当扎实，是同级中的佼佼者。1962 年毕业分配时，他本来被分配到北京，可过于恋家的他却选择了河南开封，在黄河水利委员会所属的水利学校任教。1973 年通过对调进入西北农学院任教，并一头扎进生物数学的领域中，认认真真地开拓起来。

数学是一门先导性学科。任何一门科学只要和数学结合起来，这门科学就如同插上了翅膀飞速发展。生物数学就是因为生物与数学紧密结合而得以迅速发展成一个新兴的数学分支学科。1974 年，联合国教科文组织将生物数学列为生命科学中的一门独立学科，从而为生命科学注入了第二次"生命"。当时，年已 36 岁的袁志发刚刚调入西北农学院不久，承担着该校农机、水利两个工科系的高等数学教学任务。当他看到农学类特别是与生命科学有关专业的学生，数学基础相当薄弱时，强烈的事业心和责任感促使他主动要求去研究刚刚兴起的生物数学。他利用业余时间深入各个专业之中，与各专业的教师交朋友，了解他们的科研情况，独具慧眼地选择试验设计方法研究作为自己的出发点，开始了他瞄准的生物数学教学与研究工作的开拓与创新。

他与赵洪璋院士、邱怀教授、李生秀教授等合作，广泛收集资料，编写了《正交设计在农业上的应用》一书。由于当时的社会与出版业的重重困难因素，此书未能正式出版，仅由校科研处铅印 5 000 册，发送陕西省内外，但却受到广泛好评。他应陕西省农业科学院邀请，为陕西及西北地区乃至全国农业科技人员连办了 4 年共 8 期生物统计、数量遗传学学习班，为农林科教单位培训了一批批能够独立规划、设计科研试验，分析试验结果的人才，提高了科技人员的科研素质，受到多方的好评。

接着，他受农业部委托，为农业院校举办的概率统计师资班讲授概率统计，为全国农业化学研究学习班讲授回归设计，同样受到好评。

这一时期，是他从事生物数学最初的也是奠定基础的阶段。除了讲课、编写讲稿，他还不断地自学生物学、遗传育种学、生态学、生理学、进化论等以前从未接触过的知识，以顽强的毅力和吃苦耐劳的精神，扩大自己的知识面。新兴数学分支学科的研究进展、哲学类书籍，更是他从不肯放过的营养源。

1981 年以后，为了提高生物数学的研究层次，结合必须从事的研究生教学，他开始了生物数学分科教学，讲授生长分析、方差与方差分析、多元统计分析、模糊数学应用等课程。从而使西北农业大学成为全国生物数学界关注且不容小视的开拓地和创新研究中心之一。

当赵洪璋院士把一部《遗传学》著作郑重地赠送给他时，当邱怀教授把他任命为动物繁殖学学科组副组长时，他感到了肩头责任的分量。在紧张而繁忙的教学之余，他一本一本地啃大生物学科的著作，《遗传学》《分子生物学》《生态学》《植物生理学》《生物化学》……充分利用数学这把科学的钥匙，不断地与各学科结合、渗透，从而结出了丰硕之果。我国数量遗传研究中广泛使用的通径分析方法，是他最先向全国介绍的。为此，他收到国内许多朋友、同行的求教信，并在百忙中一一复信，从而结交了国内许多著名专家。如数量遗传学家吴仲贤、马育华、吴常信，作物育种学家庄巧生……研究中，他非常注意吸收国内外的新思想、新方法，将生物数学与系统论思想有机地结合在一起，撰写、发表了 27 篇与小麦研究、家畜染色体及其进化、作物育种、果树研究、旱地农业研究有关的有独特创新性的生物数学研究论文。编著出版了 12 部生物数学方面的专著、教材。并作为动物遗传育种专业博士生指导小组导师之一，参与指导博士研究生，培养出一批基础扎实的年轻人。他撰写的《小麦品种生态类型及其演变的统计分析方法研究》在 1985 年发表后，被有关专家评价为"在国内生态类型研究上拉开了序幕"。他在 1988 年召开的国际生物数学学术会议上发表的《约束选择的发展》一文，被国内有关刊物评论为"目前广泛研究的选择遗传力只是该研究的一个特例"。他主编并组织编写的"现代农林应用数学丛书"，陆续出版发行……而他与有关专家学者联合培养的研究生，一批批走向全国、走向世界。如在清华大学从事细胞信号传导分子机理等研究的常智杰教授、美国马里兰大学的宋九州教授、西北农林科技大学的解小莉教授等，就是他学生中的优秀代表。

> **圣人恒无心，以百姓之心为心。善者善之，不善者亦善之，德善也。信者信之，不信者亦信之，德信也。**
>
> ——《道德经·第四十九章》

袁志发读书属于"大杂烩"式的，也就是什么书都喜欢读。尤其爱读哲学书，从中汲取养料。《道德经》《周易》，他不仅常读，有的还能大段大段背诵，而且常读常新。前引《道德经》第四十九章中的这段话，既是他人格力量的体现，也是他战胜困难、直面人生、开拓进取、不断创新的法宝。

"文革"期间，他在黄河水利委员会所属的水利学校遭受了很多不公正的待遇。后来 1978 年拨乱反正开始，他已调动工作到了西北农学院，河南省专程派人到西北农学院为他平反。

命运可以把他击倒，但并没能阻止他重新站起来，更没能阻止他站起来后继续咬牙前行。就在他站起的瞬间，天道酬勤的恩泽和性格中的豁达通透眷顾了他。

他来到西北农学院任教以后，生活一直很困难。他爱人王惠英当时是老家渭南的民办教师，虽然父亲很早就参加了革命，但却因各种误解被错误地打成"右派"，每月只有十几元工资。两个儿子、一个女儿总共三个孩子都随爱人在农村生活，既没钱，也没粮吃。那段时间，他实在太困难。幸好他在多种培训班上讲课，工资之外挣了些"讲课费"，凑合着买点"黑市"粮，得以勉强养家糊口。虽然紧张、苦、累，但收获却很大。由此，他开始接触生物数学。

这时，西北农学院院长康迪亲自到他家中"拜访"，见他女儿穿的衣服破破烂烂且很不合身，就把自己女儿的衣服送给他，又让他担任自己女儿的"家教"，给他发点报酬，变相地资助他。这让他感念不已，而且从内心深处默默发誓要"报效"自己所在的单位。

本来，他完全可以只当个很好的传道、授业、解惑的"教书先生"，教好高等数学、生物统计学等课程——这些课程，他早已讲授得"呱呱叫"了，所有听过他讲课的学生无不称道，他完全可以这样轻松惬意地生活下去。可他却想在教好课程的同时，搞点创新研究，力争使自己的专业数学与农业科学结合，开拓出一片新的天地来。他得到小麦育种学家赵洪璋院士、动物遗传育种学家邱怀教授的很多启发，觉得应该将数学与生物科学结合起来开展研究，让数学更好地为动植物遗传育种等学科服务，进而为经济发展、社会进步作出贡献，他认为只有这样不断地给社会创造价值，自己的人生才有价值。这是他过了"不惑之年"时对人生价值的一种新的理解和认识。

正所谓有失必有得，有得必有失。他自认为在生物数学的领域里为数量遗传学的发展作出了贡献。这包括发展了选择理论、建立了组合性状与组合性状对分析概念、建立了各种组合性状的遗传力概念，并走在当时全国前列，由此登堂入室，迈向国际科学界。他还发展了一种新的数学方法——选择指数的通径分析。即将通径分析与选择指数结合起来，形成一种新的统计方法。利用这一方法，可以制定选择指数，分析其效率，还可分析出主选性状、辅助性状，并对其相关系数进行量化统计与分析，这对于生物育种极为有用。他提出了选择指数与相关遗传进展的分解原理。有人认为数量遗传学走进了死胡同。他通过大量研究反驳，数量遗传学不仅没有走进死胡同，反而"大有文章可做"，近半个世纪来，他用自己的研究实践证明了这一论断。在生长函数研究方面，他不但提出了生长函数的拟合 0.618 法，而且提出多阶段生长函数的拟合方法和回归决策系数，提出了决策系数的检验统计方法进而形成了完整的统计理论，提出复相关系数、组合性状与组合性状对、选择指数的通径分析与决策分析、生物进化与多样性指数信息熵等理论，形成完整的通径分析与决策分析理论体系。

他认为数学本身就是一种哲学，而哲学也是人学。他总是用哲学的眼光看待人生，也总是用数学的方法去看待科学。

除了《道德经》，多年来他还一直深入钻研《周易》。两本早已被他翻得成了碎片的线装本《道德经》《周易》，是他须臾不肯离开的"最爱"，《周易》中的不确定性、变动性、随机性、模糊性、浑沌性对他启发很大。模糊集合、模糊判断、模糊聚类、模糊识别、模糊规划、模糊数学，他都一一加以仔细琢磨和深入研究。

这些年，他从不得闲。在职时，假期里仍忙于各种工作：备课、编教材、建试题库、撰写专著。此外，他还给自己定下一个规矩：每年出一部著作。现在他虽然退休了，但仍然每天忙碌得不亚于在职时。

天之道，利而不害；人之道，为而弗争。

——《道德经·第八十一章》

与生活上随遇而安、不修边幅相类，在功名利禄上，他"为而不恃，功成而不处""为而弗争"。他常用《道德经》中的话阐发自己的观点："死而不亡者寿。"

他说，自己是农民的儿子，就是再能干，也生命有限。但祖国、人民乃至科学的事业之树必须永葆青春。人生在世，须立德、立言、立功、立世。学科要发展，必须为青年人提供机会和条件。作为一名学科带头人，他很注意学科群体意识的培养与学科群、学科梯队的建设与发展。虽然为此他的牺牲很多，但他仍在为大家的事到处奔忙。这的确需要有大的胸怀。

在西农任教、生活的 50 年间，他每年讲二三门甚至四门课程，有病也"不下火线"。当了部主任以后，他仍然如此，还要加上培养和指导研究生的任务。

自从当上领导以后，他总是见困难就上，见荣誉就让。他说自己从小就是个"自由散漫"的学生，考初中、高中甚至大学，课都没认真复习过，很侥幸都考上了。但数学成绩一直遥遥领先，思想比较活跃。可"先进"从来与他不沾边。特别是当了领导以后，他总是让他人尤其是年轻人当"先进"。无论是位子、房子、票子，他从未主动伸过手……就连晋升二级教授，他也主动"让贤"。所以直到退休，他只是个三级教授。

创新，说起来似乎容易，可真正做起来，却并非易事。

首先，作为学科带头人，要想创新，就必须敢于、善于并坚持在创新中"领跑"。

为有源头活水来。创新既是一个决策的过程，也是一个"阵痛"的过程。创新需要胆识，也需要战略和战术。自然，创新还需要多方面的支持和培养。"一花独放不是春，万紫千红春满园。"为了锻炼队伍，他于 1995 年牵头申报教育部"面向 21 世纪高等农林院校数学（含生物统计）系列课程教学内容和课程体系改革的研究与实践"课题，一下子拿到一整套五部的全国农林院校统编教材编写任务，由团队中四位教授和一位副教授分别担纲主编。

正应了"机遇总是垂青那些有准备的人"，袁志发在生物数学的研究中总是"料事如神"，未雨绸缪，抓住每一个契机，"该出手时就出手"，风风火火闯科海，在克服困难中不断成长。他主编出版《概率基础与数理统计》《模糊数学在农林上的应用》《多元统计分析》等著作；翻译出版《数量遗传学的数学理论》；总主编出版农林院校全国统编教材《微积分》《线性代数》《概率论与应用数理统计》《试验设计与分析》《数学实验》面向 21 世纪课程教材 5 部，参编出版教材 10 部。《多元统计分析》一书于 2003 年被国家推荐为研究生教材。他于 1992 年和 1995 年获得陕西省科技进步奖二等奖，1999

年和 2003 年荣获陕西省优秀教学成果二等奖，2000 年获得江苏省优秀教学成果一等奖，课题任务得以圆满完成，团队得到了很好的锻炼和成长。

他"八十大寿"时，收到校内外机构、团体、个人送来的许多匾额、对联、条幅等，他最为看重的，是西北农林科技大学送来的"学高德厚"匾和时任校长亲笔书写的诗词条幅。

研如淘金阅万卷，室是聊斋茶一壶。他的同班同学为他书写的一幅书法作品中对他的认识与描述更是传神：宠辱不惊伏案力壮千里志，寒暑无忌苦耕直使万枝发。

失与得，孰多孰少，不言自明。

有生不生，有化不化。 不生者能生生，不化者能化化。
生者不能不生，化者不能不化，故常生常化。
常生常化者，无时不生，无时不化。

——《列子·天瑞》

2003 年，65 岁的袁志发退休了。

但对他这个善于思考、勤于探索、敢于创新的人来说，退休并不是事业的结束，而是另一个创新天地的开始。

大多数退休的专家教授，虽然也乐于发挥"余热"，继续自己之前的写作、专著撰写、讲学、科技推广、社会服务等工作，但其中部分只是在"炒剩饭"，而他，却将目标锁定在真正的创新——啃更大、更硬的生物数学"硬骨头"上。

老伴王惠英说："2003 年老袁退休了，我想大概没有人会像我这样盼着他退休吧，从一开始我就不大支持他搞什么开拓、创新性研究，我知道那太苦了。压力与艰辛我能够想象，一步步走来没有人知道。可他还开玩笑说，如果搞砸了，咱全家就逃回老家吧，咱老家不是还有老屋在嘛！这一次我说你忘了吗？你要再来多少遍呢？他没回答，我就知道一切又要重演了，并且还是在他即将进入古稀之年的时候。"

王惠英介绍说，吃苦倒不是最大的问题，关键是创新性研究绝非仅吃苦可以完成的。老袁总是把每一天都排满，除了睡觉——有时甚至不睡觉，想起研究上的事，有时一连好多天半夜起来忙乎，有时吃饭也吃得很少，觉得自己每天消耗还不够多。节假日想一家人吃个饭，看他百忙之中抽时间赶去就总觉得是给他"添麻烦"，耽误了的时间又得要他拿休息时间去补。这种"自残式"的创新我实在看不下去，每天都提心吊胆害怕他突然倒下却又无能为力。

王惠英说，关中人的固执是全国出了名的，你说你的，他做他的。完全没有意识到自己是在用近乎疯狂的工作强度和极度不健康的生活方式消耗自己的生命。有时甚至连续几个月都是靠吃药在维持日常，连续几天发高烧忽冷忽热盖两床被子，白天工作量丝毫不减。成功背后的代价是什么？是正常的生活，是休息的时间，是精力，是汗水，是体能，是健康，是生命……所以很抱歉，我没有办法发自内心深处地支持他，每一篇报道、每一个夸赞甚至每一篇论文、每一部专著成功的背后，谁能真正了解他付出了什么，失去了什么？"坚持"这两个字实际承载的是什么？鞠躬尽瘁意味着什么？和他一起开展创新研究的人，敬佩的同时都很心疼他。他说他写完最后两部书就彻底休息了，但我知道他不会就此止步，说不定还会产生什么新的想法。他的头脑里随时都会蹦出创新的"火花"。我只能默默地希望他一直健健康康……

然而，命运并未特别眷顾他退休之后继续创新的热情。

2003年，他因胃癌不得不住进医院做了一场大手术，一下子就切除了三分之二的胃。

好在由于他看淡一切的豁达与淡然，癌症并未将他击倒，他仍然如同没有做大手术前一样，没多久就又重新活跃在理论创新研究的艰辛攀登中。

他每天吸烟的数量虽然有所减少，但动员、组织西北农林科技大学理学院中热爱生物数学研究的同事们，全力开展生物数学方面的创新性研究的事儿没有停止，西北农林科技大学逐步成为中国乃至全世界生物数学研究的一方重镇。每天总见他干劲十足，笔耕不辍，坚持创新性专著的写作、思考，他的书房里到处堆放的是书，写字台上，是他写成的一摞摞手稿，旁边就是卧榻，写字台下，是厚厚一层剪贴的纸片。他从不让人动他写字台下的纸片，包括老伴和儿孙们，因为随着创新性专著的写作，有时扔掉的纸片又会被他重新挑拣出来加以仔细琢磨，就这样，忽而低头撰著，忽而仰头思索，日复一日，月复一月，年复一年，还不时将善于思考的人们招呼到家中办"思想沙龙"——天马行空，高谈阔论，交流各自的心得、思绪、设想，从别人的言谈中汲取营养，通过交流碰撞产生创新的灵感"火花"。写不出来时，他就出门随意地到处走走，碰见熟人聊聊闲话，或者去打打纸牌什么的。你可千万别以为他随意走动或玩纸牌时在那里似乎若无其事，其实他心里一直在琢磨、思考着他的创新研究。只是他的行为、做派、外在，给人一种十分简单、朴素、真实、惬意、随遇而安的印象。他说，要对得起供养自己的人民，对得起自己所在的单位，对得起自己热爱的数学，要把自己的思考和开拓传承给后人，回馈给社会，为国家科学大厦的建设添点砖、加点瓦。他退休后陆续出版《试验设计与分析》《群体遗传学、进化与熵》《数量性状遗传分析》等专著4部，累计约200万字，发表论文10余篇。其中《数量性状遗传分析》《群体遗传学、进化与熵》均连续四次加印，他撰著的《多元统计分析》于2018年12月出版了第三版。在他带领的创新团队影响下，西北农林科技大学生物数学研究蔚然成风。该校农学院、植物保护学院、动物科技学院、生命科学学院、经济管理学院、林学院、理学院、葡萄酒学院、食品科学与工程学院、机械与电子工程学院、信息工程学院、水利与建筑工程学院、资源环境学院、园艺学院乃至人文社会发展学院、语言文化学院、国际学院等，都有非数学专业的专家教授从事与生物数学相关的创新性研究，并陆续推出《有害生物生态管理的突变理论研究与系统控制》等多部基于大数据并与数学相结合的创新型研究专著，推动相关研究向着定性、定量两个方向前行，不仅取得了较高水平的理论研究成果，而且具有非常实在的应用价值，提升着中国学术的国际影响力。

这不，西北农林科技大学理学院杜俊莉、解小莉等陆续于 2014 年、2016 年、2021年在英国《分子生物系统》（*Molecular Biosystem*）、美国《生物信息学》（*BMC Bioin-formatics*）及生物类综合杂志 *PLOS ONE* 上发表全英文论文，向世界介绍推广以袁志发教授为首的西北农林科技大学生物数学研究团队近年的创新研究成果，引起越来越多的国内外同行学者的关注与重视。杜俊莉副教授还与研究生一起，开发出一套软件，并得到应用和推广。团队中郭满才教授、宋世德教授、郑立飞副教授等，也在生物数学、生物突变动力学等方面开展了广泛研究。

更可喜的是，他和他创建的团队所开拓的生物数学研究相关理论与方法，已经开始广泛应用于生物研究各个领域，如中药材结构与构效关系研究、遗传基因功能通路分析研究、生物序列同源性分析研究、生物序列比较分析研究、生物突变动力学分析研究等。

回想近半个世纪的创新性研究征程，他非常感念中国农业出版社、高等教育出版社、科学出版社的帮助支持。他说，没有这些出版社的鼎力支持与帮助，他的研究就无法得到大范围的传播与推介。因此他总是说，任何创新都是"联动"的结果，用《列子·天瑞》的话说就是"有生不生，有化不化。不生者能生生，不化者能化化。生者不能不生，化者不能不化，故常生常化。常生常化者，无时不生，无时不化"。由此也不难看出整个中国对于创新的关注与行动。

直到现在，已 86 岁高龄的他，仍然耳不聋、眼不花，思维敏捷，只是人越来越瘦了……老伴王惠英总是想着法子尽量为他增加些营养，儿子、女儿、学生总是趁着机会给他些暖心的帮助……尤其是孙子们每年亲手为他制作的各种节日贺卡，时时温暖着他……

目前，他正在撰著的两部创新性作品全都很有"颠覆性"的意义。一部，他初步定名为《进化与 DNA 序列进化模型分析》。另一部，他定名为《线性回归方程的通径分析与决策分析》。尤其是在《进化与 DNA 序列进化模型分析》中，他开篇就提出中国早在 6 世纪就有了进化的思想，而西方比中国晚了整整 11 个世纪。根据就是《道德经》和《周易》。《道德经》"道生一，一生二，二生三，三生万物。万物负阴而抱阳，冲气以为和"以及《周易》"《易》有太极，是生两仪。两仪生四象。四象生八卦"最早提出了中国人的进化论。当然这种进化观是建立在以"天地人"作为三维的"地球观"之上的。而西方的进化观至今仍仅仅停留在二维的平面上。

只有当下的付出，才有明日的花开。正是由于坚持创新、持续创新，袁志发组织创建的西北农林科技大学生物数学研究团队，一步步发展、一步步壮大，走过了 40 多年的风雨沧桑，而且必将还会继续坚持创新、拼搏下去……

这个创新的意义，绝不仅仅局限在生物数学领域，更重要的，也许在于理念、方向、方法上对人们的启示。

已是深夜十二点钟了。我到袁志发教授"精神花园"的浏览不得不结束。伴随着他不知疲倦的讲述、幽默的话语、豁达通透的态度、随和的动作、一杯接一杯喝茶的嗜好，《道德经》又被他娓娓道来："明道若昧，进道若退，夷道若纇，上德若谷，大白若辱，……建德若偷，质真若渝，大方无隅，大器免成，大音希声，大象无形。道隐无名。""大成若缺，其用不弊。大盈若冲，其用不穷。大直若屈，大巧若拙，大辩若讷。"

走进夜幕深处，只见满天星斗，分外清朗。

躬 耕 记

退休后一直追寻"种粮梦"的高如嵩教授

1938 年出生于陕西城固的西北农林科技大学农学院教授高如嵩,1960 年毕业于西北农学院农学系,毕业后留校任教。2008 年退休后,为了对我国粮食生产有更全面、更深入的认识,花费近 20 年时间,利用自己农业职业中学学习 3 年、农业中专学校学习 3 年、农业大学本科学习 4 年,总共"学农 10 年",既有小麦、水稻、甘薯、大麦育种经历,又从事农作物栽培学教学科研 40 年,兼职从事农业区划、农业科学技术推广转化、种子产业及农场经营管理 30 年积累丰厚的"交叉杂交组合"优势,运用实证的方法,通过"躬耕"验证"种粮到底有没有利"这个问题,得出了令人信服的结论,提出"农业八化""药方子",给如何让中国人端牢自己的饭碗支实招。

多年来,高如嵩以资深农业科学家的敏锐眼光看到,当前我国农业生产承受着成本"地板"不断抬升、价格"天花板"不断下压的双重挤压,农民仅靠种粮获得的利润有限。由于种粮的效益低、种粮农民无利甚至亏损,农民种粮的积极性很低,安徽、山东、河南、广东等许多地区出现了大面积耕地撂荒;一些流转土地的种粮大户、家庭农场、合作社由于种粮亏损,苦不堪言,纷纷"毁约跑路";有些地区把一年种三料变成两料、两料变一料、一料变"怂管"……这些现象的出现让他心急、心焦并深深忧虑,认为必须高度重视，查明原因，尽快拿出对策。

2015年，一贯怀揣农业梦想，又富有情怀与激情的高如嵩，设法在杨凌流转了100亩土地，组建起一个名叫"杨凌夕阳红粮安家庭农场"的试验家庭农场。他自己亲自担任农场主，并坚持只种粮食作物，他本人也并不从事体力劳动，而是完全依靠社会服务，依靠经营管理和科学种植来运营家庭农场。

通过5年的亲身种粮实践，高如嵩实证得出了"种粮食到底有没有利"这个问题的结论，并试验出了不同规模、不同模式、不同地租情况下的最佳经营方式方法，提出耕地集约化、经营规模化、种植标准化、栽培省力化、农民职业化、全程机械化、水肥一体化、管理智能化的"农业八化""药方子"，总结出种粮农民的五怕和五盼，分析探讨农民和政府各自应干什么，该干什么，给如何让中国人端牢自己的饭碗支招。

高如嵩的实证研究表明，种粮农民的五怕和五盼分别是，一怕气候反常，盼望政府根据灾情给予救助和扶持；二怕市场粮价大跌，盼望政府加强市场粮价调控，保护种粮农民积极性；三怕粮食晾晒难，盼望政府在粮站或粮库设立大型烘干设备，提供专项烘干经费或对一些规模较大的种粮家庭农场、合作社加大扶持力度，建立烘干设施；四怕农资、机耕费、人工费乱涨价，盼望政府加强市场调控力度，增加种粮直补；五怕种粮资金不够，融资难，盼望政府协调银行提供优惠贷款，降低担保抵押门槛和利息。希望全社会从战略高度提升粮食安全意识，强化政策落实。

高如嵩认为，食为民天，农业是国民经济的基础，粮食是基础的基础。粮食产业是安天下的产业。粮食产业有三个特点：一是非常重要且不可取代；二是利润空间较小，难获大利；三是生长在自然条件下，不确定因素多而且十分复杂，风险大，既具有产业性，又具有事业性。基辛格曾说过："谁控制了粮食，就控制了人类。"此话意义深刻，说明我们的敌人可以利用粮食作为战略武器来对付、控制我们，因此必须高度警惕。在经济发展中，我们适当进口一些工业用粮、饲料用粮是无可厚非的，但口粮决不能以进口为主，要自给生产有余，坚守"谷满囤，粮满仓，备战又备荒"的原则。

每年的中央1号文件中，一直把紧抓粮食生产，保证供给放在各个战略的首位。习近平主席指出："要确保国家粮食安全，把中国人的饭碗牢牢端在自己手中。"我们落实得怎么样？贯彻、执行的力度又如何？高如嵩认为中央制定的方针、政策是完全正确的，但在下面的执行、落实不够。多停留在文件上、口头上或各级领导的讲话中。据调查，当前我国真正种粮的农民是农村中"夕阳红"年龄段中的一部分老汉和妇女，他们外出打工已不具备相关条件，家里的许多事又离不开，身上尚有一定的余热未被发挥和利用，他们吃苦耐劳，有数十年种粮的经验。许多人在"三年困难时期"挨过饿，对土地有很深的情结，对粮食有深厚的感情，对粮食安全的重要性认识到位，他们即使是在种粮无利、亏损的情况下仍然坚持，不忍心让土地荒芜。他们中的许多人常常说："人人都要吃饭，总得有人种粮。现在家里的收入不指望种地致富，种点地一是作口粮，二是挣几个零花钱。"

高如嵩所建立的杨凌夕阳红粮安家庭农场，宗旨就在于调动一部分坚守在乡村的老农，利用社会服务，不让他们去干力不能及的体力劳动，而是尽一些心，靠经营管理、科学种植模式，把粮食种出效益来，让大家"有看头，有学头，有奔头"，起到一定的示范引领作用。还能吸收一部分第一代进城打工愿意回乡的农民（这些人多数已进入"夕阳红"阶段了）和一些年轻人返乡与亲人一起种粮创业。这可能是一种真正接地气的示范引领推广途径。

现在许多人认为种粮无利甚至亏损。高如嵩认为这话没大毛病，但不全对。种粮要种出水平、种出效益是有条件的。"只要条件都具备，没有大利也有小利。"

对此，高如嵩认为必须从"农民"定义的转变开始。农民职业化是未来农业发展的必由之路。

长期以来，我们把持农村户口的人统称为农民。这应该属于传统农业阶段的定义。而发展到现代农业阶段，"农民"的定义已由身份变成职业。今后是职业农民种粮，职业种粮农民应具备的条件：一是有文化，二是有思想，三是有技术，四是会经营管理。他们的发展方向是耕地集约化、经营规模化、种植标准化、栽培省力化、全程机械化、水肥一体化、管理智能化。种植的目标是走"绿色、优质、高产、高效"之路，实行"种、养、加"相结合的模式。养殖主要是养牛、羊、鸡、鸭、鱼，加工主要是指农产品的初加工。这条路走好了，既能发挥综合效益，把农业逐步做大、做稳、做强，又能减轻和弥补自然灾害带来的损失。

为了做好家庭农场主的"教练"，高如嵩对现阶段土地流转问题也做了实证性试验，认为经营者应量力而行，流转土地的面积要适量。

高如嵩的实证研究说明，我国当前合理的土地流转面积大小因区位而异，主要有三类。一是地多人少的地区如吉林、内蒙古、新疆等地。这些地区的家庭农场、国有农场和军垦农场，面积都较大，规模在百亩、千亩甚至万亩不等，而且科技水平、管理水平和机械化水平都比较高，种粮的效益虽高，但硬件投入、流动资金量大，风险也大。其发展方向类似于欧美发达国家的大农场，只是土地所有权不同。欧美发达国家是土地私有制，而咱们是土地国有的"三权"分置，我们既要学习借鉴国外的先进经验，更要突出中国特色。二是地少人多地区，如长江流域、黄淮流域等地区。这类地区的种粮大户、家庭农场流转土地种粮，面积不宜过大，高如嵩认为两熟制的水田以 30～50 亩左右为宜。这种规模的特点是投资少，无需购买大型农机具，建仓库、晒场，一个人就可以管理，只需贷款五万元，自投两三万元就能运转，这种类型的家庭农场效益虽然不太高，但风险也较小，容易经营。水田区种水稻，因机械化程度较低，劳动强度大，人工费居高不下，故流转的水田面积不宜过大，要量力而行，一般以 30～50 亩为宜，过多拿不下来。三是城镇郊区人口密集、土地数量少且地块碎片化地区，只能走兼管、托管的路，但不能放任不管。总之要因地制宜，量力而行，适度发展。

在种植模式方面，高如嵩经过躬耕和试验研究认为，应因地制宜，采取先进的种植模式，提高种粮的效益。目前主要采取的种植模式不外乎以下六种：小麦＋青贮玉米一年两熟制；小麦＋夏甘薯一年两熟制；早熟马铃薯＋青贮玉米一年两熟制；春甘薯一年一熟制；春马铃薯一年一熟制；特种玉米（甜、糯、水果）一年一熟制。

1985—1990 年，我国农业战线上刮起过一股西引 2 号大麦"旋风"。它起源于渭水之滨杨陵，刮到黄河流域，又刮到长江中下游地区，累计种植面积达 1 000 多万亩，增产大麦 6.5 亿公斤，增值 2 亿多元。

可谁能想到，这个品种最初在我国土地上生根时，只有 110 粒种子。而且在短短 5 年时间内，就先后经陕西、安徽、湖北及全国农作物品种审定委员会审定，被列为推广品种。从引种到审定，最后到大面积推广，满打满算也只有 10 年工夫，还先后荣获陕西省农牧科技二等奖和农业部科技进步奖三等奖。熟悉情况的人都说，这是一个奇迹。

1979 年 8 月上旬的一天，杨陵农科城骄阳似火。一块水稻试验田边，从事作物栽培与育种研究的高如嵩正在树荫下休息，与西桥头村一位农民闲聊。农民说："西农的老师们为农民培育了不少良种，特别是赵洪璋教授培育的许多品种，为农民造了很大的福。可你们怎么就没人搞大麦呢？"一席话说得高如嵩感到脸红。他想，大麦优良品种不是没人搞，而是因为大麦虽名"大"，但比起它的弟弟小麦来确实"小"多了。可这位农民却不这样认为。他理直气壮地说："大麦能倒茬、酿醋、酿酒，又是牲畜的好饲料……我们这一带许多农民每年都要到外地以 1 斤 2 两小麦换人家 1 斤大麦回来做曲。"一番话，深深打动了高如嵩的心。由此，高如嵩这个与大麦无缘的人动起了心思。

要搞大麦，必先要有优良品种。要有优良品种，必须下功夫搞品种选育。而要搞品种选育，最简便的方法是先从引种入手。为此，高如嵩一头扎进图书馆，啃起文献资料来。终于有一天，他眼前一亮，日本长野县的气候与陕西的一些地区相近，何不引点日本大麦品种一试呢？可当时他与日本没有什么联系，只能等待时机了。

有心人，天不负。机会很快就来了。1980 年 8 月，日本长野县农业技术交流团应邀访问西北农学院并开展学术交流。

西北农学院安排高如嵩参加座谈，并让他事先查阅一下有关资料。而来访人中，正好就有小池五郎。见面之后，高如嵩提出请小池五郎寄一点日本长野县的"浅间麦"种子。小池五郎一口答应。9 月中旬就给他随信寄来 110 粒"浅间麦"大麦种子。高如嵩如获至宝，于当年 10 月稀播繁殖。这就是以后的西引 2 号大麦。

西引 2 号大麦在中国的大地上一出世，就以它超群的长势和较高的产量吸引着人们。收获前，前往参观的人群，像赶庙会一样络绎不绝。1983 年，西北农学院劳模培训班 20 多名学员结业时，看了一次大麦。在结业典礼上，西北农学院院领导问学员们需要带什么回去，学员们非要西引 2 号大麦不可。经过协商，每人只赠送了 1 公斤大麦种子。第二年，西引 2 号大麦在陕西 20 多个县均达到亩产 450～650 公斤的水平，为这个品种的迅速推广，起到了很好的示范作用。

为了加快前进步伐，高如嵩和他的助手们一边搞研究，一边搞推广，先后开展了播期、播量、施肥、品比、抗倒伏性、芒的高光效性、高产规范化栽培、地上部干物质积累运转及分配、饲喂牲畜效果等系统化的试验研究，先后写出研究论文和报告 60 多篇，计 30 余万字，基本摸清了西引 2 号大麦的特征和特性，总结出一整套行之有效的高产稳产栽培技术。对一个外引品种进行如此系统深入的研究，是史无前例的。

"西引 2 号大麦就像一个漂亮的姑娘，谁见了能不爱呢?"这是西北农学院某任党委书记对西引 2 号大麦风趣形象的比喻。的确，西引 2 号大麦以其超群的长势和亩产约 600 公斤的产量水平，吸引着陕西、河南、安徽、湖北、江苏、四川等地的种子部门和广大农户，被誉为"突破性品种""上台阶品种""新的饲料大王"。前来购买种子的车辆和人员纷至沓来。据统计，种植西引 2 号大麦给广大农民带来了可观的经济效益。仅 1984 年杨陵区 1 000 多户种植西引 2 号大麦的农民，就增加收入 20 多万元。

1986 年国营大荔农场共种植了 5 000 亩这种大麦，经高如嵩介绍，全部作为良种调往全国各地，使该农场仅此一项就增加收入 10 多万元。人们见了高如嵩，都亲切地称他为"活财神"。然而，各地农民在种植西引 2 号大麦过程中，并不都是一帆风顺的。1985 年，正是西引 2 号大麦在黄淮流域大面积推广的高潮期。渭南白杨乡农民张都信拿着贷到的款子开车到杨陵买来 5 000 公斤大麦种，拉回去后发现已有人先他一步，拉了种子，加上他恰在这时病倒了，5 000 公斤种子未能及时处理。播期已过，眼看就要栽个"大跟头"。在处境非常困难的情况下，这位农民抱着试一试的一线希望，给高如嵩写了一封信，讲述了自己的困境。高如嵩立即同课题组其他同志研究，大家一致认为，绝不能让这位农民受损失，当即回信建议张都信"尽快将剩余大麦作为生产粮卖给粮站，损失部分由我们给予支援"。当这位农民收到回信和 1 000 元时，感动得热泪盈眶，随即回信说："西农的专家教授真是咱农民的贴心人。"

经过 3 年迅速推广，黄淮流域诸省适宜地区每年种植的西引 2 号大麦基本稳定在 200 多万亩上，但由于这一地区以夏粮为主，又是国家的商品粮基地，小麦是当地人民的主粮，不可能大量减少小麦种植面积转而种植大麦。因此，西引 2 号该往哪里去才能发挥更大的效益，成为横在高如嵩及其伙伴面前的一大难题。

通过对我国各地农业生态及社会、经济状况的全面了解和分析，他们认为，我国南方特别是长江中下游地区，种植业基础好，普遍推行多熟制，又以秋粮水稻为主，畜牧业、养殖业较发达，但饲料缺口很大，尤其是蛋白质饲料更缺。如能将西引2号大麦推广到长江流域，岂不是件一举多得的大好事？

说干就干。通过与长江中下游诸省联系、送种子上门、担任顾问、协作攻关等多种措施，西引2号大麦的推广重点转向长江流域。1985年11月，湖北省黄冈地区农业科学研究所张水生来到杨陵购买大麦种子。但此时正值大麦苗期，高如嵩便建议他搞点移栽，可就近去安徽买一些大麦苗回去。张水生这个"拼命三郎"果然到安徽去背了一背篓大麦苗回去，移栽在试验田里，当年即获得大丰收。第二年便在全湖北迅速推广。

安徽省某种子公司高级农艺师方绩熙，到杨陵引种后仅3年，安徽省大麦种植面积便达到100多万亩，成为全国种植西引2号大麦面积最大的省份之一。为了协作攻关，推广良种良法，高如嵩和他的伙伴们更是费尽周折，足迹遍布陕、豫、皖、川30多个县的田间地头。

西引2号大麦之所以能推广得这样快，与各方面的大力支持、协作是分不开的。

西北农业大学各级领导与其他很多机构给予了热情关怀和大力支持，为课题组排忧解难。当该品种加速繁育需要土地时，校党委书记亲自出马协商解决；没有研究经费时，西安啤酒厂高瞻远瞩，雪中送炭，提供试验经费。陕西、河南、安徽、湖北、四川、江苏、湖南等省的许多领导、科技人员和农民群众，都为该品种的推广付出了巨大的努力。因而课题组的同志无不感慨地说，这是千百万人共同努力的结果。西引2号大麦从引种到推广，仅花了600元推广费，但在短短10年中，给国家和人民创造了6.5亿公斤大麦、2亿多元经济收入，成为农业科研及其推广中投资少、见效快、效益大的突出典型。由此，高如嵩和课题组的同志们也从中学到一门新的学问——推广学。他们深有感触地说，推广不仅是一门科学，还是一门艺术。尤其是在当前改革开放的新形势下，要推广良种良法，不研究推广艺术是不行的。有些科研成果应用之日，便是它被农民抛弃之时，就是一个反证。

2019年，已经81岁高龄的高如嵩又支持、鼓励扶风县绛帐镇农民魏党民流转当地农户土地约1000亩，建起"杨凌党民家庭农场"，只种植小麦和青贮玉米这两种作物，仍然采用依靠社会服务、经营管理和科学种植的方式经营，年终一算账，净赚将近90万元。

2020年，已82岁高龄的高如嵩仍然壮心不已，继续支持、鼓励魏党民的"种粮试验"，在小韦河流域流转当地农户零散土地约1000亩，继续种植小麦和青贮玉米，仍然采用依靠社会服务、经营管理和科学种植的方式经营，年终一算账，净赚将近80万元。

其实，高如嵩还有更为宏伟的想法，他想联合知名企业家，流转一万亩以上的土地，再做一篇种粮试验的大文章。

谈及未来，高如嵩说："学习只能追赶，创新才能超越。"农业创新，贵在交叉处、结合处动脑子、想点子，通过学科、方法的"杂交组合"来实现创新和突破。

公司化、规模化大农场，可实行公司化管理、品牌化运作。北大荒农垦集团有限公司、江苏省农垦集团有限公司就是这种模式的范例。这种公司可以运营从几千亩到几十万亩不等的大型农场，实现更大规模的农业生产，不仅能够有效降低粮食生产成本，还能对粮食进行品牌化运营，获得更高利润。

高如嵩认为农场化是中国农业的未来，也是保证中国粮食安全的唯一选择。因此他建议各级政府加速推动中国农业生产向规模化、集约化大农场和家庭农场转变。

为了把自己的人生经验和躬耕所得传承给后人，也为了给自己的家人和朋友留下一份念想，2021 年，高如嵩教授自费出版了一部名叫《农缘》的专著，分赠给亲朋好友等，受到人们的称道。

他还将著名的经久传唱歌曲《在那桃花盛开的地方》歌词作了改编，定名为《在那粮食生长的地方》，并多次亲自登台深情演唱。改编的歌词是：

在那粮食生长的地方，
是我可爱的家乡。
麦浪滚滚闪着金光，
稻穗长得一尺多长。
啊家乡！
生我养我的地方，
无论我在哪里东拼西闯，
总要把你牵挂在心上。
啊家乡！
终生难忘的地方，
为了家乡人民幸福安康，
我愿奋斗在希望的田野上。

在那粮食生长的地方，
是我美丽的家乡。
土豆蛋蛋又肥又胖，
玉米棒棒又粗又长。
啊家乡！
终生难忘的地方，
为了国家粮食安全，

我愿耕耘在辽阔的田地上。

啊家乡!

终生难忘的地方,

为了家乡人民幸福安康,

我愿奋斗在希望的田野上。

歌谱后面还特意标注:"中速、深情,唱出家乡粮食丰收的美景,唱出农民生产粮食的贡献,唱出国家粮食安全的情怀。"

随着中国人口的不断增加,经济的高速发展,如何养活越来越多的人口,仍是个长期必须解决的"老大难"问题。只能一靠科技,二靠政策方能完成如此大任,即由过去的"藏粮于民"转变为"藏粮于地,藏粮于计、藏粮于技、藏粮于邻"。

思 想 者

车克勤在核校自己的新作

　　法国雕塑家奥古斯特·罗丹创作的雕塑《思想者》，塑造的是一个身材健硕的男人弯腰屈膝，蹲坐在一块石头上，用右手背托着下巴，左手搭在膝盖上，目光深沉，默默地注视着大地，正陷入一种安静的思考中。他的身体纹丝不动，似乎处于绝对静止的状态，然而，他那凝固的动作、分明的肌肉线条，让人感到他的内心正处在一个心潮澎湃的状态，因为思考，他表现出旺盛的生命力，在静止和运动的二元对比中，为观赏者塑造了一个充满张力的视觉形象。

　　他在思考什么？按照作者罗丹的意思来说，他在思考整个人类的命运和未来。他虽然是身强力壮的劳动者，但他并不是一个四肢发达、头脑简单的人，他具备崇高的理想和情怀，像一位卓尔不群的哲人，用自己的思考和行动，来关注和解答着人类的终极问题。据说这位思想者，就是那位思想的巨人、精神的伟人但丁。的确，但丁的思想光芒和精神能量，驱除着人类的困惑，成为人类走向光明和幸福的引领者。

西北农林科技大学退休干部车克勤，就是这样一位思想者。

1939 年出生于陕西郿县（今眉县）齐镇的车克勤，经历了商、工、农、兵四种人生角色。

1956 年，刚刚 17 岁的他被招进郿县贸易公司，从事贸易，算是经商者的角色。1958 年，他考取了位于陕西兴平茂陵的陕西省茂陵农业机械化学校（今咸阳师范学院），学的是"工"。之后，他又于 1960 年考取西北农学院农学系，学的是"农"。1964 年毕业被分配到新疆生产建设兵团，先是劳动锻炼，之后担任技术员、生产办主任、副团长、团长、师副参谋长。1984 年，当了整整 20 年"兵"的他，又调回西北农学院，历任该校总务处党总支副书记、书记、处长，后又担任西北农业大学农学院党委书记。算是和"农"打了大半辈子交道。他担任西北农业大学农学院党委书记这段时间，班子团结、工作效率高、职工福利好，而且化解了一些长期积存的矛盾。

他退休多年后，农学院当年的领导班子成员相聚，当年担任农学院院长、此时已经担任陕西省人民政府副秘书长的史俊通深有感慨地问他，咱们当年的领导班子为什么那么和谐、有活力、有力量？他笑着回答，是因为聪明人遇上了明白人，团结带领了能干人。世事看得到，是聪明人；想得透，是明白人。

经历丰富的车克勤，长期在领导岗位上，养成了乐于思考、善于思考的习惯。无论遇到什么事情，总喜欢"打破砂锅问到底"，非得找出满意的答案或方案才肯罢休。

早在上大学期间，他就具有独立思想。在政治经济学课程的学习间隙，他就对老师讲授的社会主义基本经济规律有过独立的思考，可一直未找到自己满意的答案。之后这个问题始终萦绕在他的头脑中。

在新疆生产建设兵团工作期间，他深知他们部队所在的地方一直干旱缺水、交通不便、偏僻闭塞，人心不安，生产也一直搞不上去。为了解决水的问题，前几任相关领导早就设计了一座水库，但上级却一直不予批准。接任了团长后，他想尽千方百计，终于建成了水库，解决了长期困扰部队的生产生活用水难题。由此他尝到了多思、多想的甜头。担任西北农业大学农学院党委书记后，他有感于农学系乃是学校建立之初最早创办的六个系组之首的特定历史，组织编纂出版了当时西北农业大学除校史外第一本系（院）史，挖掘和抢救了一大批珍贵史料，为农业科学家立传，启迪后学。

2000 年，他退休了。不少人劝他"该歇歇了""应当放松放松了"。他只是笑笑，不置可否。

世上许多事情仿佛是注定的，注定要等待一些有缘人去完成它。

欣逢盛世而退休后的他，在摆脱了在职在岗时的繁杂事务，感觉一身轻松的同时，也常常为国家的利益、民族的兴盛、人民的福祉和未来的发展进步而操心。想探讨民主选举、社会主义基本经济规律这两个重大的命题。

北宋范仲淹《岳阳楼记》有言："不以物喜，不以己悲；居庙堂之高则忧其民；处江湖之远则忧其君。"车克勤虽是中国当代知识分子中的普通一员，却有着一腔关注苍生、心忧天下的家国情怀。他觉得，民主政治、基本经济规律这两个重大的命题，虽然已有众多的专家论著、研究论文作了多方面的探讨，但常给人隔靴搔痒的感觉。其中一些论著、论文都是人云亦云，缺乏切中要害的论述。

于是，他在原有的相关理论积累的基础上，再次系统研读马克思、恩格斯、列宁、斯大林、毛泽东、邓小平等领袖的著作、讲话以及有关这两个重大命题的各种论述、论文，结合自己长期的观察、实践与思考，想要进行一番切中要害的深入探讨。

车克勤在认真研究基础上写成的论文《论社会主义基本经济规律》2003 年在《西北农林科技大学学报（社会科学版）》发表后，《北京大学学报（哲学社会科学版）》2004 年 1 月在"全国高校社会科学学报概览"栏目对该文予以摘编介绍。

之后，车克勤将思想的触角伸向另一个重大问题——民主选举。他将自己关于这个问题的所思所想梳理成文，于 2009 年 3 月投稿给《西北农林科技大学学报（社会科学版）》。2010 年 3 月，他的这篇论文《关于我国民主选举的一些思考》发表后，被多篇正式发表的研究论文引用。

对于车克勤的所思、所想、所行，有人不理解，还说闲话，说他"吃的平民饭，操的皇上心"，有人甚至直接问他值不值得。

可他总是笑笑，不多说什么。其实他在心里认为，"天下兴亡，匹夫有责""位卑未敢忘忧国"。早在约 1 000 年前，他的乡党、北宋时期郿县横渠书院的创办者、关学开山鼻祖张载就有"为天地立心，为生民立命，为往圣继绝学，为万世开太平"的名句，并且已成为中华民族的精神丰碑，照耀古今，震烁中外。因为这是一种高尚的情怀。人生在世，不能只盯着自己的饭碗，还要看到很多，还要想到很多。好在他无论操什么心，想什么事情，都能以最理智的态度去面对。无论想什么问题，面对什么问题，既可以置之事中，又可以置身事外。有了这样的心态，他就不焦虑，也不烦躁，而是只管平心静气地思考。因为足够理智，就没有情绪化的东西，也就会用自认为最好的方法，或者最笨的方法，一点一点地去做自己力所能及的事情。

走进车克勤的家，简单却又整洁。虽没有几件像样的家具，但却被他收拾得干净利索。其实他的老伴 20 多年前就因中风而不能自行料理生活，他便用轮椅推着老伴走过了 20 多年辛苦而又十分不易的岁月。他简单的生活与他深刻的思想形成巨大的反差。这不由得使我特别想写一首诗来讴歌他：

一双冷峻的月牙眼
目光似能穿透坚硬的钢板

一张国字脸

把家国像亲人般疼怜

有力的铁拳

总用自信

把困难抡得人仰马翻

沉默的背影

平静着一张激情涌动的笑脸

黄昏唤醒黎明

陪伴着一场场人生磨炼

夜风漫卷雾霭

揩拭着身心滚烫的热汗

当有人深陷在沙发里

给孩子嘴里塞大白兔奶糖时

你却在思想的赛道上

冷峻地扒拉书卷

当有人在公园

花前月下呢喃

你却砥砺着思维的利剑

在政治制度改革的理论战场上鏖战

你是一只

翱翔在理论思维天空的雄鹰

用跳荡的思想火花

展示国人的自信与尊严

像一股升腾于江河湖海的旋风

用思想呼啸东方睡狮的威严

文化与理论

历史与未来

思想的锋刃

从无月季的娇柔烂漫

却比蜡梅更耐冬寒

从无垂柳的婆娑腼腆

却比松柏意志更坚

用冷峻的思考

抒写华夏儿女壮美的诗篇

用沉毅的胆识与勇略

豪迈着中华民族

无可争锋的强悍

这也不由得让我联想到唐代柳宗元的《江雪》所描绘的情境：

千山鸟飞绝，万径人踪灭。

孤舟蓑笠翁，独钓寒江雪。

更让我不得不想到苏轼《定风波·莫听穿林打叶声》中的词句：

莫听穿林打叶声，何妨吟啸且徐行。

竹杖芒鞋轻胜马，谁怕？一蓑烟雨任平生。

料峭春风吹酒醒，微冷，山头斜照却相迎。

回首向来萧瑟处，归去，也无风雨也无晴。

这些，不正是车克勤这位普通思想者的心路历程和 80 多年人生的真实写照吗？

咬定科研不放松

崔鸿文教授（中）在华县民营企业——辛辣蔬菜研究所（现陕西辛
辣种业有限公司）进行合作研究

人们戏称他"崔黄瓜""黄瓜教授"。他大半生从事黄瓜科教事业，学园艺，教蔬菜之学，主攻黄瓜育种。苍天有眼，科学有灵，他用自己大半生的心血和汗水，把一个个黄瓜等蔬菜新品种撒遍全国各地……

日历翻到 1980 年年初。

全国科学大会的暖风吹绿了多少科学家的心田，不计其数的科技新芽，要从这心田长出！当时正担任西北农学院园艺系讲师的崔鸿文面前，放着一份科研成果申报表。他的对面，坐着他的老师林兴教授。

他端详了林教授一眼，把填好的科技成果申报表递给林兴教授。林兴教授仔细看了全表，鼓励的目光落在他的身上。

他读懂了老师心中的话语。

10 月，喜讯传来。由他和林兴教授共同主持的"西农 58 号黄瓜的选育"科研课题荣获陕西省科技成果三等奖！

之后，"西农 58 号黄瓜的选育"被评为全国农牧业技术改进一等奖！并被农业部列为全国农牧业重点推广项目之一！

为了这一成果的取得，他和林兴教授等人，付出了八年的心血和汗水。他曾戏称这段时间是"八年抗战"。

西农 58 号黄瓜，是当时国内最早育成的以抗黄瓜枯萎病、霜霉病等多抗性为主要特点的春秋两用型黄瓜优良品种。比当时抗黄瓜枯萎病的有名品种长春密刺死株率低62％，其霜霉病病情指数比以抗霜霉病而闻名全国的津研 2 号低 6.2。它的另外一大特点是耐热、生育期长、丰产，一般亩产 6 000～8 000 公斤，最高可达 1 万公斤。除直接用于蔬菜生产外，该品种还被许多单位作为抗病育种的种质资源和杂种优势利用的亲本。1981 年即被农业部确定为全国重点农业科技成果推广项目。到 1992 年，全国 20多个省（自治区、直辖市）累计推广 50 余万亩，增收 1 亿多元。

多年来，他总是"多头作战"，既要搞教学，又要搞科研，还要搞技术推广与科技服务，并一直兼任行政管理工作。但是，无论社会环境如何变化，无论工作任务如何繁杂，他总是把黄瓜育种作为自己的主攻方向。西农 58 号黄瓜选育成功，可以说是"咬定科研不放松""苍天不负有心人"的结果。

黄瓜生产在整个蔬菜生产中历来都占有重要地位。但是，同其他蔬菜作物相比，黄瓜对环境条件、栽培技术等要求十分苛刻，热不得、冷不得、涝不得、旱不得，加之其雌花分化变异较大，要想选育一个稳定高产又能抗病的黄瓜新品种，实在是太难了！更何况要选育早熟、抗病、抗寒、高产、稳产等综合性状优良的品种，其难度更大！

面对难题，他毫不退缩，决心拿出一个又一个黄瓜优良品种，报效自己的祖国和人民。

其实，早在 1979 年，他主持选育了 10 余年的 74 - 18 黄瓜新品种就曾荣获陕西省农牧科技成果三等奖。

循着"黄瓜育种"这条报国之路，他又相继向人民奉献出农城 1 号、农城 2 号、农城 3 号、农城 4 号等 4 个黄瓜新品种。特别是农城 3 号黄瓜新品种，以其早熟、丰产、抗病性强，深受广大蔬菜生产者和消费者的欢迎与好评。

这一系列黄瓜新品种，被他辛勤地撒遍祖国各地，丰富和充实着人民的"菜篮子"，装点着祖国的万里江山。

随着这些种子的传播，他获得了"崔黄瓜""黄瓜教授"的美誉。

在他的人生坐标上，从没有休止符。从小学生、中专生到大学生乃至大学教授，他硬是凭着自己的拼命"苦干"走过来的。要说有什么机遇的话，那就是韧性的追求……

崔鸿文家世世代代都是农民，家贫如洗。全家人靠纺线、织布、卖布为生。早年，他祖父推起独轮小木车，把他大姑从山东青州推到陕西临潼，他大姑由此在临潼成了家。后来祖母想念女儿，执意要见女儿一面，全家人才不得不背井离乡，一路逃荒讨饭，来到他大姑住的临潼安下家来。

1939 年 9 月出生的他，自小就同大人一起在黄土里刨食。从小参与农业生产和劳动，锻炼了他的吃苦精神。他从 10 岁起学耕地，11 岁学耙地、耱地。除了赶大车他没机会干，其他农活没有他没干过的。他记得第一次耙地，因为没有人教，他掉进耙齿间，牲口拖着几十斤重的耙子，把年仅 11 岁的他当地耙……

他从小酷爱上学读书，学习特别用功，成绩当然好。可由于家穷，供不起他上学了，硬要他辍学在家务农，他哭了好几天。他清楚地记得那年正是 1949 年。

没办法，因拗不过大人，1950 年他在家种了一年地。可万万没想到，就在这一年，他父亲不幸去世。他二哥也只好辍学回家务农。1951 年，他又缠着母亲要上学。母亲没有办法，只好送他去继续读书。

初中毕业，他于 1956 年考入陕西省仪祉农业学校（简称仪祉农校）。一心想早点参加工作早点挣钱养家。

1958 年，他和十几个同学在陕西丹凤县的深山老林里劳动锻炼了 8 个月，生活十分清苦，每天只能吃野菜熬玉米糁，每个劳动日值 8 分钱，吃馍馍的机会屈指可数。每天还得干背石头等繁重的体力活。

即使在这样的情况下，他也忘不了学习和科学试验，在荒山坡上搞马铃薯栽培试验，还与同学相约，向当地农民请教，哪些草能防虫，哪些草有毒……

1959 年 7 月，仪祉农校推荐优秀毕业生考大学，他是那年推荐的 18 个考大学、9个考中者之一。1959 年 9 月，他终于走进了西北农学院园艺系的教室。

由于在仪祉农校学的是园艺科，科学知识的积累决定了他的人生航道，他打消了早点工作早点挣钱养家的想法，决心献身园艺科学事业，为全人类造福。

从仪祉农校一直到大学毕业，他的所有功课除一门得过 4 分外，其余全是 5 分。这期间，他不仅拼命学习，也十分重视实践。那时，他和同学们住的是平房，房前屋后的空地，便成了他的"科学试验田"。上大学期间，他还与五位同学，分工合作编写了《蔬菜栽培手册》，共约 10 万字，受到老师的表扬与鼓励。

大学毕业留校任教以后，他仍不放松试验与研究，大白菜、洋葱、大蒜……一个个，他都爱不释手。除了蔬菜试验，他也做其他农作物试验，如水稻驯化旱稻试验等。

留校任教，本不是他的愿望。他当时一心想进科研单位，全心全意从事科学研究工作。因为他觉得试验研究具有无穷的奥妙与乐趣。

20 世纪 70 年代初，他随林兴教授到陕西汉中蹲点。从此，他与黄瓜结下了不解之缘。

当时，他蹲点的村子种植的黄瓜亩产仅 2 000～2 500 公斤。他在林兴教授指导下，从事黄瓜丰产试验，使试验的 15 亩黄瓜亩产一下子提高到 5 500 公斤左右，比过去的亩产翻了一番还多。这下震动了整个汉中地区，当年就在他们蹲点的村子开了全地区的黄瓜生产现场会。

第二年，林兴教授返回学校，他继续在蹲点的村子搞黄瓜丰产试验研究，大面积亩产又提高到 7 000 公斤左右。村民们见了他，不叫他的名字，而称他是"崔黄瓜"。

蹲点任务完成返回学校，他仍不放弃黄瓜试验与研究，并立志选育出中国人自己的黄瓜新品种。从此，他步入黄瓜研究事业的崎岖小路，进行着艰难却卓有成效的攀登。

当他从一本俄文书上看到有矮型黄瓜的记载时，便多方打听，一心想育成我国自己的矮型黄瓜。直到 20 世纪 80 年代初，他才得到美国矮型黄瓜资源，开始进行试验。种子下地了，因不适应新环境，只可怜巴巴地长出一株。尽管他精心侍弄，但尚未成熟，黄瓜就被老鼠吃了。他从被老鼠咬过的黄瓜中好不容易找到两粒种子，细心种在地里，只长出一株黄瓜秧，确实是矮型，总株高只有 20 厘米。

就这样，多少年来，为了黄瓜育种研究，他不怕苦，不怕累，天气变化越大，越是需要到试验田里观察、记载，刮风、下雨、干旱、病虫……为了育成黄瓜新品种，除了完成教学等工作任务，他平均每周到试验田里蹲 3 天以上，晴天一身汗，雨天一身泥。

由于对所有黄瓜育种试验材料烂熟于心，加上长期钻研种子技术知识，他练成了在脑子里配组合的"绝活"。哪个品种与哪个品种配成组合，表现出什么样的优良性状，他总是一说一个准，与实践几乎毫无二致。农城 1、2、3、4 号 4 个黄瓜新品种的选育，就是他长期钻研、实践，在脑子里配组合，结果一炮打响的一个证明。

几十年来，他的研究工作长期受物质条件的限制和困扰。他每年的经费只有一两千元，有时连续几年科研经费为"0"。可为了事业，他总是一边搞科研，一边搞制种，用制种换来的钱养科研、改善研究条件。

1986 年以前，每公斤黄瓜种子只赚 4 元钱，他硬是靠韧劲和艰苦奋斗，咬紧牙关坚持研究"不断线"。

终于，他的持续研究及成果受到有关方面的重视，他被吸收参加全国黄瓜育种协作组，跻身于"国家队"行列。

经过数十年艰苦努力，他们的研究条件也大为改观。他们用科研养科研，购置了大棚、种子包装机，建起了温室等。有人粗略地估算了一下，他们为科研垫支费用已超过 40 万元。同时，他总是尽自己的最大努力，支持年轻教师开展科研工作、发表论文。安徽省发水灾，他是全校第一个捐款者，当时捐助了 1 000 元。可工作中，他又总是一丝不苟、说一不二。对公家的钱，他"抠"得很死，从不愿浪掷一分一厘。

他在追踪科学，因为科学是永远年轻的。可他已不能算年轻了。他献给祖国和人民的，不只是一个个新品种、新技术、新成果，而是一颗无私奉献的心。他不仅在纸上、书刊上撰写和发表研究论文，更是在祖国的黄土地上撰写、发表一篇篇意义更为重大的科学论文……

他并不满足于已取得的成绩，在进行黄瓜育种研究的同时，也一直在攀登着理论的大山，追踪着科学的前沿。

1983 年，他的理论研究一起步就显得不同凡响——黄瓜数量性状遗传研究。这在当时的国内尚属空白领域。他瞄准这一目标，锲而不舍地一口气攻克了遗传距离与杂交优势、遗传关系、产量早期预测等难题，涉及 40 多个性状，站在了全国黄瓜数量性状遗传研究领域的前列，并一连发表了 15 篇高质量的研究论文。这些研究，廓清了学术界长期悬而未决的问题，得出了科学的新结论，改写了前人的许多研究结果。

与此同时，他还独立或主持、指导和参与了黄瓜枯萎病苗期抗病性筛选方法、黄瓜霜霉病、黄瓜杂交制种栽培等多项研究，在国内外有关杂志上发表研究论文 30 余篇，其中在国外有关杂志发表 4 篇。他撰写的《黄瓜枯萎病苗期抗病性筛选方法的研究》不仅是国内相关领域的开创性研究，而且荣获 1984 年陕西省科技进步奖二等奖。

从教几十年来，他还编写了《种子试验与加工》《蔬菜种子学》《蔬菜作物植物学分类》《黄瓜基因目录》等教材、专著，共计约 150 万字。

此外，20 世纪 80 年代后期，他在主攻黄瓜育种的同时，兼搞茄子杂交育种，育成农岗 1 号、农岗 2 号两个茄子新品种。他还在陕西大荔等地指导汉中冬韭提纯研究、大白菜胞质雄性不育系研究，而且以杂种为基础材料，从油菜性状转移中入手。

他主持制定的"陕西省蔬菜种子标准及其研究"，荣获陕西省科技进步奖三等奖。

他指导的西安市黄瓜栽培技术研究，连续 5 年获得丰收，每亩平均增收 800 余元。

他担任西北农业大学园艺系系主任多年，兼任陕西省园艺学会理事、陕西省农作物品种审定委员会委员兼蔬菜组组长、美国瓜类遗传学会会员；他是陕西省先进科技工作者、陕西省农牧厅"6.5"科技攻关先进个人、校级优秀教师、优秀共产党员……可他仍时常感到做得不够。

他总是忙、忙，他的日程表总是排得满满的。特别是 60 岁以后，他仍坚持科学试验、实践，几天不去试验田里看看，他就感到心里空落落的。他说自己是个闲不住的人。他更忘不了给自己的事业培养接班人。他还想尽自己的最后所能，多为人民做点事情。

早在 1989 年，他在搞黄瓜、茄子新品种选育的同时，就已开始搞优质线辣椒品种选育了。99－8 线辣椒新品种就是他接受陕西省岐山县秦龙种业推广站的聘请，合作选育出的优质高产线辣椒新品种。后来在陕西岐山等地推广种植。

他与陕西华县（今华州区）一家民营企业——辛辣蔬菜研究所（现陕西辛辣种业有限公司）合作，从事大葱、洋葱等辛辣蔬菜的新品种研究。经过几年努力，大葱的雄性不育系及其保持系已经育成，属当时全国第三家。洋葱的雄性不育系研究，他是全国第一人。

1999年，他又涉足西瓜、甜瓜新品种选育领域，与甘肃省农业科学院有关专家合作，每年到甘肃做选种试验，到海南加代。得到西瓜140多份材料，甜瓜60多份材料，初步选配的一个杂交组合2002年在陕西大荔试种，获得成功，种植者均反映良好。在甘肃等省份试种的更是显示出其绝对优势。

继农城1、2、3、4号共4个黄瓜新品种选育成功并大面积推广种植之后，他又选育出农城8号黄瓜新品种，比农城3号长势更强、生产性更好，并已推广达2 000亩。

此外，在蔬菜抗病、抗冻基因转育等研究领域，他已成功地从胡萝卜中克隆得到了抗冻蛋白基因，向西瓜、甜瓜、番茄等蔬菜和瓜果中转化并初步取得成功。

他始终没有忘记自己是一名共产党员，应该时刻牢记"为人民服务"的宗旨，要尽自己的最大努力把自己所积累的知识、技术、经验运用到实际中去，为人民尽更多的义务。因此，他总是忙得不可开交。有人说他"又出去挣钱去了"，实际上他一如既往，从不收取任何劳务费或其他报酬。他觉得在自己喜爱的蔬菜育种领域摸爬滚打了大半辈子，自己掌握的知识、技术、经验能在实际中得到发挥和应用，就是最大的报偿，虽苦犹甜。

他也从不摆自己博士生导师的架子。多年来，无论是本科生、专科生、函授生、代培生还是硕士生、博士生的课程，只要需要，他都讲授。甚至课程实习、毕业实习等，只要需要，他从不推辞。

除了教学和科学研究、科技服务等大量的工作任务，他依然坚持写论文。截至目前，他已发表各类研究论文100多篇。其中在国外期刊上发表32篇，在国内期刊上发表70多篇。

他依然是他。吃得大苦，耐得大劳，咬定科研不放松，一片丹心写人生。

追 梦 人

正在观察从南方移栽到安康瀛湖的南方果树生长情况的朱平风

西北农林科技大学有一位女科学家，倒在了扶贫和脱贫攻坚路上。她，名叫朱平风。

盛夏时节，陕西省安康市瀛湖镇青山如黛，硕果盈枝。村民杨汉喜盯着刚采摘回来的几篮子杨梅，目光里满是失落与伤痛："本来想好的，今年要把最好的果子给朱老师送去，可是她……"

"是朱老师多年的引种示范，让我们过上了好日子！"得知朱平风去世的消息，陕西省安康市汉滨区瀛湖镇许多村民都潸然泪下。在安康市，许多人在微信朋友圈里表达对朱平风的感激和怀念。

朱平风是西北农林科技大学林学院经济林研究室副研究员。2002 年退休后，她只身一人来到安康，扎根瀛湖镇洞桥村十几年，在一片荒山上开始了将亚热带果树北移栽植的试验，先后为当地引进了枇杷、杨梅、火龙果、柠檬、龙眼等 59 种南方水果品系，让昔日的野岭荒山变成了金山银山，为秦巴山区农民找到了一条依托当地资源脱贫致富的好产业。

2018 年 6 月 6 日，77 岁的朱平风因病去世。临终前，她叮嘱子女，简化程序，不举行仪式；正值农忙，不通知瀛湖的村民；不占用墓地，骨灰运回瀛湖、埋葬在大树下——这就是朱平风，一位如她的名字一样"平淡如风"的女科学家，只有说起她的果树时，她才会神采飞扬。

退休，对于大多数人来说，意味着安享晚年，但对朱平风来讲，却意味着一轮新事业与新追求的开始。

2002 年 8 月，61 岁的朱平风退休了。忙碌了大半辈子，老伴夏恩泉满心欢喜地打算着与她一同享受清闲幸福的晚年生活，大女儿夏丁也为她在西安市买了一套带小花园的商品房。没想到，她却不为所动。她有自己深虑已久、从未告人的"秘密"。这天，她趁老伴不在家，悄悄留下一张纸条，带上早已准备好的全部"家当"，只身一人来到陕西省安康市汉滨区瀛湖镇洞桥村，开始了她南果北移的引种示范和技术推广工作。她拿出自己此前的全部积蓄，在这里承包了 35 亩杂灌荒山，自己设计图纸、自己找人施工，在瀛湖边的半山腰上盖起了一栋简易的二层楼房，作为研究、推广优质林果的基地。她要在这里用余生实现自己的一个梦，打破某些专家"陕西不能栽种南方林果"的论断，努力为陕南山区农民脱贫致富开辟一条新路子。

从 2002 年正式到来，直至 2017 年 8 月因病不得不离开，她一个人在这里待了整整 15 年。

一开始家里人极力反对，但看到她已经在这里盖起了房子，完全是一副"九头牛都拉不回"的劲头，也就只好任由她去"折腾"了。没想到，这一折腾，搭进去的是她一生的所得和宝贵的生命。

一直以来，安康市场上的亚热带水果都是从南方运过来的。许多专家认为，安康不适宜种植南方水果。但朱平风经过长期研究认为，陕南不仅适宜亚热带水果的种植，而且还是亚热带水果的优生区，甚至不少水果的品质还会超过南方。退休后，她有了自由的天空，也有了充足的时间来证明自己这个判断，于是她选择了安康瀛湖边上的洞桥村。从此，一扎 15 年。一个人，一座山，一栋简易房，一片果林，交织成了秦巴大山褶皱里最感人的剪影。5 400 多个日日夜夜，寒来暑往，春夏秋冬，她在自己承租的 35 亩杂灌荒山上，长年累月地进行着南方果树引种试验的艰难跋涉。退休后，没有了项目经费支持，她就拼出了自己的全部"家底"，她似乎下了最大的赌注，赌上了人生的"最后一把"。

对于眼前的荒山，朱平风也开始了漫长的改造之路。"整块地都是挖出来的，以前那里是放牛场，到处都是乱石堆，树木都不长，帮工说：'难度大，石堆挖不下来。'她把洋镐一拿说：'你们男人干不了，我来！'最后硬是把石堆挖掉了。"曾给朱平风帮工的一位村民回忆。

辛勤耕耘，终有收获。2009 年，浙江一位资深林果专家在安康实地考察后说："朱平风有两个了不起，一是把亚热带水果栽培区向北推移 1 个纬度就难能可贵，而她却推移了 3～4 个纬度；二是许多人一辈子才能搞出一两个引种选种课题，而她到目前已经有 4 个引种品种通过了审定！"

听到这样的评价，朱平风感到十分欣慰。自己的科研成果终于得到了认可。但朱平风并不满足，她要把南方适宜的果树品种都引进到安康来，让北方人能吃到本地出产的南方水果。朱平风经过十几年的引种、试验、推广，将新技术、新品种普及推广给农民，给当地水果产业带来了显著的经济效益。目前，安康及周边市场上卖的柑橘、大枇杷、沙田柚、柠檬、杨梅、火龙果等基本上都是由朱平风引进、改造、培育的。近几年，经过朱平风的试验，芒果、龙眼、香蕉、柠檬、巴西樱桃（车厘子）、嘉宝果等热带、亚热带水果也已试种成功，即将全面推广。2018 年 7 月，在朱平风去世一个月后，瀛湖枇杷申请农产品地理标志登记保护获准，这也是对朱平风老人最大的告慰。

熟悉朱平风的人都知道，老人的生活十分简朴、简单，不讲究吃，不讲究穿，自己花钱非常节俭。但对于引进种苗，朱平风却是一向舍得花"血本"的。她把初到安康时带来的八九万元积蓄花光后，还把每个月微薄的工资都贴补进去。同在西北农林科技大学林学院工作过的丈夫夏恩泉心里清楚，南方有些果树种苗价格昂贵，并且引种过来后，成活率不高，从事这项工作不仅见效慢，而且还很费钱，所以，他每次到安康看望老伴，总要给她带去少则四五千元、多则六七千元的钱款。每逢节假日，儿女们也都从各地赶去看望她。看着妈妈一个人住在荒山上，过着简朴的生活，完全一副农村老太太的打扮，儿女们都心酸地落泪了。他们告诉妈妈，需要钱就给他们说，要多少都给。可谁知，她把家人资助的这些钱，全都拿去购买树苗，支付运输费、装卸费和工人工资等费用了。有人估算，15 年来，朱平风在这片荒山上累计投资了 200 多万元。为了枇杷、杨梅等这些南方水果能够在北方引种成功并推广种植，为了让山区农民早日脱贫致富，她几乎付出了自己的一切。尽管精打细算，但经济上仍然捉襟见肘。没钱了，她就打电话向老伴、儿女们要。安康市委组织部干部陈坤拍摄宣教片时曾与朱平风有过接触，她说，朱老师是一个硬朗、坚强和有志气的人。尽管她引进果苗非常需要钱，需要帮助，但每次当地政府领导来慰问时，她从不张口讲困难、提请求，保持了一个知识分子应有的风骨。

"朱老师爱儿女、爱孙子，也爱她的家，但她更爱工作、爱果树、爱贫困农民！"提起朱平风，老伴夏恩泉"又爱又恨"。朱平风在安康扎根 15 年，几乎很少回杨凌的家。据西北农林科技大学林业研究所的同事讲，朱老师去安康时，把自己该带的东西全部带走了，杨凌的家里几乎没有留下她什么东西。她也整天忙于自己的果树研究试验，很少有时间回杨凌。以至于现在提及朱平风，西北农林科技大学的许多人都说不认识。老伴、儿女想她了，也只有去安康看望她。十多年来，就连春节，他们一家人也都是在安康度过的。

有记者采访朱平风的女儿夏丁时，她不停地落泪，几度哽咽，记者启发她谈谈以前与母亲一起生活时的往事，她几乎说不出什么，让现场采访的媒体记者颇感意外。她说，母亲长期在安康很少回家，自己后来上学、工作、生活，都是父亲一人在操心着，因而对母亲没有太多清晰的记忆。西北农林科技大学安康试验站的同事回忆说，严格来说，朱老师是一个不称职的妻子、母亲，但绝对是一个优秀的农业科技工作者，她把事业看得比命都重要，她把一生绝大部分时间和精力，都献给了南方果树的引种示范推广，把自己的余生留给了瀛湖，直到因病去世。真正做到了春蚕丝尽，蜡炬成灰，鞠躬尽瘁，死而后已。

朱平风一生专注于南果北移的试验研究推广，看名利淡如水，视事业重如山。她把温州蜜柑、梅州沙田柚、美国尤力克柠檬、福建枇杷、浙江杨梅等几十种热带、亚热带水果都引种到了陕西安康、汉中，每一个水果品种的引种、试验、推广，本都可以写出一篇篇精彩的论文。然而，对于这些朱平风却看得很淡，她的观点是只要干好实事比什么都强。"年轻时，大家劝我要多写论文、多发表，我讲'要把论文写在山上'；年老时，朋友劝我要量力而行，我说'人生只有一次，要尽力而为'。"朱平风生前多次这样说。她还说，作为一名农业科技工作者，要想办法引进培育好品种，让农民的腰包鼓起来，带动当地产业发展，这就是最好的论文。不计名，只求实，朱平风无愧于一名真正的科技工作者的称号。

不仅不计名，朱平风同样不计利。

朱平风最开始推广种植柠檬的时候，当地的农民根本不相信，她就不厌其烦地做农民的工作，一个山头一个山头地跑，挨家挨户地去动员。情急之下，朱平风提出，农民在自己的土地上栽树每挖一个坑，她就用自己的积蓄补贴4元钱，并把树苗无偿送给农民。

有一年，朱平风的果园里枇杷成熟了，朱平风以每斤3元的低价卖给了农民，许多农民拿到市场上卖到10元一斤。有人把这事告诉了朱平风，朱平风听说后，坚定地说，我就是要让农民们多赚钱。其实，果园的收入远远不够成本钱，但她却不计较这些，对她而言，果树的推广和农民的增收才是最重要的目的。朱平风开始推广柠檬、杨梅的时候，她把很多自己掏钱买的树苗都送给了发展果树种植的农民，她不只送给瀛湖周边的农民，不论是哪个区县、乡镇，只要是想发展果树种植，她都无偿送树苗、送技术。

2010年2月，为了把她的成果推广到汉中，尽快挂果见效益，她将自己示范园里的价值10多万元的70棵杨梅大树无偿捐赠给汉中，临行前，她还付给对方5 000元运费和后期管护费。汉中市来了七八个人挖树苗，她不仅管吃管住，还亲自给这些人包饺子、包包子，让这些人吃饱吃好，叮嘱他们回去后一定要把树苗管护好。

洞桥村村民杨汉喜是朱平风科技推广受益者中的代表。

杨汉喜当初被朱平风的真诚劝说感动，种下了朱平风送给他的 100 棵杨梅树苗、100 棵枇杷树苗。几年后，树长大了，挂果了，获得了可观的收入。他不仅还清了欠下的 10 多万元外债，还盖起了三层楼的小别墅，家里各种家具家电一应俱全，让旁人艳羡不已。"没有朱老师的科技帮扶，就没有我今天的好日子！"提起朱平风，杨汉喜心里充满了感激。

看到种植枇杷、杨梅真能挣钱，村民开始相信了。后来，村民有事没事就往朱平风那里跑，种植果树的积极性空前高涨。

当时在洞桥村工作的大学生村官王浩与朱平风朝夕相处六年多，对朱平风十分了解。王浩说，朱老师身上集中体现了农业科技工作者的执着、务实和吃苦精神，她认准了的事情，就会坚持到底，不轻言放弃。从没听她说过"困难"，在她的字典里就好像没有"困难"二字。她从来不说这事"弄不成"，而是常说应该"怎么弄"。她反对搞虚虚套套的花架子，一心只想着怎样能把南方的果树引种成功，让农民致富。她真正把论文写在了大地上，写在了瀛湖的青山绿水间。

1941 年，朱平风出生于汉中西乡。

朱平风的父亲早年在上海中法医院当学徒，后来返乡开办了忠恕医院。面对家乡的贫苦群众，朱平风的父亲常常免费送医送药。朱平风的母亲曾是一位地下党员，一生以为人民服务为己任。朱平风从小受父母熏陶，很早就树立了为穷苦群众服务的理想。

朱平风与安康结缘始于 1965 年。那时朱平风刚刚从当时的西北农学院林学系毕业，被分到陕西省林业厅。到陕西省林业厅报到后，行李还未打开，她即被安排到汉阴县参加黄龙公社的社会主义教育运动工作队。

在这期间，她发现安康的气候适宜种植南方果树。然而当时她的这一观点却被许多研究者否定。在汉阴县工作的 16 个月，她看到许多山区农民终年劳作，却难以温饱。许多人"住着破房子。人在床上、猪在床下、灶在床前"。甚至存在"几个人穿一条裤子"的情况。落后、贫穷，给朱平风留下了深刻的印象。她返回西安时，除了身上穿的，所有的家当几乎全部送给了村上的几个"五保户"。从那之后，她心里老是想着他们。

10 年后的 1975 年，她再次来到安康，看到这里的农民依然贫穷。从那时起，她就暗下决心，要通过自己所学的知识和科学技术，让这里的农民富起来。

1975 年，朱平风在研究油橄榄的生态因子时，发现陕南的越冬环境适合种植许多中亚热带的常绿果树，而安康具有明显的优势。从此，朱平风把研究方向确定到发展陕南果品上。

"安康有秦岭和凤凰山这两个东西走向的山脉，冬季的温度相当于广东的北部、福建的中部，类似中亚热带。南方相当一部分果树在这里越冬都是有保障的。这里属于针阔（林）混交地带，土壤有机质比南方丰富。和南方比，安康昼夜温差大，又是天然的富硒带，水果的品质肯定比南方的要好。南方水果的大市场在北方。安康本身就位于北方，距离市场近，上市成本低，具备很强的竞争力。"在安康市委组织部 2009 年拍摄的专题片里，朱平风说："陕西本来就是果品大省，更应该在陕南好好发展南方果品，再配合关中和陕北，打造全国最具竞争力的果品大省，把陕西果品业做强、做大。"

那个时候起，朱平风就下定决心，"我后半生就干这个"。

日历翻回到多年前，1992 年，在朱平风的积极争取和地区移民开发局的支持下，国家枇杷资源圃用飞机运来解放钟和长江三号枇杷苗木 10 000 株，她个人投入 6 万元在安康瀛湖规模建园 200 多亩，首次在瀛湖种植推广大枇杷。

1998 年，在一位浙商的支持下，57 岁的朱平风又着手引进了一批我国最大的东魁杨梅和早熟、品质优良的荸荠种杨梅，将 20 株 20 年树龄正在结果盛期的大树运到瀛湖库区定植观测，将 10 000 株幼苗运到那位浙商的月河苗圃继续培养。

3 年后的 2001 年，朱平风先后两次从浙商手中购买树苗，运回瀛湖镇、南溪乡、玉岚乡等地，无偿分发给当地群众。"那段时间，她整夜运树苗，经常踏着山路，半夜敲开乡亲们的大门，喊农民出来栽植。"杨汉喜记得一开始很多农民不理解她，有的不接受，有的栽了也不好好管理，"她没有放弃，两年后又挨家挨户帮助农户投产。看到杨梅出效益了，大家又开始主动要求种植了"。

1975—2001 年，她先后为安康引进了温州蜜柑、梅州沙田柚、美国尤力克柠檬、福建枇杷、浙江杨梅等水果。

2003 年年初，朱平风腿脚意外受伤。但引种的季节不等人，3 月份，她的脚刚能穿鞋，就瘸着腿，独自乘坐火车赶往厦门，从那里一次性引进了包括台湾火龙果、台湾杨梅、珍珠芭乐、阳桃、菠萝等 36 个品种的苗木和接穗。

"我拿出了自己仅有的 8 000 元钱，对方看我又老又病，又是从大老远赶来的，只象征性地收了 2 000 块。"朱平风在手稿中写道："临走时，我得知他们还有 4 株台湾大红火龙果，就跟他们商量买了两株。现在看来确实是精品，不需要白肉火龙果授粉就可结果，实在有幸。"

朱平风身上的这种拼劲，常常让罗枫觉得自愧不如。

罗枫是洞桥村人，2015 年流转土地 300 亩，全部种上了枇杷和杨梅。2017 年 4 月，他陪朱平风到福建引种，一路坐火车从安康到西安，再到厦门，路上花了两天两夜，到达时已是凌晨四点。"她没有休息就直奔苗圃，选购完 6 000 多株果树后，又坐着货车往回赶。"

"因为要调4 000株果树苗木给旬阳县仙河镇，她头一天下午走，第二天晚上到旬阳，卸完货又返回村上，几乎是日夜兼程，马不停蹄。"罗枫感叹，"简直不敢相信她是快80岁的人"。

2010年刚过完春节，朱平风主动联系汉中市城固县科学技术协会，将70棵有着12年树龄的盛果期大杨梅树、100株杨梅幼苗免费赠送给当地种植户。"剪枝、刨墩、包根，整整忙了9天，临走时她还掏了5 000元运费。"杨汉喜说朱平风把这些果树当作自己的女儿，运费就是她给的嫁妆。

近几年，经过朱平风的试验，芒果、龙眼、香蕉、柠檬、巴西樱桃（车厘子）、嘉宝果等热带、亚热带水果也已试种成功，即将全面推广。

朱平风是个把时间看得很紧的人。她常说："宁可干到死，也不能等着死。"只要身体稍微能动弹，她都要竭尽所能。她要在有生之年，以自己微薄的力量，推广自己的科技成果，让更多的南方水果在安康落地生根，开花结果，给安康人民带来致富的产业，改变农民的贫穷面貌，让北方人能就地吃上优质的南方水果。

据安康市汉滨区林业局干部韩启成介绍，过去，安康的枇杷都是野生的，果肉少、品质差、效益低。自从朱平风老师来后，引进南方新品种进行培育推广，从此，安康的枇杷产量提高了，品质提升了，价钱也由原来的每斤三五元，卖到了每斤15元，一亩地效益在两三万元。村民罗枫说，2017年他家种的5亩枇杷，卖了9万多元。原来安康没有杨梅种植，是朱平风老师从南方引种培育推广，2013年每斤杨梅最高售价达40元，亩产值达3.5万元，效益十分可观。杨梅尤其在瀛湖库区表现良好，品质优异，果大味甜，赢得了广大消费者的好评。就连浙江客商都认为"其品质已经超过浙江原产地"。

扎根安康的15年间，朱平风总是很忙，但不论多忙，只要有村民上门咨询，她都会热情接待，耐心细致地解答。有一天，她接待了100多名村民，帮他们拿主意、搞规划。"有一次，我们去找她时，她正在做饭。等我们咨询完了，才发现锅里的饭早都烧焦了。"罗枫说。

朱平风为"南果北移"的科研推广和陕南农民增收致富倾注了毕生心血，先后引进的59种南方优质林果，现已在安康瀛湖镇、县河乡等5个乡镇的8个村连片栽种成功，逐渐延伸，初具规模。现在，枇杷、杨梅、火龙果、台湾甜柿、柠檬、沙田柚等南方果树在安康生长良好，取得了较好的经济效益，许多农民由此走上了脱贫致富的道路。

朱平风的事迹，让人感动、让人不解、让人崇敬。让人感动的是，一个六七十岁的女科学家，独自坚守荒山15年，矢志不渝搞科研，让人非常佩服这种精神；让人不解的是，一个退休老人，不愿安享天伦之乐，却自愿到一个偏僻山区"受罪"，让人难以理解这种选择；让人崇敬的是，她不图名利。更何况荣誉、名利对于朱平风这个年岁的人来说显然已经失去了意义，吃了苦，受了累，赔上了全部的家产，却不谋取任何回报，死后只留下一个栽满各类南方果树的"花果山"，为当地老百姓开辟了一个兴农富民的好产业，让人仰慕这种境界。

"我有两个特点，不怕吃苦，也不怕吃亏。"朱平风曾在自己的手稿里这样评价自己。"因为我生在一个父母都乐于吃苦、喜欢奉献的家庭里，又受到新中国早期的教育，比较早地树立了一辈子为人民服务的大目标。我很早就明白一个人要有社会责任感。社会责任感强了，每思考、每走一步都不会错。促进社会进步是很重的担子，我要担到底。"

《安康日报》记者肖兵早就听说了朱平风的事迹，一直想采访她。在电话里被朱平风多次婉拒后，肖兵于2017年7月的一个周四直接去了瀛湖镇洞桥村，请求村民杨汉喜带他来到了朱平风的住所。见到朱平风时，肖兵见她面容黑瘦，一身病态，每说一句话都要喘几口气。可她依然拒绝采访，肖兵见状也不忍心打扰，简短聊了几句就告辞了。

8月4日晚8时许，肖兵突然接到朱平风的电话，他当时心里一喜，以为是朱平风老师身体恢复，愿意接受采访了。没想到是朱平风意识到自己不行了，想喊村民帮帮她，误将电话拨到了肖兵的手机上。肖兵得知情况随即通知了村民杨汉喜。由于情况危急，杨汉喜和妻子当晚就将朱平风送进了医院。原来她患了急性心肌梗死，医生说再晚来一个小时可能就有生命危险。所幸的是，当晚的手术很顺利，她第二天上午就恢复了意识。

在许多村民心中，朱平风代表了一个方向，是他们通往幸福生活的引路者。他们讲不出什么大道理，但每个人都能说出几点和她有关的记忆。她倔强、执着，在安康15年，取得了很多突破，但除了他人帮忙申报获得两次省级科技奖外，她坚持"此生再不报奖"。她心无旁骛，一心扑在事业上，改变了群众"靠山吃山、靠水吃水"的活法，将实验室搬到田间地头，推动科技成果就地转化。从这个意义上来说，她是一位真正的科学家。

"她是有着坚定信仰的人，专注、坚韧、无私……老一辈科学家身上的优点，她占全了。"瀛湖镇洞桥村果农杨汉喜这么看朱平风。

朱平风曾说，人生总是要有一个梦想，追梦的过程，也是享受人生价值和快乐的过程。把南方水果引进到北方来，让农民脱贫致富，就是她最大的梦想、最大的快乐，也是她人生的价值所在。能在有生之年，实现这一梦想，就是人生最大的幸福。

如今，这个梦想已经实现，她引进的59种南方果树，正在秦巴山区的沟沟梁梁生根发芽，开花结果。农民们已经通过种植南方果树，过上了富裕幸福的新生活。

朱平风老师心愿已了，应该感到去而无憾，含笑九泉。

名师炼成记

正在为本科生授课的王迺信教授

在陕西省教学名师榜单上，有一位在西北农林科技大学非常出名的名师王迺信，他是该校理学院教授、博士生导师，曾长期主讲高等数学、数学分析、复变函数、计算方法、计算机辅助几何设计等 10 余门课程。大凡听过他讲课的人，无不有如沐春风、醍醐灌顶的感觉。人们都说，任何一位不喜欢数学的人，只要听他一堂课，立马会对数学产生兴趣，更不用说本来就喜欢数学的人了，因而他是公认的、响当当的、名副其实的教学名师。

带着教学名师是怎样炼成的这个问题，让我们走近王迺信，深入了解一下这位名师炼成的故事。

千冶万淬始到金

1942 年 10 月出生于陕西鄠县（今西安市鄠邑区）的王迺信，1964 年毕业于西北大学数学系，同年被分配到西北农学院任教，先后在该校农业机械系、基础课部、计算中心、生命学院、理学院从事高等数学、计算机应用等教学、科研及管理工作，1993 年起享受国务院政府特殊津贴。他曾主编多部面向 21 世纪课程教材和普通高等教育"十一五"国家级规划教材。其中，《应用数学》1979 年由农业出版社出版，1984 年修编，1987 年第二次出版，获陕西省教学成果二等奖和全国高等农业院校优秀教材奖。《线性代数》《微积分》系"面向 21 世纪课程教材"，2000 年 9 月由高等教育出版社出版。王遒信曾研究复变函数论、数值分析方法等，参与直刀刃滚刀式切碎器分析与设计、提高收获机械切割器齿刃动刀片切割性能与使用寿命、试验设计和齿刃几何参数计算等研究，相关研究获农业机械部科技大会奖和陕西省科委、陕西省高教局科技成果一等奖等。特别是在函数论的研究中曾获得在第二项和第三项系数限制下的比伯巴赫猜想（Bieberbach Conjecture）的国内外最好结果；在数值分析的算法研究中提出两种收敛速度高达三阶的迭代法；在研究活塞裙部轮廓误差评定问题中提出矩法原理，降低了维数，简化了评定方法。

就是这样一位大半辈子与高等数学、数值计算、计算机软件等打交道的数学教授，还是一位文学、史学领域尤其是诗词对联方面的高手。

说起自己的成长历程，王遒信感慨良多。

他的故乡是著名的文化之乡，文化底蕴深厚，明清以来，就有文学家王九思、理学家王心敬等著名的大儒，这些大儒的点滴思想潜移默化地注入他的灵魂。他成长于这样的文化氛围中，又受到良好的家庭教育，加之从小学到中学再到大学，他都遇到了非常优秀的老师，因而打下了良好的文化基础。

万延成是他读小学时的老师，他在为万老师逝世三周年草拟的碑文中，记述了老师对他的教导："先生多才多艺，敬业乐群，功垂桑梓，誉满学林。先生针砭学子陋习，尝借故事殷殷训导：双母记、三回头之训，直可振聋发聩。先生示范书写影格，曾用联语谆谆教诲：学如逆水行舟，不进则退；心似平原走马，易放难收，实为木铎金声。""先生风神，青天可鉴。学高为师，身正为范。德艺双馨，诲人不倦。桃李成蹊，殊深轸念。"

他在题初中毕业合影时有言："团结进取，活泼真诚，勤奋好学，是我班风。少年意气，笑傲人生，登天折桂，谱写丹青。难忘当年，众志成城，针砭时弊，气贯长虹。文飞彩凤，笔走蛟龙，嬉笑怒骂，尽是豪情。""凡我同学，携手同行，相亲相爱，相辅相成。岂曰高下，宠辱不惊，岂曰贵贱，分工不同。凡我同学，永葆激情，败不气馁，胜不骄横。一人困难，大家担承，一人成功，大家欢腾。"

1960 年高中毕业前夕，解放军空军招收飞行员，他所在的学校初高中毕业生全部三百余人都参加了体检，最后只录取了他一个。从省军区招待所回到学校，填写了空军空勤人员登记表后，学校免去了他的毕业考试，让他协助老师工作。遗憾的是，因故，当飞行员的愿望最终未能实现。但他没有气馁，那年过春节时，他把省军区招待所彩门上的对联作为春联写出，贴到自家的门上，以展示自己的抱负与追求：

> 一心为着六亿人民
>
> 两眼看清九个指头

他在学习中一贯重视理性思考，反对死记硬背。为此，他没有花大量的时间去做题，而是把大部分时间花在深入理解上。他在学过每一部分内容后，坚持用自己的话做小结，并反复修改，直至改到能够用很小的篇幅做出较为满意的小结才肯罢手。这一方法，使所学的内容深刻地印到脑海中，从而减少了记忆之苦，使他受益匪浅。

古人云："处处留心皆学问。"在西北大学上学时，他除了在数学系听各位老师的课程外，还到外系旁听自己感兴趣的课程，例如，他慕名旁听物理系张庆嵩老师的课，因为张老师是西北大学讲课最受欢迎的老师之一。也慕名同中文系同学一道去杜公祠等地听唐诗专家傅庚生老师现场讲杜甫的《古柏行》等。有次他在大礼堂听傅庚生老师讲毛泽东诗词，傅老师借题发挥，说我国古人用"大而无外"和"小而无内"来讲无穷大和无穷小，又说现在数学系却讲不清楚无穷大和无穷小。他不以为然，课后竟和傅庚生老师善意地争辩起来。他广泛汲取营养，加上原有的积累和善于联想、善于思考，从而打下了丰厚的基础。

大学读书期间，有次观看蔡鹤汀、蔡鹤洲兄弟俩联袂举办的画展，其中有首题画词，非常好，他禁不住抄录下来：

> 秋雨无眠苦夜长，屈指年华费思量。
>
> 纵有三万六千日，也将流光寸寸量。

这首诗，他时常回忆、咀嚼，毕业十年之际，"叹流光之飞逝，感慨良多"，也仿写了一首诗，题为《流光》：

> 常忆求知在殿堂，目空俗世自轻狂。
>
> 何期荒废三千日，更把流光寸寸量。

他尤其喜欢与多才多艺、有思想、有追求的人交往，这使他逐渐成长为一个有风骨、有气节、有追求、喜欢较真、不轻信、敢于怀疑、善于求真、言行严谨、始终保持自我且矢志不渝的人。尤其是他那咬文嚼字的推敲功夫、字斟句酌十分严谨的科学精神，无不让人十分感佩、叹服。

百花酿蜜久为功，科学贯注总通神。他常常引用著名物理学家杨振宁和李政道的老师、被誉为"中国物理学之父"的吴大猷的话来说明科学家与人文学者必须相向而行的道理："科学家和人文学者缺乏共同的知识、语言、观点及相互了解的志趣。一个国家社会的人，划分为这样互不相通的两类，对国家社会的和谐、个人生命的享受，都有严重可忧的影响。""人类已经到了一个时期，务须有一个人文与科学合一的文明。科学界与非科学界之间，务须沟通思想观点。这项沟通的任务，无疑的是须由教育担负。"因此他努力从我做起，率先垂范。他坚持认为，人的科学素质与人文素养是缺一不可的，它们之间是互相促进、相得益彰的。尤其是他对文字、文法的"苛求"在西北农林科技大学是出了名的。为了求得一个字、一个词、一个标点的工稳、准确，他甚至不惜花费几天、几周、几月甚至几年的时间；为了一条史料，他能长期钻研、广泛搜求，真正做到了"为求一字稳，耐得半宵寒""吟安一个字，捻断数茎须"。所以他的文字，不仅言之有据、思想深刻，而且格律严谨、平仄和谐、意境高远、意味绵长，这就使人"放不下"，越品越想品，也越品越爱品。

其实对于一个人而言，无论做什么事情，只要热爱、坚持、不断追求卓越、不断钻研琢磨，总会有成功的那个时刻。这方面，王迺信堪称典范。

他创作的定名为《读书三唱》的三首诗，表达了他80多年人生持续读书学习的心得。其一：

人生何似一沙鸥，况复常怀千岁忧。

赤条来兮赤条去，读书致用几春秋？

世上本无天才种，学而知之在人谋。

七年之病犹不蓄，三年之艾永难求。

兼听则明须记取，去伪存真费运筹。

蜻蜓点水无实效，上下求索赖苦修。

其中化用了孟子的名言："今之欲王者，犹七年之病求三年之艾也。苟为不蓄，终身不得。"其二：

读书好似登山峦，远望容易攀缘难。

书开缥缈无涯路，入门方见天地宽。

琼田玉鉴沁心肺，寻宝何待灯阑珊？

精深理论贵浅显，火热思考宜反观。

合理质疑乃大法，疑转不疑坚如磐。

深思熟虑演绎尽，一想当然步履安。

其三：

我今再唱读书歌，请君谛听细琢磨。

立身养得好习惯，日日开卷乐趣多。

心中常备脱俗策，手上会筑养老窝。

数理人文巧融合，天地生物共婆娑。

信息时代得天厚，徜徉书海不随波。

人生一世瞬息过，岂容岁月空蹉跎？

他清楚地记得，1962 年他 20 岁生日那天，在西北大学图书馆阅览室泡了半天，想找几句格言警句作为纪念。忽然看到："没有一种不可以简单明了地说出来的思想。""一切经过深思熟虑的东西，表达出来都很明晰透彻，并且不必费力就可以找到表达的语言。"喜出望外的他便工工整整地抄录下来，作为 20 岁生日的纪念。

这两句话，几乎影响了他的一生。但因抄录时疏于注明出处，以致他很长一段时间记不清这是谁的格言警句。这成了他的一块"心病"。若干年后，他去北京出差，在商务印书馆的书亭里看书，终于找到了出处——赫尔岑的哲学名著《科学中华而不实的作风》，了却了一桩长期萦绕心头的遗憾。

虽然是"理科男"，可在西北大学读书期间，他却是一名不折不扣、十分活跃的"文艺男"，排演文艺节目、办墙报壁报，他都争先恐后、当仁不让。

1962 年，西北大学举行二十五周年校庆（如从陕西大学堂算起，应为六十周年校庆），他参与数学系校庆宣传，写了一首题为《一株白杨的盛情》的自由诗，受到了负责校庆宣传的肖克平校长助理的表扬。作者自称白杨，既合于他的乳名，又合于当时的实景：校门口有两排白杨。诗中写道：

> 值此二十五周年校庆，
>
> 请接受我，
>
> 校门口一株白杨的盛情。
>
> 我目睹你在战火硝烟里诞生，
>
> 我目睹你艰苦卓绝的奋斗历程。
>
> 我目睹你怎样经受血与火的考验，
>
> 我目睹你怎样张开双臂迎接黎明。
>
> 而今你阅尽沧桑，
>
> 满怀豪情，
>
> 傲然挺立在生机勃勃的古城。
>
> 你肩负着时代的重托，
>
> 人民的企望，
>
> 你追求着社会的进步，
>
> 祖国的繁荣。
>
> 二十五年的时间，只是历史的一瞬，
>
> 二十五年的业绩，化为历史的永恒。
>
> 我也要发愤努力，
>
> 用丰硕的果实，
>
> 点缀你更加辉煌灿烂的前程。

> 值此二十五周年校庆，
>
> 请接受我，
>
> 校门口一株白杨的盛情。

2014年，大学同学在母校聚会，他写了《沁园春·毕业五十周年怀感》，记录了自己的求学经历和感受：

一介书生，负笈西京，入探宝山。看天光射影，横生妙趣；风云变幻，尽现奇观。数理精微，时空无限，任我驰骋穷益坚。期来日，与列强争战，据守前沿。

无忘驽马加鞭，愧碌碌无为五十年。念潺潺流水，丝丝润土；拳拳意切，眷眷魂牵。母校深情，恩师凤愿，学子犹存一寸丹。重回首，喜今生无悔，笑对尘寰。

2022年，为庆祝西北大学建校120周年，他写了《母校花甲重逢有怀》：

> 忆昔求学入鸿庠，青葱岁月何沧桑。
>
> 幸有名师醒草昧，醍醐灌顶明九章。
>
> 杨刘王师似山岳，张赵凌师如海洋。
>
> 康任马师亦挚友，阎边朱穆更雄强。
>
> 犹记母校度花甲，曾献拙句署白杨。
>
> 时称二十五年庆，无视清末建学堂。
>
> 慨叹浴火生名校，大言发愤添辉煌。
>
> 岂识天高地也厚，书生意气正轻狂。
>
> 而今花甲双庆至，身在天涯心向往。
>
> 魂牵梦绕苦寒日，书声阵阵歌声朗。
>
> 已见故园换风貌，尤喜新秀夺金奖。
>
> 自知鲁钝尚勤奋，愧无殊功酬师长。
>
> 打从毕业奔他乡，谆谆师教未敢忘。
>
> 设誓甘当铺路石，辅佐学子作栋梁。
>
> 相伴群星共闪烁，竭尽绵薄亦荣光。
>
> 为报师恩深又重，遥祝母校万年长。

在诗里，他特意罗列了给他留下深刻印象的专业课老师的姓"杨、刘、王、张、赵、凌、康、任、马、阎、边、朱、穆"，以表达对老师的崇敬，也表达对母校的怀念。

正是这样广泛汲取营养并经过千漉万淘、千冶万淬，才最终铸就了他的名师奖章。

精研教法育栋梁

自从到西北农学院任教后，他就立志把教学作为毕生事业，为此，他决心认真研究和掌握教学法，并持续改进。

他认为，对教师的教学而言，仅仅做到严谨、科学的表达是远远不够的。因为任何一堂课，都可以无限深化。没有最好，只有更好。一节课虽然有讲完的时候，但学生的求知欲却是没有尽头的。如何做到更好，需要有不断探索的精神和毅力。

为此，他从教学方法论入手，坚持对每节课的教学目的、指导思想、基本方法、具体方法、教学方式等进行全面、深入、反复的考察和比较，分析教学方法上存在的问题，既研究教师教授的方法，也研究学生学习的方法，努力做到教授方法与学习方法的统一。

作为教师，他感到这份职业是光荣的。但是，要做一名合格的教师，却是很不容易的。没有奉献精神，没有满腔热情，没有强烈的事业心、责任感和求知欲，就无法成为一名合格的教师。仅就教学而言，自己不懂的东西，固然不可能讲明白；自己似乎懂了，但还没有吃透，或者虽然懂了，但不懂教学法，也未必能够讲得让学生明白；光有良好愿望，不懂教学规律，也搞不好教学。

他首先从学习和研究毛泽东"十大教授法"入手，并以极大的热情反复学习、研读、实践，且不断自我改进，做到与时俱进。五十多年从教中坚持身体力行，从未动摇。

1929 年 12 月，中国工农红军第四军在古田召开党的第九次代表大会，根据毛泽东的报告，形成并通过了一系列决议。在关于士兵政治训练问题的决议中，提出了著名的"十大教授法"：启发式（废止注入式）；由近及远；由浅入深；说话通俗化（新名词要释俗）；说话要明白；说话要有趣味；以姿势助说话；后次复习前次的概念；要提纲；干部班要用讨论式。

他认为"十大教授法"虽然是当时为上政治课而提出来的，需要与时俱进、不断发展，但它的精神是正确的，是富有生命力的，至今对各类教学、培训工作仍有普遍的指导意义。他通过认真研究，认为"十大教授法"的实质可以归结为四点：启发式、深入浅出、少而精、因材施教。这是教学中应该努力遵循的四条教学思想和原则。他结合自身学习、实践，写成《"十大教授法"学习札记》的教学法研究论文，广为传播。在此基础上，他还深入研究了毛泽东的讲演艺术，如毛泽东怎样说理、怎样比喻、怎样举例、怎样推敲文字等。

"启发式"是就教学目的而言。"启发"一词来源于《论语·述而》中的"不愤不启，不悱不发，举一隅不以三隅反，则不复也"。大概意思是说，教导学生，不到他力求明白而未能明白的时候，我是不会去开导他的，不到他很想表达却难以表达的时候，我是不会去启发他的，如果不会举一反三，我是不会再教他的。教学的目的绝不仅仅是传授知识，更重要的是调动学生学习的主动性，启发学生的创造性思维，让学生能够理解所学知识并融会贯通。教师讲授的过程要能够吸引学生的注意力，引发他们的兴趣以及怀疑和挑战的欲望，点燃他们创造性思维之火。因此教师在备课时，要花大力气思考，怎样讲授才能启发学生的积极性和主动性；教学中，要求学生的不是强行记忆所有结论，而是进行思考，真正理解结论背后的基本原理，在理解的基础上记忆少量必须记忆的知识；讲授结束时，要提出启发性的问题，供善于思考的学生思考更深层次的问题。因而他非常推崇爱尔兰诗人叶芝所说的："教育不是注满一桶水，而是点燃一把火。"

"深入浅出"是就教学技巧而言。教学技巧在于如何安排讲授内容的逻辑顺序，通过教师有吸引力、感染力的语言，做到既能引导到理论高度（深入），又能让学生容易听懂（浅出）。教师对所讲内容必须深思熟虑，深入理解，才能够在讲授中简单明了，准确无误。讲授技巧在于恰当地安排讲授内容的逻辑顺序（一般与教材的编写次序不同），通过思考消化转化成自己的东西，使所有学生都能够深刻、真正地理解，同时又能达到一定的理论深度。这里还要恰当掌握点到为止的"度"。不到不行，过了又会缺乏启发性。这正是俄国哲学家赫尔岑所说的"没有一种不可以简单明了地说出来的思想""一切经过深思熟虑的东西，表达出来都很明晰透彻，并且不必费力就可以找到表达的语言"。

他常以他从事的数学教学活动为例，极力推崇著名数学教育家弗赖登塔尔的论断："没有一种数学思想以它被发现时的那个样子发表出来。一个问题被解决以后，相应地发展成一种形式化的技巧，结果使得火热的思考变成了冰冷的美丽。"所以，他认为，不管是教还是学，都必须努力去揭示冰冷美丽背后的火热思考。

"少而精"是就教学内容而言。老子说："少则得，多则惑。"每一门课，每一章节，每一节课都有其重点，这就是纲，教师一定要抓住这个纲，讲深讲透。万万不可眉毛胡子一把抓，因为这样往往什么都抓不住。讲授的内容要抓住核心、关键概念和主要问题，务求讲深讲透。为此，要适当地舍弃一些次要的内容和引申的内容，留给学生自学，检验他们的理解深度，培养他们的自学能力。著名数学家华罗庚说过，学习有两个必经的过程，即"由薄到厚"和"由厚到薄"的过程。譬如我们读一本书，厚厚的一本，加上自己的注解，就愈读愈厚，我们所知道的东西也就"由薄到厚"了。但是，这个过程主要是个接受和记忆的过程，学，并不到此为止，懂，并不到此为透。要真正学会学懂，还必须经过"由厚到薄"的过程，即把那些学到的东西，经过咀嚼、消化，融会贯通，提炼出关键性的问题来。

"因材施教"是就教学态度而言。对不同专业、不同程度的学生，一定要区别对待，不管是讲授内容还是讲授技巧，都要与之相适应。教学是个互动的过程，教师要特别注意学生在课堂上的情绪和反应，随时调整讲授内容和技巧。教师驾驭课堂、与学生互动的能力，直接影响教学效果。

讲授的技巧在于恰当地安排讲授内容的逻辑顺序（一般与教材的编写次序不同），使所有人都能够理解（当然要通过思考），同时又能达到一定的理论深度（因而不是庸俗地、虚假地理解，而是深刻地、真正地理解）。讲授态度是对听讲的所有人负责，讲授准备是针对特定对象而做的，适合于特定对象。讲授过程中要随时调整讲授内容和讲授技巧，既要照顾到水平较高的同学，让他们留有进一步思考的空间；同时也要照顾到水平一般的学生，让他们也能听懂。

根据以上教学法原则，他认为，在设计课堂教学时，一定要做到激发兴趣，引导思维，启发自觉；既简单易懂，又要有一定的理论深度；突出重点内容，适当忽略次要问题；要有交流与互动，以便适合现场的特定对象；力求在讲清科学思想的同时，揭示"冰冷美丽"背后的"火热思考"。

为此，他十分注意向古今中外哲学家、科学家、教育家学习，研究他们的教育思想、教育方法与教学技巧，研读他们的教育教学著作，对照自己的学习、体会与实践，不断改进自己的教学方法与技巧，并有感而发地撰写教学法研究论文发表、交流或存查。

他实现了自己许下的诺言，是一位真正把教学作为毕生事业的一丝不苟的名师。这缘于他"绝不误人子弟"原则。他之所以这样坚守，又缘于作为知识分子的社会责任与担当。

他曾深入研读笛卡尔的《谈谈方法》等哲学名著。

1637年，笛卡尔正式发表了他的第一部著作《谈谈正确运用自己的理性在各门学问里寻求真理的方法》（简称《谈谈方法》），记述了他探索的思想历程。笛卡尔分析了他所学的所有学问，认为只有逻辑、几何和代数，可以帮助他获得寻求真理的方法。而逻辑、几何和代数既有长处，也有短处。按照笛卡尔的说法，他要寻求的方法，将"包含这三门学问的长处，而没有它们的短处"。笛卡尔罗列了他所寻求的方法的四条规则：第一条是，凡是我没有明确地认识到的东西，我决不把它当成真的接受。也就是说，要小心避免轻率的判断和先入之见，除了清楚分明地呈现在我心里、使我根本无法怀疑的东西以外，不要多放一点别的东西到我的判断里。第二条是，把我所审察中的每一个难题按照可能和必要的程度，分成若干部分，以便一一妥为解决。第三条是，按次序进行我的思考，从最简单、最容易认识的对象开始，一点一点逐步上升，直到认识最复杂的对象；就连那些本来没有先后关系的东西，也给它们设定一个次序。第四条是，在任何情况之下都要尽量全面地考察，尽量普遍地复查，做到确信毫无遗漏。

王酒信反复研读这四条规则，从而理解和领悟到：第一条是说普遍怀疑。即对任何学问从怀疑入手，进行认真思考。怀疑的目的，是为了把错误一个一个连根拔掉，使自己得到确信的根据。正如笛卡尔自己说的"把沙子和浮土挖掉，为的是找出磐石和硬土"。第二条是说条分缕析。任何事物，不管有多复杂，总可以纵向分为若干个相对简单的步骤，每一步骤还可以横向分为若干个相对单纯的情况。因此，任何难题都可以化为若干个相对简单容易解决的问题。第三条是说演绎推理。笛卡尔认为"古今一切寻求科学真理的学者当中，只有数学家能够找到一些证明，也就是一些确切明了的推理"，因此他非常推崇数学的演绎推理，认为一切科学都应该遵循这样的规则。第四条是说全面考察。任何科学的真理，都应该是全面考察的结论，不应该有任何例外。为此，必须在考察各种具体对象的同时，抽象出足以概括其本质的概念，并对概念间的关系加以研究。

王酒信在陕西省数学会 2005 年举办的"课堂教学——精彩一刻"活动上，做主题为"定积分的元素法"的讲课示范，他首先提出现行教材中关于定积分的表述存在的问题，接着用分割圆柱体积的反例，证明舍弃高阶无穷小只强调近似的不易操作性和困难性，从而提出微分元素法的表述应先引入一个辅助定理，在做出表述后可根据需要进行推广；最后他又举例证明推广的正确性。他耐心细致的讲解和深入浅出的分析，得到在座老师的认可。课后，《高等数学研究》杂志编委会副主任、西安建筑科技大学的著名数学教授潘鼎坤老师进行了点评，给予高度评价。

质疑与好奇精神伴随了他的一生。他坚持绝不轻信，坚守质疑这一信条。这使他真正活成了独立思考、行事的自己。当然通过质疑，他也熟练地掌握了教学方法与技巧，从而使他的课讲授得越来越受欢迎，为国家培育出一批批栋梁之材。

以人为鉴明得失

从邓拓 1961 年在《北京晚报》上开辟《燕山夜话》等栏目，并不断为栏目撰写杂文起，王酒信便和他的同学们几乎每天晚上都到西北大学图书馆阅报室去借阅，大家总是争着抢着以先睹为快。这些杂文标题新颖，每篇篇幅都不长，却内容丰富、文笔流畅、语句简练、通俗易懂。读这样的文字，仿佛是在与作者对坐啜茗，听他娓娓道来，给人以澄净之感。文章没有学院派的痕迹，又无作家的腔调，取材于日常生活，既引经据典，又释疑解惑，把深邃的思想通俗地阐释出来，坚守了读书人的一种立场。许多文章往往讲述一段小的故事，或以某一事件作为开头，看似平常、平凡，却蕴含着丰富的哲理，给人以启迪和教益。《燕山夜话》的杂文，成了他们同学间津津乐道的话题。《燕山夜话》结集出版后，他迫不及待地买了所有分册，和同学们分享。年轻时，他从《燕山夜话》中汲取营养，中年以至晚年，他仍以这本书为伴，通过不停地读中练，练中淬，不断地充实自我、感悟人生、丰富人生、塑造人生、笑对人生。也正是在《燕山夜话》中，他第一次看到了毛泽东的"十大教授法"，并且被牢牢地吸引住了。

为了研究教学法，他曾认真研读了列宁的有关论述。

列宁曾说："最高限度的马克思主义＝最高限度的通俗化。"

俄国有人创办《自由》杂志，号称是为工人办的通俗读物。1901年，列宁对该杂志提出严肃批评，称其为"低级趣味的庸俗"，是"装腔作势""矫揉造作"。同时对其文风问题提出著名论断，很值得我们学习。

列宁在《评〈自由〉杂志》一文中说："通俗作家应该引导读者去深入地思考、深入地研究，他们从最简单的、众所周知的材料出发，用简单的推论或恰当的例子来说明从这些材料得出的主要结论，启发肯动脑筋的读者不断地去思考更深一层的问题。"

列宁在文中又说："庸俗作家……不是引导读者去了解严肃的科学的初步原理，而是通过一种畸形简化的充满玩笑和俏皮话的形式，把某一学说的全部结论'现成地'奉献给读者，读者连咀嚼也用不着，只要囫囵吞下去就行了。"

除了向古今中外思想家、政治家、哲学家、科学家、教育家学习，他还十分注意向身边的人学习。

一是向小学、中学、大学的老师、同学学习。他常常讲述自己对李世民"以铜为鉴，可正衣冠；以古为鉴，可知兴替；以人为鉴，可明得失"的理解与切身体会。他和西北大学的老师刘书琴、赵根榕、王戍堂、马家禄、朱钤等保持着亦师亦友的关系，一有机会，便向他们虚心求教，也同他们坦诚切磋。

二是在工作单位，向前辈、成功人士学习，研究"校本"人物，尤其是他们的人生历程和成功经验、方法，借助这些重要的、更具亲和力的"校本"资源帮助自己成长，同时也用以教育青年教师和学生。比如他曾深入研究西农的于右任、戴季陶、李仪祉、石声汉、张为申、匡厚生、虞宏正、俞劲等前辈的人生经历及教学经验。

也正是由于对"校本"资源尤其是"校本"人物的搜集，他发现并深入挖掘了不少很有价值的史料。如五四运动中"火烧赵家楼"的火由谁点燃，抗日战争时期著名的"武功军事会议"始末，老舍到西北农学院创作《西望长安》剧本有关史料，等等。甚至为了其中的关键史料，他自费到北京等地图书馆查找资料，前后花了好几年时间才终于搞清楚。这无疑成为他敢于、善于质疑和怀疑的"意外收获"。

谈到什么样的老师才能算是好老师，他以西北农林科技大学著名教授石声汉的故事为例来要求自己。石声汉教授曾对儿子石定栩（曾任香港理工大学、广东外语外贸大学教授）说："一个好的老师应该能够用简单的语言把复杂的理论讲清楚，能够把看似枯燥的理论讲得生动活泼，让学生愿意听。一个问题要讲得深奥容易，但讲得浅显易懂、引人入胜却不容易，这要下功夫。"2005年，教育部对西北农林科技大学进行教学评估，他在评估组的会议上，集中介绍了老前辈石声汉教授和虞宏正教授的教学经验，借以宣传和强调西北农林科技大学重视教学的传统。

130

　　三是向同事学习。如西北农林科技大学的朱天祜、康清、黄志尚、陈式瑜、周尧、闻洪汉、翟允禔、薛澄泽、李克仁、兰斌、盛涛、王朝琪等，王逎信同样与他们保持着终生亦师亦友的关系。他十分敬仰朱天祜、康清、闻洪汉等人的崇高品德、不朽业绩；敬仰黄志尚、陈式瑜、周尧、翟允禔、薛澄泽等人的敬业乐群、多才多艺；敬佩李克仁、盛涛、兰斌、王朝琪等人的兢兢业业、一丝不苟，并诚心诚意向他们学习。

　　为庆祝西北农林科技大学八十周年校庆，他撰写了《抗战中的武功军事回忆》《缅怀康清教授》《黄志尚教授二三事》《西农与诗》《西农与联》等文，记述了自己在各个方面学习的点滴心得，其中一部分已被学校选用。

　　当然，他更向许多当代名人如华罗庚、丘成桐、吴大猷、郭沫若、老舍、季羡林、启功等人学习，学习和借鉴他们的学习、研究、教育方法与成功经验。

　　他将自己的这些切身体会与人生感悟总结为"五要素"。即"要有坦然面对困难的勇气；要有健康健全独立的人格；要有科学思辨创新的能力；要有广泛强烈求知的欲望；要有包容宇宙万物的爱心"，并分享给同行、朋友、学生，与他们共勉。

　　他有位同事名叫郭辅民，西北农学院林学系毕业，毕业后在林学系讲授林业统计。郭辅民曾在科研中作出贡献，获得学校奖励，"文革"前就转到数学教研组教授高等数学等课程。终其一生，郭老师只评定了讲师职称。但郭老师教学非常认真，因患先天性疾病，他要比常人付出更多辛苦，常常一堂课讲下来浑身大汗，湿透衣衫。公正地说，郭老师为学校、为学生奉献了一辈子，鞠躬尽瘁，死而后已，值得受到大家的尊敬。为郭老师举行告别仪式那天，他暂停了当天的研究生课程，带着为郭老师写的挽联去参加郭老师的告别仪式。他为郭老师写了这样的挽联："重理论，重实践，巧手巧思，改进求积仪；又教书，又育人，尽心尽力，弘扬统计学。"然而当他看到告别仪式很冷清时，十分伤心和感慨。后来，他写了一首《哭郭辅民老师》的诗，并在研究生课堂上宣读，作为对郭老师的纪念，赢得了课堂上的研究生集体为郭辅民老师鼓掌致敬。诗中说：

　　　　你默默地、默默地去了，

　　　　世间少了这位脚踏实地的好人，

　　　　校园少了那副善良慈祥的眼神。

　　　　你轻轻地、轻轻地走了，

　　　　带走的是你满身的病痛，

　　　　留下的是你一生的艰辛。

　　　　你没有留下一句临终的要求，

　　　　你没有带走一片天边的彩云。

　　　　谁知道你讲堂上汗湿的衣襟？

　　　　谁知道你在家里无言的呻吟？

谁记得你精心改进的求积仪？

谁记得你统计讲义上的泪痕？

你兢兢业业，你认认真真……

正如先哲所说，我也永远坚信：

只有一丝不苟的无私奉献者们，

才真正是国家的脊梁，民族的灵魂！

高山景行大写人

说到做人，他认为应当做一个顶天立地的大写的人。也就是具有独立精神、独立思想、独立人格、奋发向上、富含正能量的人。

谈到人生的意义，他认为人生的意义在追寻，在求索，在竞争。他说："王国维创立'境界说'，似乎也在诠释人生意义。近读《唐宋词人名家名作赏读》一书，掩卷再思人生意义，感慨良多。兹再集古人词句，将王国维先生之三境界说略加演绎，解为三叠自度词一首，名曰《境界》，也借以纪念王国维先生。"词云：

雾失楼台，月迷津渡，销魂处，人在否？无言谁会凭阑意，此恨无重数。昨夜西风凋碧树，独上高楼，望尽天涯路。

人生自是有情痴，飘零如羽，鬓霜如许。衣带渐宽终不悔，为伊消得人憔悴。几阵残寒，几番风雨，相思一点，还成千万缕。

寻寻觅觅，冷冷清清，莲心知为谁苦？自古儒冠多误，虚苦劳神，都是凄楚。众里寻他千百度，蓦然回首，那人却在，灯火阑珊处。

他的同事王朝琪教授（20世纪80年代中期由西北农业大学调入西安邮电学院任教）作诗称赞他道：

气宇轩昂大度，偶见婉约柔情。

恬淡名利襟怀，洞察身外雨晴。

才情才气横溢，掷地金石有声。

铮铮傲骨无媚，挺拔松柏常青。

执着上下求索，不负岁月匆匆。

堪称我辈人杰，志高意远凌空。

1999年，西北农业大学建校六十五周年前夕，《西北农大报》向他约稿，他写了《独立凤岗行》这首自由诗，后刊发于1999年4月18日出刊的《西北农大报》校庆专刊上，堪称他独立精神、人格与追求的真实写照：

独立凤岗晓月寒，

翘首太白思飘然。

君不见，后稷周公留胜迹，

秦汉隋唐冢相连。

又不见，残碑神骏泣渭水，

朝阳鸣凤耀秦川。

闲云野鹤心澄净，

笑看人间沧海变桑田。

独立凤岗风正狂，

遥望天际云飞扬。

君莫忘，先贤建校吃得苦中苦，

将军受命威武一戎装。

又莫忘，唯有英才能创业，

从来智慧可兴邦。

凤岗巍巍风浩荡，

后来之人重领风骚作栋梁。

独立凤岗气凛然，

豪情兴会更无前。

君不见，科教兴农有示范，

优势互补好攻关。

又不见，人生能有几回搏，

世之奇伟瑰异在峰巅。

天生我材必有用，

经典尖端日月星辰任我攀。

人道凤岗风水好，

我道自古人胜天。

祝愿凤岗日新月异大发展，

祝愿凤岗人杰地灵万万年。

　　退休以来，他越发注重认真总结。尤其是随着现代网络等技术的发展，他十分注意运用自己所擅长的电脑、手机等新载体，充分利用博客、微博、微信、QQ 等，记录、总结自己的人生点滴，以启迪来者。

人到耄耋不言老，秋阳更比春光好。走过 82 年人生路的王遒信，有不少人生况味。他说："人生走过的每一步，都会留下雪泥鸿爪，这是人生永远不能磨灭的印记；往事并不如烟，其中有经验、有教训，它们都应该成为人生甜美的回忆。要勇敢地面对人生真实的印记，努力从中获得对未来的启示。"

玩 学 一 体

挥毫泼墨后准备加盖印章的蔡江碧教授（右三）

近 20 多年来，在西北农林科技大学北校区三号教学楼前一个小广场上，人们时常可以看见一位中等身材、目光炯炯、精神矍铄的老者一会儿在舞剑，一会儿在挥舞等身棍……几乎风雨无阻。他爱书法，爱绘画，爱旅游，爱下棋。一句话，他爱玩。可他却说他不爱玩，没时间玩。他说他的玩就是钻研学问。而且他说，他从 20 岁起，至今 60 余年，晚上两点前很少睡觉，他要学习。学习就是他的生命。他舞剑耍棍，既是学习的调节，又钻研用力之法，钻研武术套路的记录之法，钻研武术套路动作与书法结字之美的关系。是的，玩为其表，学为其体——真正的"玩学一体"，正是蔡江碧教授的真实写照。

书画作伴步人生

1943 年出生于陕西朝邑（今属渭南市大荔县）的蔡江碧，1960 年考入陕西工业大学，毕业后先后在陕西汉中石门工程指挥部、陕西省水电工程局、陕西省宝鸡峡引渭灌溉管理局等单位工作，1981 年调入西北农学院水利系（现为西北农林科技大学水利与建筑工程学院）任教。先后主讲水工建筑物、理论力学、结构力学、材料力学、土力学、水利工程概论、高等数学、专业英语等课程。自编有《水利工程基础》《专业英语》等教材。参编《水资源工程学》教材。是水利工程专业认识实习、专业实习指导老师，并指导毕业设计等。先后发表《土的物性指标的图解换算》《水工建筑物教材体系改革刍议》等论文。先后从事陕西洛南县 704 厂灰渣坝工程设计、陕西彬县（今彬州市）常家坡水厂工程设计、甘肃崇信铜城渠首工程设计等，其中主持设计的宝鸡峡灌区凤翔王家崖水库加闸加固工程，1984 年获陕西省优秀工程设计奖。

蔡江碧是位具有多方面天赋才能的学者，用"才子""文理兼备"来形容他一点也不为过。他虽然学习和从事的是理工科，但文艺方面的修养却毫不逊色于文科、艺术专业学者。他琴棋书画皆通，担任西北农林科技大学离退休职工中国象棋协会会长，擅长书法、绘画、篆刻、诗词、对联，文艺修养全面。尤其在绘画、书法方面，造诣颇深，书画伴随着他的整个人生。

起初，他从未拜过师，完全是凭借兴趣与爱好，更因为当时几乎看不到书画方面的理论、技法书籍，他完全是靠自己揣摩，加上勤奋和博闻强记、善于思考和琢磨，从而逐渐达到无师自通的境界。

首先，作为教授的他，坚持教书育人，培育桃李，功垂教坛。教学中，他尤其注重学生创新能力的培养。其次，他是一位书法家，凌云健笔，挥洒自如，尤以大篆、行草书著称，运笔不拘成规，结字讲究变化，作品常能透出一股灵动的气韵。再次，他是一位画家。自古文人多喜画。苏轼就曾感慨："味摩诘之诗，诗中有画；观摩诘之画，画中有诗。"后世文人也往往将诗、书、画看作是一个人综合修养的体现。从次，他也是一位文学家，而且偏好临场发挥，即现场创作与书写，且常常能达到让人喜出望外的效果。这一点，鲜有匹敌。最后，他还是一位哲人，思想高远，见解深刻，每有发言，新见迭出，常能一语中的。

蔡江碧的画以中国画的气韵为主，但又融入了其他画种的元素。看他的画作，墨色的变化、线条的灵动、构图的饱满、虚实的运用……无不给人一种强烈的视觉冲击。那种苍莽的感觉和空灵的意象令人禁不住要在内心震颤。他画的山、水、田园、草木、云雾、房舍、村落、动物、人物……尤其是他那独树一帜的马画，纵逸潇洒，气骨灵动。无论构图、布局、挥墨、着彩，都显示出才华、天分与功力。他的书画，气息畅达，风规自远，淡逸水墨中透露出一种"云山苍苍、江水泱泱"的炽热情怀。法由古授，美自我成。他的画外师造化，中得心源，以万物为师，以生机为运，山河大地皆入画中。在技法上则重剑无锋，大巧不工。方家说画忌"六气"，一曰俗气，如村女涂脂；二曰匠气，工而无韵；三曰火气，有笔杖而锋芒太露；四曰草气，粗率过甚，绝少文雅；五曰闺阁气，苗条软弱，全无骨力；六曰蹴黑气，无知妄作，恶不可耐。蔡江碧正是因为"随心所欲"，随缘而动，随感而发，行于当行之际，止乎当止之时，所以很好地避免了这"六气"。

中国画讲究境界，重在表现"眼中没有心中有"，在美学上追求一种"隐"，即"山色有无中"。蔡江碧的画很好地体现了这一点。他笔下的山水有一种禅境，单就构图讲并无特别之处，但细看之下，那种层层叠叠、郁郁葱葱、静如河水、淡如云絮的感觉，却正是"性灵出万象，风骨超常伦"。他画的很多山水速写，同样让人体会到一种"水流心不竞，云在意俱迟"的美好意境。艺术家的才华，加上作家的情思，科学家的逻辑……这一切都让他的画既有视角的丰富性，又有线条的节奏感和色彩的层次感，从而具有一种"清风出袖，明月入怀"的意境。

有道是，人情阅尽秋云厚，世事经多蜀道平。蔡江碧的画作所表现出的这种"美"和"意"与他个人的精神修炼是分不开的。精于生活之道的人，往往有独立的人格，他能看轻一般人所看重的，也能看重一般人所看轻的。在看清一件事物时，他知道摆脱；在看重一件事物时，他也知道执着。于是，在这混沌的世界里，他找到了自己的位置。

他开蒙较早，因为那个时候农村没有托儿所、幼儿园，他三岁就进了学堂。他们村里有一个初小（初级小学），一个完小（完全小学）。初小毕业时，他被评为模范生，奖励给他一个彩色皮球和一支带橡皮的铅笔。这让他非常自豪，因此更加喜欢上学读书。他完小毕业时才十岁多一点，就考上了初中。可父亲陪他报名上初中时，学校嫌他年龄太小，不收他，让他回家停学一年后再来，惹得他大哭一场。父亲连连给老师说好话，学校才收下他。

他因受父亲影响，爱写毛笔字。起初用大仿本写，几乎每天都写，还在母亲捶布用的大青石上蘸着泥水写毛笔字。之后又爱上了画画。他外婆和母亲都是剪纸的高手，还会纸扎，每年都剪窗花、剪炕围子等。因此他受到不少民间艺术熏陶。他那时拿到的第一本画本是《美帝侵华百年史》，非常喜欢，就一幅幅从头学着画到尾。

当时朝邑中学所在地是县城的文庙，门前有日月池，学生宿舍离厕所较远，上厕所还要路过一大片柏树林。他年龄小个头也小，晚上上厕所老是害怕，有次就尿床了，第二天晒被子，都无法将被子搭上晾晒用的铁丝。

这一阶段，他读了不少小说，诸如《吕梁英雄传》《新儿女英雄传》《东游记》《西游记》《南游记》《北游记》《三国演义》《水浒传》《薛仁贵征东》《罗通扫北》《三侠五义》《七侠五义》《小五义》等，从而练就了读书快的本领。他经常跑文化馆，当时的馆长赵仁礼老先生很喜欢他，文化馆馆藏的书画文物，例如乡绅徐少南家族的大型祭器、曾经跟随李自成起义的雷柏林的书法真品他都看过。赵仁礼先生喜欢诗歌，在当时的《陕西日报》上发表了一首整版的关于华山的长诗，他得以从赵老师手中拜读了这首长诗，看到了远处的"风景"和故事。

在这里，他跟随美术老师智沛如学会了速写、写生、画石膏像等，观看过耳聋的山西民间画家王汇川画的花鸟画和用炭精粉画的人物画像。他曾给他的伯父用炭精粉画过肖像，伯父非常珍爱，悬挂过好多年。

他老家所在的村子是个很大的村，光戏台就有三个。加之朝邑东临黄河，地处陕西、山西、河南三省交界处，戏台上当年经常唱戏，有秦腔，有豫剧，还有蒲剧、晋剧演出，更有秦地的皮影、线胡（陕西合阳提线木偶）、同州梆子、老腔、碗碗腔等小剧种演出，他几乎每场都没拉过。当地人称本地人演出的戏为"家戏"，而把外地人来演出的戏称作"卖戏"。通过看戏、听戏，他学历史，探地理，赏剧情编排之妙，品剧词编写之韵，以至于凭着耳听，大段大段的剧词他直到现在都能唱出来。加之戏剧场景很美，他常常思考着想把那些场景画出来。他至今仍然能从头到尾完整地唱几十本戏，而且各种角色都会唱。因此小学老师曾在他某年的操行评语中写有"爱看戏"三字评语。

1957年初中毕业时，他报考的是西安美术学院附中。

这是他人生中第一次出远门。当时是步行到一个车马店坐牛车过洛河、渭河，再转汽车，然后步行到临潼坐火车，最终到达西安。考试结果发布后，第一榜榜单中有他，第二榜他落选了。

回到家，正逢考高中的时间，他问父亲考不考，父亲觉得家中经济困难，不想让他继续上学了。他父亲虽未正式上过学，却是当地的能人，懂历史，会写字，新中国成立前学过经商，农耕类活计是"全把式"，还曾当过三年保长。可他最小的姐姐坚决支持他继续读书，并率先考入陕西省三原水利学校，后毕业于陕西省水利学校，给他作出了榜样。他因此得以参加高中入学考试，考入大荔县大荔中学。

一进入高中，他就参与办学校的校报《大中报》。报纸开始是石印版，不久改为刻蜡版印刷。

由于有书法、绘画的特长，美术老师一直很喜欢他。除了为校报《大中报》刻蜡版、画插图等，他还利用课间及节假日为县公安局、洛惠渠管理局画了不少系列宣传画。1960年高中毕业时，美术老师鼓励他报考西安美术学院。当时西安美术学院、西安音乐学院等三校在大荔设有考场，全县报考的11名学生就在大荔中学一棵大树下参加了考试。考试结束，他自认为西安美术学院哪怕是只录取一人也非他莫属，不料他只得到个"备取生"的资格，最终因为家庭成分因素而落榜。这件事对他打击很大。他只得参加当年的普通高等学校招生考试。好在最终考上了陕西工业大学土木系。

一进入大学，他就参加了大学生美工组，画国画、油画、水粉、水彩等各种画，并多次参加校内外各种画展。为了画写生、画速写，他几乎每个周末都背着画夹去兴庆公园、大雁塔、小雁塔等处画画，还花大价钱去易俗社买票看戏顺带画戏剧画，几乎每周一次参与办具有比赛性质的校内各种壁报、墙报、板报等，还要画节日宣传画和游行用的大宣传画，制作外出宣传用的大木刻等。其他如装彩车、搞雕塑、高校文艺汇演、舞台设计与布置等，样样事情都少不了他。

"三年困难时期"，学校决定学生轮流放长假"分担国家困难"，不料第一期就轮选到了他，因此他回到老家待了一年，之后学校又通知他返校继续学习，此时学校已撤销土木系，让他改入水利系学习。1965年他又被派往陕南参加社教，住在一座破庙中，直到1966年才返回学校。之后，他在洛惠渠管理局工作的姐姐病重，他专门请假去伺候，直到姐姐不幸英年早逝。

1968年3月正式分配工作，他被分配到陕南褒河石门水库工程指挥部。

当时因为要在关中兴修眉县斜峪关口的石头河水库，并为周至黑河水库作修建前期准备，他于1970年6月被调到了石头河水库工程指挥部。

其时石头河水库正在搞"大会战"，为了搞好宣传，动员鼓舞士气，组织把他留在政工组。他全身心地投身广播宣传、《斜峪红湖报》的刻印散发、工地文工团排练演出等繁忙紧张的工作之中，既是水库建设工地现场采访记者，又是报纸编辑和刻印发行者，既是演出布景设计师，又是布景绘制师……整天忙得不亦乐乎。好在因为他干事效率高，所有工作都难不住他，因而整体工作搞得有声有色、热火朝天，受到上上下下干部群众的一致好评。

1972年，他被眉县常兴扶眉战役纪念馆筹建处相中，去扶眉战役纪念馆筹建处帮忙画过几幅大宣传画。

因上级要求扶眉战役纪念馆要在1974年清明节时正式对外开放，1973年，扶眉战役纪念馆筹建处通过眉县有关部门再次向石头河水库工程指挥部提出非要抽调他不可。石头河水库工程指挥部虽然十分不情愿，但最后还是"放行"。于是他借调到位于眉县常兴的扶眉战役纪念馆筹建处当美工，参与了展室规划、展陈文字初稿起草、烈士遗物清理等工作，完成了展区四幅大型油画的绘制。

1974年清明节，扶眉战役纪念馆正式对外开放。他这才调入陕西省宝鸡峡引渭灌溉管理局。起初是全面负责原上工程，他便每天骑着自行车到乾县、礼泉等地到处跑。

由于基础力学学得扎实，又非常喜欢搞工程设计，读图画图能力强，他后来被调入设计组专门从事设计工作，先后参与完成乾县史德发电站建设、乾县大北沟水库漏水修复、凤翔王家崖水库加闸加固工程等设计与施工，直到1981年调入西北农学院。

坚韧勇毅达通透

人常说，困境中磨炼勇气，紧急时磨炼定力，艰难时磨炼心性。世事千头万绪，最怕"用心"二字。心思用在什么地方，就会收获什么。精力花在哪里，成绩就在哪里。只有心无旁骛，专注做事，才能克服万种艰难，迎来属于自己的蓝天。水滴石穿，绳锯木断。只有耐住性子，才能踏实沉淀。人生就像一场马拉松，能让你走得更久、更远的，是你的韧性。在经历中体验，在体验中感悟，在感悟中成长。能够不断磨炼自己的人，才能不断拾级而上，活成更好的自己。

由于家庭成分问题，加之曾经因为写字、画画吃过亏，做大夫的爱人坚决反对他再写书法、画画。因此他一度只好放下非常喜爱的画笔。尤其是进入西北农学院从事教学工作后，爱人劝他好好做点学问，别再干写书法、画画等"出力不讨好"还有很大风险性的活计。因为长期在各种不十分固定的机构中调动，所以他一直没有评定职称，而在大学里，是必须要有职称的，否则与职称挂钩的工资、房屋分配等待遇就无法落实。因此，除了教好书之外，抓外语水平提升、发表论文、出版专著教材、主持科研项目，才是增加晋升分的"正路子"。

可他却有自己的诸多苦衷。

他母亲生有三个姐姐和他共四个孩子。前两个姐姐生下后都是在半个月的时候死的，他没有见过，三姐姐幼时身体也不好。所以母亲最爱他，说"我娃硬朗"。"我领着我娃在村里转，心里是轻松的。"

1967年3月，他被临时分配到陕西临潼西楼子-渭河抽水站工作，他母亲竟然找到他工作的地方来看他。

要知道，他母亲是半小脚（即"解放脚"，旧社会妇女缠足未成又放开的脚），从来没出过远门，没见过火车、轮船，就是因为太想儿子了，拿着儿子写的信，步行160里，坐火车从渭南到临潼，再走10多里路，又坐船过渭河才终于找到他。

他见到母亲，简直像是在梦中，连忙扶母亲坐下，心想母亲要是不小心把信弄丢了，那可怎么办。

直到1973年，他才把母亲接到身边。母亲说，看现在多好，村里人谁有我的福气。母亲还劝他说"啥事都不要往心里去，肚子放大心放宽"。"人生得有大肚量，得有大的容忍力。"他牢牢记住了母亲"肚子放大心放宽"的话并认真践行。

2012年，他母亲在平静中故去，享年九十岁。他亲笔在母亲的墓碑上题写了一副对联：

经人生千重险

享天寿九十龄

他中学、大学阶段学的是俄语，在石头河水库工地搞政工工作期间，他觉得精力用不完，开始自己学习英语。他到西安外文书店购买了俄英、英俄辞典，定下每天200个单词的学习计划。那段时间，他随身带着写满英语单词的纸片，利用工作之余的间隙时间学习，还自编英语词典，后又买到鲁迅的《野草》中英文版，订阅英文版《中国建设》杂志，努力读、写、记。由于勤于动手，手写脑记，经过一年多努力，他大体已可通读英文书报，初步打下了英语基础。大约在1978年，全国各地选拔第一批出国留学生。当时陕西水利界可能只有他一人坚持学英语。陕西省宝鸡峡引渭灌溉管理局领导多次找他谈话，动员他出国留学，待遇是双份工资。经过反复激烈的思想斗争，他婉拒了，原因是母老、妻病、子幼。1981年，他调入西北农学院任教后，还承担农田水利等专业的专业英语教学任务，自编了《专业英语》教材。这期间他曾想争取出国进修或留学，终因爱人长期患病、孩子又小而放弃。之后他又自学日语，还翻译过不少日文专业文章。

在教材编写出版方面，除编写《水利工程基础》教材外，他还参编过很多高等教育教材，包括《高等数学》。教材编写与教学中，他尤其注重在举例方面下功夫认真琢磨，思索如何才能使其生活化、日常化、易记化、有趣化。因而许多例证都在学生中传为美谈。他有系列化教材编写改革的设想，可惜一直未能实现。他曾将自己的系列化教材建设设想写成专门文章，面呈西北农林科技大学水利与建筑工程学院当时分管教学的副院长王正中教授，希望能够被采纳并加以实施。

课堂，已经无法满足他对学问的渴求。他说人得活到老，学到老。学习的最好办法是自学。因此他就经常泡图书馆，广泛浏览，深入思考，把一切都看作是学习。

中国工程院院士李佩成担任西北农业大学副校长时，曾一心想与他合作，发挥他善于绘画的特长，通过田野调查和实地踏勘，绘图出版《中国井谱》《中国桥谱》等著作。可惜因他和李院士后来分别转入其他研究领域和调入其他高校而未能成书，令人扼腕叹息。

他非常喜欢带学生外出实习，因为外出可以一路走，一路看，一路讲解。由于思想活跃，知识面宽，兴趣广泛，讲得有趣，学生们都喜欢让他带实习。另外，他还可以一路上随手画速写和写生。

他爱人虽然是大夫，也有一份工资，但因长年患病，孩子又小，加上母亲随自己生活，全家大大小小要吃喝，要穿衣，要消费，他的日子一直过得紧紧巴巴。

晋升职称就得发表论文。当时发表论文还得交一定数目的版面费。他囊中羞涩，交不起版面费，所以对发表论文就不积极。可为了晋升职称，他又不得不发表。其实他平时就很留意现实中存在的许多涉及自身专业的问题，脑子里装了不少可以研究、探讨的学术问题，有很多问题已经在头脑中琢磨很久了，因而写起论文来就不是太难。他曾经在一年内写了十篇自认为质量还不错的论文，当年就发表了九篇，第十篇也在第二年年初得以顺利发表。其中一篇论文投到某杂志社编辑部后，被杂志社认定是该杂志创刊几十年来第二篇不用改动一个字、一个标点就直接刊用的文章。杂志社常务副主编还让人捎话给他，要见见面、结识他这位未曾谋面的高才。

在担任硕士研究生导师并招收硕士研究生后，他总是注重学生创新能力的培养，包括创新思维、创新方法、创新路径等。他坚持给每个学生列出四五个选题并指明难点、创新点，以打开学生思路为主，然后让学生自己选择和研究，并帮他们修改和发表研究论文。比如他指导研究生从事喷灌研究，就引导学生重点思考如何做到喷洒均匀度、喷洒效果最优化而时间成本、经济成本等却能做到最小化，曾指导四名研究生进行系列研究，帮助他们分别得到了很好的结果。只可惜还想继续进行深化研究时已经面临退休，失去了指导学生的资格。

他喜欢看笑话类书籍，不仅仔细阅读《笑林广记》等笑话集，还自编了不少笑话。他也爱看相声、小品等与笑话沾边的文艺节目。

1983年，西北农学院筹备建校五十周年校庆大型展览，得知他有书画特长，相关人员极力邀请他出山参与校庆展览的展板设计与布展，他才得以重新拿起画笔。

1989年，他作为工程验收专家随同多位同事去眉县汤峪河渡槽开展工程检查验收，在检查验收现场，为了提醒随行人员注意脚下安全，他不慎从五米多高的渡槽脚手架上摔到地面，造成腰椎等处骨折。那时交通不便，他只好就近住进当地一家乡镇医院，第9天自行联系到一辆手扶拖拉机回到学校，第29天就又走上讲台给学生授课。由此腰部落下的病根，时好时坏。好的时候，一点疼痛的感觉也没有；不好的时候，则连续好多天直不起腰，甚至寸步难行。

当时他住在今西北农林科技大学北校区五台山下的新农村小区某栋楼的3楼，为了换到一楼住，他多次找有关管理部门要求调换一下，却一直未能如愿。为此，他直接找到校长陈述情况，才最终得以解决。那年春节，他在家门上张贴一副特色对联：

发三百铗声得鱼

等一管暖气熨腰

有道是"天和四季明，地和五谷生；人和千般好，家和万事兴"。随物赋形、随遇而安的性格，待人和善的态度，加上坚韧勇毅的品质，他就活得散淡、通透。

"三千年读史，不外功名利禄；九万里悟道，终归诗酒田园。"想通了这些，他就活成了一个有趣的人，这得益于他有趣的性格、有趣的爱好、有趣的追求，从而活出了有趣的自己。

散淡超脱任平生

他从小就不相信鬼神和宗教之类，但却一直想弄清其中究竟。

他教子女学习，总是先研究现有的教法有哪些不足，还有什么更好的方法可以采用，然后根据子女的个性特点等因材施教，并不断琢磨、改进教法，想尽一切办法激活他们的学习兴趣。因而子女学习、成长得很顺利。

后来他又教两个个性不同的孙女学习，仍然采用这个办法，比如用字谜、歌谣、图画等教她们识字，在乐趣中引导孩子一边玩耍一边学习，不但学习效果好，记得牢，而且促进了孩子的身心健康。现大孙女已赴英国留学。

他因为兴趣广泛，思想活跃，对很多问题都感兴趣，总想一探究竟，因而想法很多，疑问也多。

他运用象形、会意相结合的方法，整理了一本《金文字典》，参考了古今大量字典类书籍，目前已经修订了三遍。

他因喜欢书法，参考古今很多草书著作，编辑了一本自己的《草书字典》。其与他人著作不同的是以每个字的最后一个笔画为标准编写，他还思考如何将手写体录入电脑中等问题，并认为可以通过找其中的关联点来实现和解决。

退休后，他还利用自己的书法爱好，从文字入手，研究文字与农业的关系及其历史变迁。

由此他就想编写一本关于学习方法的书，并为之取名《学习学》。

之前他画画是看到的美好的东西都画，总觉得不够专精，退休后就打算先从一个品类画起。经过反复筛选，他选择先画马。因此他把古今中外画马名家的马画进行了反复研究，比如韩干、曹霸、张萱、李公麟、赵霖、赵孟頫、龚开、任仁发、郎世宁、王致诚、徐悲鸿、韦江凡的马，以至昭陵六骏石刻、出土马的泥塑、唐三彩马等。然后认真研究马的每一种姿势、关节变化及方向，反复琢磨如何表现才更好、更美，并不断与身边的画家朋友反复探讨、请教。他不仅研究关于马的画，还钻研马文化。大凡有关马的诗词、文章、图片，也在他钻研的范围内。在此基础上，他独创出一种属于他自己独树一帜的画马技法，与已有的马画风格截然不同。

他还想编著一套"诗说"系列丛书，如《诗说历史》《诗说地理》《诗说武术》《诗说典故》等，想必能使历史、地理、武术、典故等知识更加让人喜闻乐见。

他从2018年教小孙女学英语时，就着手编写了一本《小学生英语词汇扩展词典》，已经修改整理了好几遍。

关于中小学奥数，他也编写出一本《中小学奥数题解》，把自己的思考、发现、创造全加进去……

在81岁的他看来，一切都是学问，"处处留心皆学问"。大到世界、国家、社会、人生、教育、科技，小到个人等问题，他都喜欢琢磨。由于脑子里装了太多想要解决的问题，并且时常还会出现、产生许多新的问题，所以他虽然已经退休多年，但脑子却整天不得闲，有很多事想做，老感到时间不够用。

学会使用电脑后，查阅资料、记录资料更方便了，他就把自己的想法随时记录到电脑中，并不断增添、修改、完善。比如记录自己大半生读过的书、认识的人、见过的古物、经历过的有趣的人和事、正在消逝的农具和农事等。

他写下的诸多诗词、对联、文章等，除了立意高远、文字讲究外，尤其突出巧妙、趣味。

生活中的他更是一个机智、幽默、风趣的人。有着独特的人生感悟和远见卓识，这全来自他敏锐的洞察力与独到的思想。他从不愿被名利捆绑，活得潇洒、自在、真实又有趣，他常常幽默地称自己是"老顽童"。其实一个人的淡定、从容、潇洒、真实、有趣完全源自保持快乐。但保持快乐并不是一种天赋，而是一种能力，是一种洞穿了世界和人生的真相、规律、本质之后的淡定与从容。虽然如今他已是耄耋之年，但他眼不花、耳不聋、思维敏捷、记忆力超强，依然表现出年轻的心态，依旧那么健谈而且幽默风趣，不管到哪，不论遇到什么人，总能和善可亲，淡定从容，谈笑风生，笑意盈面。作为耄耋之人，他说"活出自我才算强"。

遍读他所写的诗词、文章，遍赏他的书法、绘画、篆刻作品，就会发现他是一个以儒为表、以佛为心、以道为骨的人。因而活得有滋味、有质量、有自我。

弈棋舞剑乐逍遥

人生多苦，人生短暂，他却很善于在人生中自找乐趣，并千方百计变苦为甜。下棋、舞剑、耍枪、弄棒，就成为他多年来自己寻找的"乐子"，更成为他退休后生活的重要内容。

中国象棋源远流长，变化无穷，趣味浓厚，基本规则也简明易懂，是他最喜爱的游戏之一，常常一有空闲就"杀两盘"，经常感到其乐无穷。

小时候，他就练过武术，下腰不在话下，前空翻非常熟练，算是有点武术"童子功"。前半生常年在各种水利工地、灌区东奔西跑，练就了他善于观察的双眼；长途步行从西安到韶山等经历，也练就了他脚板上的功夫。

退休后学剑术、学棍术，他非常注意用画笔记录下一个个分解动作，他觉得其中有数学、力学等科学原理，更有美学、美术原理，因此总是反复琢磨怎样才更科学、更美。他往往是先观看电视或观看现场练习者的各种套路动作及其全过程，然后用图分解每一个动作，一点点学习、揣摩，由此逐渐掌握以至熟能生巧。

由于对数学、物理、力学、水利、诗、书、画、戏剧、文学、美学、象棋、武术等的广泛涉猎，兴趣广泛、经历丰富、多才多艺又善于思考的他，就更容易把那些似乎无关的事物关联起来进行系统化思考，加上敢于、乐于、善于独立思考与钻研，他就很容易从中得出别人不易得出的觉悟来，从而丰富、趣化、美化自己的人生，使他的人生充满了滋味、趣味和多样的色彩，从而达到逍遥的境地。

他说，琴棋书画诗酒花，柴米油盐度年华。耐得人间烟火色，轻煮岁月慢煮茶。

他又说，春观百花秋看月，夏乘凉风冬赏雪。勘破凡尘求散淡，尽享人间好时节。

面对第八十一个人生岁月的到来，他还说，只要留得童心在，早霞夕阳一样红。天天保持好心态，何羡山间不老松？

是啊，淡出品位，闲里偷忙，才是人生真味。如此看来，逃避性生存，是他的特殊人生智慧。他觉得，人生路上急匆匆，走快走慢不由衷。古人曾见今时月，今月难照古时翁。时间一刻也不停，变老就在每分钟。多少英雄今不见，多少将相去无踪。多少美女花容谢，多少俊男老来怂。若问人生怎么过，形形色色各不同。有人高贵有人贱，有人睿智有人庸。有人先贫后得福，有人富后落魄终。有人勤善终有报，有人累死老来穷。有人一生糊涂过，有人精明一世聪。不足百年人生路，何去何从才成功。沉浮起伏谁来定？七分在命三分功。功成名就寿不配，到头也是一场空。人生有忧亦有喜，历尽甜苦和吉凶。少年不识老滋味，赤膊撸腿往前冲。年高老迈当歇息，思想胸怀应开通。求乐求健求平安，喜观山水乐看松。但愿夕阳慢慢落，岁至百年晚霞红。

这正是岁月如梭快如风，昨日孩提今成翁。人生自古谁无老，暮年犹作老顽童。

陆游有句名诗："纸上得来终觉浅，绝知此事要躬行。"读书做学问是这样，做其他事情也是这样。人生仍是这样，充满着起伏，充满着未知；既苍凉，又美丽；既伤感，又温馨；既残忍，又甜蜜；既有春风得意、踌躇满志，也有虎落平原、困顿穷厄；既让人疲惫不堪，又使人欢欣鼓舞；既令人厌倦，又叫人贪恋。人生永远是一个充满着爱恨情仇的"烟火人间"。难怪弘一大师在他去世前要手书"悲欣交集"四字。这四个字实在是对人生绝妙的总结和诠释。

无论是读书做学问还是识人观世，倘若没有蔡江碧这种人生的命运感、沉重感、痛彻感，倘若没有一种苦难而又丰腴的人生体验作为底蕴，倘若学问不与生命发生血肉联系，那么它终究只是一种肤浅的认识，是"纸上得来终觉浅"。

如此看来，用"玩为表，学为体"来概括描述蔡江碧，在表现他独具一格的散淡、机智、幽默与风趣的同时，又呈现了他骨子里坚持始终的独立思考、勇于探索、与时俱进并不屈不挠的个性特质。

种子人生

"麦田追梦人"王辉教授

    1943 年出生的王辉，是西北农林科技大学二级教授、博士研究生导师、"时代先锋"、"中国好人"、"三秦楷模"、"陕西好人"和 2012 年陕西省科学技术最高成就奖获得者……但他现在依然像他青年、中年时一样，如同一头始终忍辱负重、脚踏实地、埋头苦干的秦川牛和关中老农。

    一年 365 天，他几乎天天在麦田里守候、工作 10 个小时以上，每年守候、工作 200 天以上，而且这一守，竟然长达半个世纪……

    他长征般地追逐着自己的小麦种子梦，育成并推广了 12 个小麦优良品种，累计种植面积超过 1.5 亿亩，新增产值 90 多亿元，其中西农 979 小麦新品种累计推广面积近亿亩，新增产值 70 多亿元……

    为此，他患上了糖尿病、食管静脉曲张等好几种病，每天要注射四支胰岛素，曲张的食管静脉已做过支架手术，医院曾好几次给他下病危通知书，已经退休多年本来早该颐养天年的他，仍然退而不休地奋战在小麦育种的田畴上。

长期的"面朝黄土背朝天，滴滴汗水摔八瓣"，年年、月月、天天重复着单调而枯燥的工作，满身泥土，浑身被风吹日晒，他黝黑得像"黑人""黑包公"，应了那句"远看像讨饭的，近看像烧炭的，走近再看是农学院的"。在别人眼里，他和农民没什么两样，甚至"比农民还农民"。但他却心甘情愿地做这样的一介农夫。因为在他心里，有着大爱济苍生的美好梦想——希望能在自己的有生之年，通过不断努力，培育出比自己已经育成并在黄淮麦区大面积推广的西农979适应性更好、产量更高、品质更优、抗病抗逆性更强的小麦新品种，亩产能够达到800公斤以上，实现小麦育种新的突破，从而使得曾经饱经忧患、苦难深重的中国农民逐步过上富足、安康、有尊严的日子，也为保障国家粮食安全、优化粮食品质结构作出新的贡献。

1943年10月16日出生于陕西咸阳的王辉，亲眼看见、亲身经历了昔日的贫穷和饥饿。

"饿！刻骨铭心的饿！"在众多不堪回首的往事中，王辉最难忘怀的是青少年时期这个关乎生命本质的痛苦。"那时，全家人吃起饭来个个如狼似虎，一锅玉米面拌榆钱、柳叶、野菜、玉米蕊、麦糠混在一起做成的糊糊粥，总是一抢而光，个个肚皮吃得鼓鼓的，像罗汉，可又好像从来都没有吃饱过！"几乎所有人都面黄肌瘦、瘦骨嶙峋、衣不蔽体、饥寒交迫、贫病交加。然而最可怜的还是王辉的母亲，她从来都是让公公、婆婆、丈夫和孩子们先吃，有剩的就吃点，没有剩的就舀瓢凉水垫巴垫巴……

打从能记事起，王辉的记忆中便有随处可见的饿死、冻死的大人、小孩……

新中国成立后，出生于战乱年代的王辉有幸进入学校读书。

王辉读书时印象最深的仍然是饥饿，从而切身认识到了粮食的重要性。

王辉对"三年困难时期""没粮吃，拿树叶、树皮充饥"的记忆也很深，发誓"要让农民吃饱，不再挨饿"。

从父亲身上，王辉继承了坚韧与自尊。从母亲身上，王辉继承了善良和爱心。这四样东西熔铸在王辉的血脉和躯体中，奠定了他坚实的人生基础。

但当他14岁刚刚上初中时，他母亲却因病过早地撒手人寰。这无疑对他和整个家庭是一个太过沉重的打击。

不久，父亲又娶了继母。继母带了三个孩子到了他家。连同他和弟弟、妹妹，全家就有了六个孩子和爷爷、奶奶、父亲、继母四个大人，成了一个偌大的十口之家。缺吃少穿的日子过得实在太艰难，不得已，经过父亲和继母商量，将继母带来的三个孩子中的一个送给继母娘家一位哥哥抚养，把王辉交由爷爷、奶奶代管。

"没妈的孩子像根草"，由于爷爷、奶奶年纪已经很大，没有多少劳动能力，失去父母双亲呵护的他，此后的日子过得更是艰难。

也许正是由于青少年时期生活重压的反弹，王辉这个来自关中黄土地的顽强生命，在经历过一番刻骨铭心的磨砺、锻打之后，爆发出一股令人惊叹、叫绝的忍耐力和冲刺力。

儿时父母亲讲的故事，早早给小王辉种下了从事农业的梦想，加上堂叔王谦循循善诱的引导，尤其是早年长期饥饿的煎熬，使王辉深深地爱上了小麦，爱上了农业。

1964年，王辉高中毕业，参加了当年的高考。

他填报的第一志愿就是西北农学院农学专业。因成绩优异，他被顺利录取。

当年9月，他就走进了西北农学院农学系农学专业的教室。

从读书中他才得知，自从人类诞生那一刻起，摆脱饥饿、远离饥饿、奋力生存，便成了人类历史中永恒的、不朽的主题。粮食是人类生存的第一资源，没有粮食，人类的生存与繁衍便会受到巨大的威胁。滚滚历史长河中，历朝历代，各君各王，虽处在不同的疆域，却拥有着同一个亘古不变的梦想——解决吃饭问题。因此，中国的先民们反反复复谆谆告诫后人"国以民为本，民以食为天"。中国老百姓们用最朴素、最真切、最直接也最形象的语言，道出了一条真理。

由此，关于种子的科学知识，尤其让他着迷甚至达到痴迷的程度。

通过向小麦育种学家赵洪璋院士以及李正德、宋玉墀、沈煜清等老师讨教，与他们交流、探讨，他隐约意识到，经典遗传规律对作物育种有着非常重要的意义，是实现自己种子梦的最有力武器之一。

可他未曾料到，这个梦想的实现，付出竟是如此巨大且远远超出想象！

1968年8月，王辉从西北农学院毕业。

毕业前的那年农历春节，已经25岁的王辉与相恋多年的小他一岁的高中同学马桂霞完婚。其时，马桂霞已经正式参加工作，是杨陵张家岗小学的数学教师。

从1973年调回母校西北农学院那天起，在小麦试验田里，王辉梦想的种子开始生根、萌芽、开花、结果。

追随小麦育种学家赵洪璋院士大半生从事小麦育种的王辉是新中国培养的大学生和大学老师，他受前辈大师的濡染、熏陶，有着赤子情怀，学农，爱农，钻研农，不怕脏，不怕苦，除了信念坚定始终如一，坚持"立地"扎稳根基，他还坚守目标不动摇，那就是咬定"高产、优质、早熟、抗病、抗逆、广适"这几个关键目标始终不松口、不松劲。

尽管在各个不同的历史阶段，育种目标导向变化不定，忽而一味追求高产，忽儿追求稳产，忽儿追求优质，但他都没有动摇过、改变过，更不跟风，而是"咬定目标持久战，立根深广风难撼。任凭潮头浪起落，滴水穿石硕果现"。因为他认准了，一粒种子可以改变一个世界，一个品种可以造福一个民族。一粒小小的种子，关系着亿万百姓的温饱安康与生活质量。一粒小小的种子，关系着亿万农民兄弟的增产增收与富足小康。

一粒小小的种子，捍卫着国家的粮食安全与种族的生息繁衍。一粒小小的种子，凝结着农业科学家的智慧、心血、汗水和梦想。

王辉常年坚守麦田，观察小麦生长情况，刮风下雨、严寒霜雪、蚊虫叮咬也无法阻拦他的热情与痴迷。每年盛暑，蹲在半人高的密不透风的麦田里，从早到晚，一蹲就是好几个小时。实在受不了了，才站起来伸伸腿和腰。有时那个闷热，简直能把人"蒸成红薯"，蚊虫又不时来叮咬，直咬得一天一身斑点、一天一身肿块……每年的种子和育种材料收获季节，他又像是赶场的麦客。有人曾风趣地称他是"高级麦客"。

他说他这麦客，其实也高级不到哪儿去。若说是比麦客还麦客，倒更确切些。

了解"麦客""赶场"的人都知道，秦陇等地的麦客年复一年地到种小麦的人家挥镰帮助割麦谓之"赶场"。然而，谁能想到，身为大学教师的王辉，这个"高级麦客"的"赶场"，一赶，就是五十年！

正是这种中国知识分子铁脊梁般的责任担当，支持着王辉的金色梦想。正是这种浩然、博大的家国情怀，支撑着王辉长达半个多世纪的追梦长征和五十年的"赶场"。正是这种崇高、正义的中国人的民族豪气和勇于牺牲的精神，维系着王辉这个普通的中华儿女的正气和初心。

王辉从不满足于现状，总是不断地盯住一个又一个新的目标，在不断进取的文章上续写新的一页。

王辉本能地意识到，中国作为一个大国尤其是一个人口数量如此庞大的大国，绝不能把关乎国计民生、民族未来的根本，寄托在别人身上。国家的命脉，必须永远牢牢地掌握在自己手中。这就是抓住根本不能松手。这绝不是闭关，也绝不是锁国，而是牢牢掌握自主权、主动权。这样，才能不至于有朝一日得仰人鼻息、看人脸色过日子、讨生活。当然也就不至于哪天人家不高兴了，任意"卡脖子"以至"掐死"我们。

到1977年时，王辉和马桂霞已育有四个孩子，两个人要维持一个六口之家。更何况此时老家还有一大摊子人需要照顾，父亲已经年过花甲，又长期体弱多病。真是上有老，下有小，苦、难、累，像一座座大山，朝他头上、身上沉沉地压了下来。

别无他路，他只有硬扛、硬顶、硬省、硬抠、硬背、硬挣一条路可走。

倔强而顽强的王辉，不得不使出浑身解数与命运一搏。

岁月不居，天道酬勤。正是这常人难以理解的热爱，在无形地支持、支撑着王辉。正是对育成"一粒金色种子"梦想的执着信念与坚持在推动着他，精心做好每一分耕耘，正是这种踏实严谨的科学态度，最终使他迎来了累累硕果。

就这样，王辉五十年如一日，每天早早来到学校里的试验田，胳肢窝夹着笔和记录本。他一边在麦田中穿行，一边在本子上记下一个个数据，上百个品种的株系结构、叶片形状、分蘖情况等一目了然。

从春天到冬天，田间地头都留下了王辉的身影和脚印。

每年从 3 月中旬开始，王辉就天天下地观察记录。从 9 月初的整地、分区、划行、施肥到 10 月份的播种，从冬春季的抗病观察与鉴定，到初夏的授粉杂交，盛夏的分类收获、晾晒，从 7 月份的室内考种，8 月份的又一轮试验安排，再回到 9 月份的整地等，一年又一年的 50 多个年轮，就在这辛辛苦苦、忙忙碌碌中度过。作为大学教师，王辉从来没有过寒暑假、周末休息日。从风华正茂到年逾古稀，日复一日，年复一年。单是西农 979 小麦品种的选育就用了 18 年，试问人生能有几个 18 年？

就是这样年复一年、日复一日深入田间地头的研究，王辉在小麦遗传育种理论、方法研究和小麦新品种选育上取得了多项重要创新性成果，共育成 12 个小麦新品种。其中，冬小麦品种西农 979 以其高产、优质、越冬性强等性状，迅速地从关中麦区走向黄淮海大型麦区，为保障国家粮食安全作出了突出贡献，荣获 2019 年国家科技进步奖二等奖。

五十年如一日，靠什么支撑？

王辉说："靠的就是一个梦想、一腔热血。"

在王辉眼里，种子就是来年老百姓的丰收富裕，种子就是他的生命。为了小麦新品种的培育，他多次晕倒在田里，但只要一醒过来他便又继续一头扎进密密麻麻的麦田。他不但照顾不到家人，反而拉着妻子、女儿给他当帮手。面对在小麦周而复始的生长周期中长大的四个女儿，王辉经常讲的一句话就是："你们是我的娃，小麦也是我的娃。"可"小麦娃"从播种到收获都得到了他这个父亲最精心的照顾，女儿们却未必比麦子得到的爱更多。

硬是凭着对小麦育种事业的一腔热血，他把青春和汗水浇灌在黄土地上，浇灌在小麦育种试验田的泥土中……

为了心中梦寐以求的小麦优良品种，王辉 50 多年来始终以"秦川牛"式的踏实稳健、低调谦让、百折不回、不屈不挠的姿态与步履一步一个脚印地默默前行。

王辉从事小麦育种 50 多年，孤独、寂寞、饥饿、炎热、蚊虫叮咬都没有动摇过他对小麦育种事业的执着。对王辉来说，生活条件上的艰苦从来都不足挂齿，唯有对于家庭的亏欠，使他每次想起，都会产生深深的愧疚。

无情未必真豪杰。在别人眼中，王辉是一个有着杰出贡献的科学家。但是在熟悉他的人的眼中，王辉则是一个乐观、朴实、幽默、充满爱心的普通人。

人们常说，每一个成功的男人背后，肯定有至少一位伟大的女性。王辉也不例外。

王辉的身后，有一个贤妻良母式的贤内助——马桂霞。

半个多世纪来，王辉把自己全部的精力都奉献给了小麦育种事业。他对物质享受没有要求，也很少有精力和时间照顾家人。王辉的老伴马桂霞说："他就不是一个好儿子、好孙子，也不是一个好丈夫、好父亲。他根本就不管家、不顾家。他一心光在他地里头干。"妻子和女儿们只有在农忙时帮他下地干活，才能全天享受家庭团聚的喜悦。和王辉结婚50余年的妻子马桂霞给王辉打了一辈子下手，什么"扬花""授粉""杂交""千粒重""穗粒数"等这些专业术语，在她这个初中数学老师的口中早已如数家珍，俨然成了半个专家，但她却从没享受过和丈夫花前月下的浪漫。马桂霞有时甚至戏谑王辉把西农979当"情人"。

有感于此，笔者想采访马桂霞老师。当然也想从她那里"挖点"有用的写作材料。王辉老师，除了记得大女儿是1969年出生，小女儿是1977年出生，中间两个女儿哪年生的都记不清，笔者也想问问马桂霞老师。

这也可从一个侧面看出，王辉老师把他的"小麦娃"看得有多重。因为对育成的每一个品种的相关数据，他都记得清清楚楚，说起来也如数家珍。

可当笔者通过熟悉马桂霞老师的张玲丽副教授给马桂霞老师带话时，却遭到了马桂霞老师的拒绝。

铁打的汉子也同样有似水柔情。王辉爱他的长辈亲人，爱他的家庭，爱他的妻子，爱他的四个宝贝女儿。他总是在心里无数次地念叨，自己欠他们的太多了，只能以后慢慢补偿。

他常常内疚。当年奶奶和爷爷年纪大、身体差，自己这个做长孙的，除了在上大学期间给爷爷奶奶带过学校食堂做的粉蒸肉等让他们尝尝鲜、用节约下来的生活费贴补过家用外，没能更多地帮衬老人，报答抚育大恩，心中时常愧疚。

母亲早逝，父亲一生辛劳，直至2007年80多岁去世，自己这个做长子的，没尽过多少孝道。

尽管老家西魏店离学校仅两三公里路程，但他却很少回老家照看家人。老父亲想念儿子了，还得挂个拐杖，颤颤巍巍地到学校来看他。

弟弟、妹妹一直在农村，都是普普通通的农民，日子过得也不宽裕，自己也没能照顾他们多少。

王辉自己心里有数。从1968年与老伴结婚到现在，已经50多年了，陪老伴的日子屈指可数。

4个女儿，自己也照管得十分有限。她们只能在周末或假期到试验田里、晾晒场上、实验室中帮他干活的同时享受一下天伦之乐。

妻子和4个女儿，总是被他"抓壮丁"，帮他义务劳动。有人曾夸赞他是"老婆孩子齐上阵"。王辉说，不止我一个，每逢试验品种播种时，育种人都一样。例如杨天章老师等，都是"全家老少齐上阵"。

直到如今，4个女儿全都有了各自的小家。可女儿、女婿、外孙、外孙女每次来看他，还是只能在小麦试验田里找到他。人手不够时，还得全给他当帮手义务劳动。"能抓住谁就是谁。不过没工资，全是白干。"王辉笑着说。

每每想到这些，他的心都会一阵阵抽搐，有时会在没人的时候呜呜地哭，哭停了，抹把脸，便又去小麦育种地了。

小麦试验田里麦子随风沙沙作响，像是通了人性，化作最温存的慰藉。

其实，王辉对亲情的理解和对女儿们爱的表达方式，不同于常人。

王辉对女儿们不仅仅是疼爱，在学习和生活中都非常细致地关怀。三女儿王宇蓉考大学的时候，大学录取率还很低，三女儿第一年参加高考没考上，觉得家里经济困难，非要去南方打工。王辉一再劝说，给三女儿讲一定要上大学，接受大学教育，不然一生都会遗憾。后来他坚持让三女儿复读一年，承诺只要三女儿愿意上学，他就会一直供，不必考虑经济问题。王辉的小女儿上初二的时候，有次期末考试，和班里另一个同学考了并列第一，很高兴地告诉王辉，等着表扬。可王辉不仅没有表扬，反而两手各伸出一根指头在桌上给小女儿比画着说："学习如逆水行舟，别看你们俩现在是并列，如果你不努力，别人努力一点，那你看看，你就会落后。"小女儿悻悻地转身离开，可这句话却一直留在了她的心里。小女儿上高三的时候，每天下午吃过晚饭，王辉都会跟她下三盘五子棋。小女儿下过几天后水平提升一些，加之好胜心强，每每落子之前都要考虑很久，王辉看小女儿下得辛苦，才跟小女儿说："你高三学习紧张，我跟你下下棋，是想让你轻松一下，换换脑子，你却想得这么认真。"小女儿这才明白了父亲的用意。

王宇英说："我们家里有四个女儿。当我作为第四个女儿出生时，一定是很令父母失望的。可我虽然是女孩，从小到大却从未受过冷遇，反而享受了很多父亲的疼爱。小的时候经济条件不好，家里冬天买了苹果谁都不能随便吃，都是放在沙发座椅下的隔挡里存着。父亲过一段时间就会打开沙发，按家里的人数取出苹果来，每人一个。可每一次，父亲都会把他的那一个苹果留给我，让我下顿再吃，自己从来不吃。"

王宇英说："小时候父亲常常出差，每次出差回来我们都非常开心。父亲如果是去外地出远差，一定会给我们姐妹带回来礼物。小时候各种女孩子穿戴的项链、腰带都是父亲出差带回来的。如果是去附近出短差，父亲一定会给我们带回来好吃的。所以翻他的包是我小时候迎父亲进门后最期待的事情。长大后母亲跟我告状说：'你小时候你爸每次出差回来买的好吃的，大多都不是在外地买的，都是出差回来后想到没买东西，而你们会翻他的包找好吃的，就在学校门口的小商店买完才带回家的。'我听了后，不仅不觉得父亲骗了我，反而明白了父亲从不忍心让孩子失望的心情。他出差去的地方大都是区县农村，在那个物质贫乏的年代，在工作繁忙的时候，怎么可能总是能带回来好吃的？这是父亲想尽一切办法也要让孩子开心的如山般的父爱啊。"

王宇英说："和父亲有过交往的人都知道，父亲非常朴实，正直善良，有理想追求。

和父亲非常熟悉的人也知道，父亲对待工作非常严谨认真，有时一着急脾气就不太好，生气起来会大发雷霆，有如疾风骤雨。我们上学时每年寒暑假都会给父亲帮忙挑拣麦种。有一年，大姐一不小心把两个品系的麦种混在一起了，在我们看来两个纸袋里的种子长得很像，没有什么差别，而且就算搞错了，又不会不能种，来年继续使用也不会有什么大的问题。但较真的父亲却不这样认为，他大发雷霆，连妈妈都不敢怎么讲话了。后来才知道，这个品种父亲已经培育了三年，为了保证麦种品质的纯正，他还是放弃了这两个品系，放弃了三年的辛苦研究。后来在父亲身边的人都知道，父亲生气一向是对事不对人，他心里想的、关注的，从来只有天气如何、病虫害如何、品种表现如何、下一年的工作计划如何等，其他事情从不在意。"

"我们生活的这个时代，人们对物质的追求越来越高，而对'事业'这两个字的理解，也往往退化成了'工作能挣多少钱，职务能当多大官'，可父亲的认识却截然不同，他一直强调的，是你的工作能为这个社会作多大贡献。这种朴素而又崇高的认识也一直影响着我们。我爱人是电子信息类专业博士毕业，毕业后留校工作。后来由于他父亲因脑梗死病重住院，花费巨大，而当时高校工资水平很低，他就辞职去公司工作了。我父亲得知后强烈反对，一直强调说，难道你就想挣一点钱？你对这个社会有什么贡献？后来我爱人在公司研发能力不错，父亲就多次鼓励他，要他趁着年轻多闯多干，多为社会创造价值。"

"现在，我们自己也都为人父母，回头再来看看父亲在我们人生中留下的烙印，对我们人生道路的影响，点点滴滴，潜移默化。近两年来父亲身体不太好，以前的高大结实变成了现在的消瘦虚弱。父亲老了，头发白了，背也弯了。可父亲在我们心中的形象依然高大！"

"父亲的大半生几乎都在小麦地里度过，家里天大的事比起小麦地也是芝麻粒般的小事。父亲总说，他一天都离不开他的小麦，只要农民能增收，就是抛家舍口也值得。"说起父亲，王辉的大女儿王宇娟五味杂陈。父亲的形象在她心中既陌生又亲切，既高大伟岸又难以理解。"我和父亲漫步在小麦育种试验田，父亲愧疚地说：'娟娟，你爸这一生在你爷爷奶奶面前不是个好儿子，在你妈面前不是个好丈夫，在你们面前更不是一位称职的好父亲。我欠你们的真是太多太多！'"

提起这些，王辉总是慨叹自己没本事，顾不得两头，只能把一件事做好，"尽忠不尽孝，尽孝不尽忠，我已经对不起家人了，不能再对不起等种子下地的农民们"。

王辉的小女儿王宇英说："父爱就这样悄无声息地影响着我们，包围着我们，支撑着我们坚强、乐观地面对人生。小时候不觉得，可成年后回头看看才发现，我们的人生中竟无处不烙下父亲的印记。"

王辉口拙，话少，不善言辞，对孩子的学习和工作很少有言语上的具体指导，说得最多的也就是"好好学习""好好工作"等几句简简单单又实实在在的话。但他兢兢业业、脚踏实地，遇到困难不退缩、取得成绩不停歇的工作态度，却一直耳濡目染地熏陶着女儿们。

在女儿们小的时候，学校里除了寒暑假，还有夏忙、秋忙两个假期。每当假期，王辉都会带着几个孩子和他一起，在麦田里、晒麦场上、脱粒机旁劳动。夏忙假时，在烈日下给麦穗脱粒、晒麦子、装袋。暑假时，在实验室手工把成百上千斤麦粒按照品系品种一一挑拣，称千粒重，装袋贴标签。秋忙假时，在麦田里按照标识的间距把一粒粒麦种点在划好线、开好沟渠的垄行间的土地里。每一年、每一个假期都如此度过，他让女儿们通过劳动，体会农民的艰辛和粮食的来之不易，养成勤俭节约的习惯。

王辉用自己的一言一行在工作上引导孩子们积极上进，还跟孩子的母亲一起，用和睦勤俭的家风，培养孩子们良好的生活习惯和热爱生活、宽容善良、积极乐观、懂得感恩的品质。

王宇英说："父亲在工作中认真严谨，执着追求；在生活中朴实无华，正直善良。这么多年，在很多方面一直是我们的表率。"

王辉是活到老，学到老，持续不断地与时俱进的典范。

王宇英说："在学习方面，父亲不仅言传，更加让我们印象深刻的，是身教。父亲小时候查字典用的是四角号码，从没有学过拼音。计算机开始进入我们的工作生活，成为必不可少的工具时，文字输入成为父亲面临的大问题，他不会拼音。于是在2000年，父亲已57岁时，拜大姐刚上小学的女儿，他的孙女为师，开始学拼音。家里门后面挂着小学生用的大幅拼音字母图，父亲平时说话中就常常练习拼读，因为常常发错音，惹得我们全家哄堂大笑，他自己却不以为意。"

王辉上中学和大学期间学的是俄语，工作后的研究资料却大都是英文版本。为了扫除研究工作的语言障碍，已过不惑之年的王辉决定学英语。于是，他跟刚上初中的小女儿一起，从A、B、C开始，从一个个单词开始，坚持学习近两年，终于基本上能借助字典独立阅读英文资料。王辉对工作的脚踏实地、一丝不苟，给同事、学生和孩子们留下了深刻的印象，更潜移默化地影响了他们，使他们在各自的工作岗位上，也兢兢业业，毫不含糊。

为了心中梦寐以求的小麦优良品种，过去一直学俄语的王辉直到40多岁时才开始跟着小女儿学说A、B、C，直至能借助字典阅读英文资料。

为了心中梦寐以求的小麦优良品种，也为了使用计算机输录、保存、处理科研资料，不会拼音的王辉直到50多岁了，才跟着孙女从a、o、e开始学拼音，直到能熟练操作计算机、学说"醋熘普通话"。因为他的老陕话、关中腔许多学生听不太懂，学校也有用普通话讲课的考核要求，说方言外出参加全国性交流也有诸多不便。

为了心中梦寐以求的小麦优良品种，王辉直到 1995 年他 52 岁时才晋升副教授。1968—1995 年，其间他当了整整 27 年助教和讲师。

为了心中梦寐以求的小麦优良品种，只会拉架子车、骑自行车的王辉快到 60 岁时才学开汽车，快 80 岁时，王辉带着满身病痛，依然亲自开着汽车，到全陕西省乃至全国各个小麦产区跑得马不停蹄……

优秀是可以"传染"的。他的敬业，他的忍让，他的低调，他的谦卑，他的朴实，他的执着，他的坚守，他的坚毅，他的奉献，他的无私，他的大气……早已"传染"给他的老伴、他的女儿、他的女婿、他的外孙和外孙女、他的亲戚、他的团队、他的学生、他的朋友……

有好多次，王辉因为蹲在麦地里时间过长晕倒在地。后去医院一检查，没找出什么原因，医生只是反复告诫他不要长时间工作。但他却说："小麦就是我的命。小麦育种必须深入田间地头，一天看不见自己的麦子，我这心里就不踏实。"

有一次去陕西宝鸡一个县看小麦区域试验，途中王辉竟莫名其妙地突然晕倒，可把当时在场的同行和领导吓坏了。可过了一会儿，他又好了，好像啥事也没有一样。

他现在才意识到，其实他的多次晕倒，除了累、压力大外，都是因为长期自以为自己身体好，麻痹大意，把食管静脉曲张造成胃出血进而引发的长期贫血没当回事。

直到 2015 年他住进西安交通大学第二附属医院做彻底检查，才发现大便发黑——粪便隐血，终于顺藤摸瓜找到了病根所在。

当时医院建议他做脾切除手术，他考虑再三又坚持做保守治疗，但仍无法彻底痊愈，病情总是忽好忽坏，才不得已去医院做了支架手术。这样一来，粪便隐血的问题和由此导致的贫血问题得到缓解，但因支架管径太粗（当时这类支架处于试用阶段，型号只有粗、细两种），分流的血流量过大，又造成新的病症——肝性脑病，一旦发作，人就昏厥，出现意识障碍，连简单的算术都算不了。他只好又做第二次支架手术——给前一个支架中间又放置了一个细小支架。这样血流分流量过大的问题虽然解决了，但新的问题又随之出现——血栓，甚至频繁出现晕厥以至吐血，医院曾两次下病危通知书……

在这种情况下，王辉才不得不在 2017 年 3 月做了脾脏切除手术。

之后，王辉的病情算是逐步稳定下来，恢复得还算理想，除了长期以来的糖尿病，以及因切除脾脏出现的抵抗力稍差外，精神、体力也在逐渐恢复，但术后很长时间内每三个月得去医院保养、调理一次，每两周得去验一次血……

就这样，王辉仍放不下他的小麦。

陕西省渭南市临渭区原农业局局长王寿山是王辉多年的好朋友，每次到杨凌登门拜访王辉，见面的地点也多是在小麦试验田里，聊的话题都是农业生产、农业科技。2016年夏收前，西农一位老师通过微信给王寿山发了一段视频——王辉在烈日下一一巡查、检视即将收获的试验品种，手背上粘着刚打完吊瓶的胶布，草帽下是一张明显疲倦憔悴病容，旁边还站着一个手提药箱、不断催促他赶快回医院的小护士。原来他是从医院住院部"逃出来"时，被细心而又十分负责任的护士发现，后经与医院商量，他才得以由护士带着药箱陪护到麦田里的。王寿山心疼得不得了，眼泪差点掉下来，立即拨通了王辉的电话，既佩服又埋怨地说："王老师，您真是不要老命咧！"没料到王辉却说："这几天是关键，不到地里亲眼看一看，我吃不下，睡不着！"

别人退休又是养生又是旅游，但在王辉看来，除了育种，其他啥都没意思。一天不见小麦就心不安的王辉，退休后即使在生病住院期间也难以割舍对小麦的那份爱。2014年4月，由于开春忙碌，王辉病倒住院。其间，他出现了吐血的情况，血色素低到50克/升，医院两次下了病危通知书。守在病床前的小女儿劝父亲别再为小麦的事操心了，说："咱休息吧！"王辉却笑着说："没事，我还不能休息，小麦育种还没弄完呢。"

那一刻，女儿真正理解了父亲。"小时候不理解他的情怀，现在才明白，他是心里真正有追求，有信仰。"王宇英说。

西北农林科技大学校长吴普特教授说，王辉老师淡泊名利，求实创新。在我的印象当中，他几乎没有休息日，把论文写在大地上。这种精神很令我感动。

王辉则说，一时不到地里干点啥，似乎就像缺了啥一样。有这工作的支撑，才觉得活得有意义，活得才有信心。

搞了一辈子小麦育种，出了这么多成果，早已步入古稀之年了，该满足了吧，该歇下来了吧，该颐养天年了吧。可王辉还没能卸下肩上的担子，育种团队还需再扶持，"扶上马还得再送一程啊"。西农979的潜力还有空间，新的育种设想还未实现……

成功往往伴随着荣誉。掌声一次次因他响起，鲜花与荣誉一次次将他簇拥上领奖台。

踏着历史的风尘与岁月的波涛，王辉身上的荣誉、光环越来越多，也越来越大、越来越亮。

自2012年获得陕西省科学技术最高成就奖以来，"陕西好人""中国好人""感动陕西人物""陕西省先进科技工作者"等一系列荣誉争先恐后地朝王辉蜂拥追来。

2015年10月20—21日，29家中央及省级媒体聚焦报道西北农林科技大学农业科学家群体，王辉作为小麦育种专家接受采访；

2015年10月29日，新华社内参《国内动态清样》（第4 716期）刊发了王辉教授先进事迹；

2015年10月31日，中央人才工作协调小组负责同志就学习宣传王辉教授事迹作出批示，彰显了对人才工作的高度重视；

2015年11月，中共陕西省委组织部下发《关于共同做好宣传王辉同志先进事迹的意见》，就集中宣传报道王辉教授事迹作出安排；

2015年11—12月，王辉教授先后入选"陕西好人榜"、"中国好人榜"和2015年度"感动陕西人物"；

2015年12月16日，农业部在武汉召开学习王辉同志先进事迹座谈会；

2015年12月23日，中共中央宣传部下发《关于做好西北农林科技大学育种专家王辉教授先进事迹宣传报道的通知》，就深入学习宣传王辉教授事迹作出安排；

2015年12月29日，中共中央组织部新闻办负责人率中央11家媒体再次走进西北农林科技大学，聚焦王辉教授；

2016年1月8日起，王辉教授先进事迹陆续通过报纸、电视、广播等在中央级各大网络媒体广泛报道；

2016年1月26日，农业部在北京举行王辉同志先进事迹报告会，同日，农业部下发《关于开展向王辉同志学习的决定》；

2018年6月，《时代报告·中国报告文学》杂志刊出长篇报告文学《种子人生》，报道王辉的小麦育种人生；

2019年，《人民文学》第5期在"我和我的祖国"征文选登中刊发宣传王辉的长篇纪实散文《种子啊种子》；

2019年5月30日，中央电视台在《焦点访谈》头条报道王辉的最新研究进展。

……

"荣誉标示着责任，代表着使命，也只说明过去，并不代表将来。"王辉如是说。

"报奖、领奖之类这些事情，他本人是不愿意的，学校做他工作，说就全当是为了我们学校小麦育种宣传，为了学科建设与发展。他觉得并非纯粹是个人的事，不得已，他就去了。"在嫡传弟子孙道杰研究员看来，王辉是一个比较传统的人，一贯低调，不喜张扬。"而且长期辛勤劳作，他身体也不太好。加之领奖也会影响小麦育种的事。"

面对荣誉、光环、奖项，王辉依旧很淡然："追名求利本身并没有什么不好，但有些人没有干多少事就去争名夺利，得什么奖，发表什么文章，都要去争。有些老实人做了很多事反而没太在乎什么名利。我认为，把名利看淡一点，不要去争名夺利，心里就会好一些。""对事业的追求就是乐在苦中，搞农业科技工作是很苦的，整天在太阳底下晒、在泥土中踩。但是因为有希望在，会出好品种，所以乐在苦中，苦中有乐。如果没有希望，盲无目的，就不会有乐趣。"

王辉同他的人生导师、小麦育种学家赵洪璋院士一样，是一位真正的耕耘者。当他是一名普通教师的时候，已经具有颠覆世界权威的胆识和行动。当他名满天下的时候，却仍然只是专注于田畴，淡泊名利，保持一介农夫的清贫朴素，一如既往地播撒智慧，收获富足。

但在王辉看来，这些都还不够。

王辉的老师赵洪璋院士育出的碧蚂 1 号小麦良种年最大种植面积超过 9 000 万亩，使用寿命超过 20 年。

另一位小麦育种前辈、曾获国家最高科学技术奖的李振声院士育成的小偃 6 号小麦良种累计推广超亿亩，一些地方使用甚至超过了 30 年。

这些，成为王辉的人生榜样与标杆。

面对辉煌的成就，王辉没有停歇的意思。

守着已有的成绩和荣誉，王辉尽可在家享受退休生活和天伦之乐。但他怎么能离开土地、离开种子？王辉说："生产环境、自然环境、人的需求不断变化，没有万古长青、包打天下的良种。育种永远在路上，育种没有休止符！"

70 多岁时，每年 3—10 月，王辉还是每天超过 10 小时待在试验田里。冬季，他还是会跑到关中等冬麦区，手把手教农民如何让小麦安全越冬。夏日收获季节，他依旧还是铺一张凉席睡在晾晒场，宝贝似地亲自守护一年辛苦选育出的麦种，不容出半点差错。

他说："每天不到地里，不看看麦子，不摸摸麦子，就浑身不自在。"

是啊，在王辉眼里和心里，育种是一个不断逐梦的过程，是优中选优，永远没有终点的创造。每天，都是一个新的开始。"育种是一条永远没有终点的路，因为现在的种植条件更新换代太快，一个新品种的生命周期仅有 5～8 年时间。"王辉说："小麦的'生长密码'埋藏在泥土之中，育种工作者的生命，只有深耕于田野才有意义。"

王辉说，粮食生产必须居安思危。因此，在王辉心中，还有一个更大的梦想，那就是培育出一个产量潜力更高、品质更好、实用性更强、抗病性更全面的新品种，应用于农业生产，以使农业增产、农民增收，为国家粮食安全作出更大贡献。

"说老实话，种粮的效益并不高。种一亩小麦的收益有时连劳动力成本都不够。"王辉是一个绝不空想、非常务实的科学家。作为育种专家，王辉觉得自己能做的，首先就是在品种上优质优价，至少帮农民把农资成本拿回来。

一粒种子改变世界，因为这粒种子承载着人类的梦想。又因为梦想的力量，这粒种子悄无声息地生根、发芽。小小的种子，以惊人的生命力，奋力破土而出。这粒种子改变着农业、农村、农民，改变着中国，改变着世界，改变着人类。知识、汗水、心血、执念、灵感、智慧、机遇，给了它养分，沐浴在时代的阳光下，这粒改变世界的种子还在欣欣向荣地生长，那些告别饥饿、贫穷的愿望，那些麦下乘凉的梦想，已经并将继续随着种子永续撒播，茁壮成长，谱写时代的生命传奇。而这个追梦的人，因辛勤且充满创造性的工作，也化作了一粒"种子"，改变着中国"三农"的生产、生活，堪称真正意义上的种子人生、传奇人生。

是啊，小麦优良品种培育者王辉，从事了半个多世纪的育种工作。他的整个人生，就是培育种子的人生。而在这个过程中，他有时甚至忘记了"自己"，丢失了"自己"。不，王辉以大济天下的胸怀，抱定以粮安天下的责任、使命和担当，将他的人生融入了种子，实现了小麦育种事业和人生的完美融合，将自己的整个人生也化作了"一粒种子"——一粒能改变世界的金色种子，书写小麦育种事业的下一个辉煌，继续谱写着"育得金种慰苍生"的农业科技工作者的民生乐章。

81岁高龄的小麦育种学家王辉摊开在桌子上的又是一沓白纸。

一张白纸，可以画生动的图画，可以写优美的诗文。王辉也打算作一幅前无古人的新画、大画，也打算作一篇在中国尚属空白的诗文……

王辉，仍在一如既往地、一丝不苟地做一粒身体、精神都十分健旺的"种子"，传递着，繁衍着，他的小麦育种之路，仍在脚下延伸……

陕西学人古农家

——张波教授学术与事功纪实

张波正在讲述今后古农学研究设想

　　西北农林科技大学博士研究生导师张波教授，曾任副校长、陕西省政府参事、中国农史学会副会长。在古农学与农业史领域卓有建树，农业教育研究和教学管理业绩传为口碑，参事议政和社会智力帮扶中并建功德。张波善学勤思，富于创新精神，上述诸项成就中，均辅有理性认识成果，集成著作二十余种计七百余万言。著作内容切事笃实有格局，命题独特新颖发人深省，篇章逻辑结构严谨，文风雅洁尤具学术品位和特色。为人治学及著作文章颇为学界关注，其书入陕西省图书馆专柜珍藏，其人为图书文献系统膺列"陕西学人"谱录。他在回应赞誉时诚恳地说："关于学人，道也平实天然。学人就是学习之人，年轻时人称学生，而后读书、研书、写书总归一介书生；今且耄耋年迈之人，休管冠名何据何义，既称学人亦无不可。"片言只语，即见其大本境界不减当年。笔者曾在 20 世纪 90 年代初期，以"少帅"之称为题，报道张波率本室老中青团队，叱咤农史学界的少壮风采。服膺其学识久矣，年轻时常去古农室请益，引以为私俶。时越二十余年，有幸参与古农学课题组，同德共襄往圣绝学；耳濡目染中对古农学理法增进认识，进一步理解复兴古农学深远意义。于是在上次撰稿基础上，以"学人"和"薪传"为主题词，深度呈现他在古农学与农业史领域的学术思想，兼及其高校行政治理方面的建树。

砥砺躬耕

张波毕业于西北农学院 1969 届农化专业，人文社会科学基础唯能得之母校。时逢失却教学常规的特殊年代，幸得人文学科老师私相辅导，兼自刻苦修炼而成才。他常对自己学生说："我是西农土生土长的古农学与农史专业者，西农有恩于我的人很多，我要感恩的老师和学生更多！"确乎肺腑之言。"文革"年间，他以属笔之长而入校宣教平台，在报刊编辑部得以砥砺文字。虽称小报，却系学校意识形态主要媒体渠道。指导老师邹德秀，来自马列教研组，年富力强正当春秋，为提高报纸宣教理论水平，教导张波学习马列毛著理论；同时也常泛及西方人文科学知识，这在当年实为大不易之事。如是数年情如单兵教练，受教者理论思辨和写作能力加速进步，学会多种体裁和时势文章写作。时过境迁张波常忆说："在'不学无术'的年月，邹先生是我真正的老师，实属'蒙师'，人文社科启蒙之师；我也是邹老师最真诚的学生，实为传统师徒学缘关系。后来之所以敢于开设农史研究法课程，斗胆写点农史理论文章，自信底气皆源于邹师之传教。"诚哉斯言！张波成才的学术道路上，每在关键重要时节，总是得到邹先生有力的肩挺支持；今邹先生年且九秩高龄，还坐轮椅查问农业哲学和古农学复兴近况，鼓励赞许曰："你是对的！"邹先生人如其名，德高望重而博学多能，长于哲理思维和言简意赅表达，启发学生举一反三。张波颇得其心法心传，并誉其名为"举一之师"。邹张师生传道是典型的跨界学缘交融，如此完美的成功传教，成为校中人文佳话。邹先生八十诞辰时，张波献布履和竹杖，效法"杖履"古典；并作《秀竹赋》，礼赞先生道德文章，文字饱含师生之情。

张波砥砺成长道路上，石声汉先生为之正向指津，有一语千钧之重，可谓高人大师点悟提命。石声汉是学界著名泰斗大家，人称古今、中外、文理学科兼容贯通，为天才式学者，享誉海内外。石先生所在植物生理学专业，当年隶属于农化系，"文革"中后期又与农化 69 班合编。同在农化学门，师生多年朝夕相处，学子们亲炙石先生高论学识，引为"先师"。张波毕业前夕，极"左"风气稍得宽松，石声汉先生欲其染指古农学；为缓解农化学生缺乏文史基础之虑，特发"大其心"之言："什么基础都不要紧，只要你一辈子干这件事，就能成功！"邹德秀老师闻言告诫："这话很重要呀，可不简单，一定要记住！"数年后改革开放迎来科学春天，而古农学因辛、石去世而青黄不接。

邹先生便旧话重提，促请学校组织部门连发调令，将张波从陕北某县商调入古农学研究室。正所谓得一言而受用终身，如今张波已至耄耋之年，著述等身、成就斐然，忠实践行了先师的"一言之教"。他在《盍为往圣继绝学》的跋文中，真切地表达了难报师恩的良知之心。

然而通往古农学之路并非坦途，张波虽经邹先生人文社科"教练"，在陕北也自修文史书籍，故回校后便可选做农史课题。但古农学并不同于农史，乃是以校勘学和文献考据为核心的学问，慨惜辛、石两先生已经作古，张波虽进古农学之室但不得其妙道成法。还是邹德秀和冯有权先生知情纾困，即请示学校师资人事部门，联系北京师范大学以进修方式，派遣张波学习相关学科知识。这是其学识大幅提升的天赐良机，从此得以真正进门入室。他至今感激前辈和学校组织调自己回校，又为他提高研究能力千方百计创造条件，以领悟古农之学。

北师大文科向以传统语言文字学见长，时恰首开全国训诂学培训班，在这里张波又遇到许嘉璐先生精心指导，可谓有"命中贵人"之传教。许先生四十多岁已成训诂大家，学界内推为国学章黄学派新一代传人，代劳前辈大儒主持培训工作。许先生自言素来服膺石声汉教授农书校注结论，得知张波来意随手便拿出案头石注《四民月令校注》，声称定要为西农的人才培养尽心尽力。许先生筹划指导张波攻读《毛诗诂训传》和段玉裁《说文解字注》中的农事名物。读古籍必从秦汉传注起，离经辨志，而毛传等为较早释经文献；清代以小学通古书，《说文解字》为训诂必读，而段注最称经典。选定两书，足见许师传道惟精惟一。又为张波定位农事名物考据方向，堪称靶向施教。先生耳提面命，学生字斟句酌计日程功，结业修撰成《读〈诗〉辨稷》《浅谈段玉裁〈说文解字注〉的农事名物考证》两文。许先生极力推荐，令其参加全国训诂学术交流会。张波后又接连发表《周畿求耦》《〈周易〉农事披拣录》《绿洲农业起源初探》等十余篇同类论作，热传农史界。文献考据功力渐长，方始明白石声汉先生所重小学和校勘知识，实为古农学核心学术。近年张波作《高山狭缝道通天》一文，钩玄索隐石先生治学精微之奥妙；又计议筹撰《古农学概论》一书，全面揭示辛、石冷门绝学之心传心法。

张波以石为先师，称许为经师，两大师虽无一面之交，但为古农学培养人才的期愿不谋而代传。许先生还命张波兼听北大、北师大、中华书局等国学大师讲席，诸老多为章黄学派嫡传，皆耄耋之年幸遇盛世布道乾嘉学术，实属千载难逢之机遇。张波中途因过度劳累而休学，许先生亲函告假，诚请西农待其病愈再派复学。在此期间师生往来书函授受辅导，张波至今仍保留着多封来信，并准备交存校档案馆保全。许嘉璐后任国家语言文字工作委员会主任、全国人大常委会副委员长，亲炙西农人才教育培养的手泽，当作长期存照传校。

关于张波20世纪80年代初，幸受训诂学强化修炼的实际效果，已故中国训诂学研究会副会长、西北大学语言学教授杨春霖，曾为西农破格提拔人才作郑重评章，现选摘杨氏对张波训诂代表作鉴定语以分享："余尝谓整理我国古籍，务必实现各门科学专家与语言文字学专家合作。苟能有兼具众长，一身二任之学者从事于兹，尤为理想。今读张波同志论文，深感昔日梦寐以求者，已赫然在目。此道得人，其有利于我国学术文化发展大矣！""论文两篇内容不同而造诣相埒，并为运用我国传统语言文字学（音韵学、文字学和训诂学）知识，发掘、分析、鉴别、表彰我国古代农业科学之杰作。引用资料丰富，归纳裁断精当，表述细致明确，无多年惛惛沉潜之刻苦钻研，不能道一字。实为鹤立鸡群之优秀论著。""读古书自来苦于草木鸟兽、名物制度、山川地理等名称之混淆错综，真相莫名。昔人亦有治之者，但难免治丝益棼令人如堕五里雾中。张波同志之作，剖析入微，证据可靠，很有说服力，千古疑案，当可了结。登堂入室，取精用宏，十分难能可贵，虽专治文字者亦不过如此。"我国著名版本目录学家、英国皇家科学院通讯院士胡道静先生称，张波是"结合农学与声韵训诂学，开拓学术新路子的独辟蹊径的学者"。日本汉学和农史学家渡部武"拜读了他的几篇精彩论文"，1987 年 9 月来中国访问，曾与张波长谈，并对他的研究给予高度赞扬。渡部武回国后，在日本农业文化振兴会学刊上载文，介绍了张波的考据方法和研究风格，声称从张波论文中看到了"中国农业史的新气息"。

修治农史

正当张波调整基础知识结构向古农学研究发力时，20 世纪 80 年代初高等教育改革，国家制定学科目录，农史学科成显学而崛起，并列入研究生学位教育系列。西农为强化新兴农史学设立专门研究室，张波以年富精进，势必参与其中全力拼搏。遂后又担任农史室主任，创开农史研究法等门课程，科研选题多转向农史项目。直到 20 世纪 90 年代，张波顾全大局坚守农史岗位，其成就主要在农业历史学科研领域。

《西北农牧史》是张波首部成书，学界称拓荒性地区农史著作，出版不久即获"中国图书奖"。本书学科跨度大，囊括专业广，既有西北农牧史基本情况的概观与详析，又有大西北农牧业生产力和生产关系及发展规律的阐释。钩沉发幽，析宗明义，正本清源，是不可多得的创通之言。胡道静先生赞之为"一部非常有历史价值与现实意义的力作，亦可见尽瘁殚力于调研考索工作矣""堪为清代张穆《蒙古游牧记》之续"。

兹书动意写作的背景适当改革之初，中央提出西北地区大开发号召，校内相关专业师生亟待了解西北农牧历史沿革；史学改革也提倡历史研究重心下移，改变以往只重通史论著的偏颇。张波抱着农史专业责任感，心怀初生牛犊的探索精神，八年勘踏考察又穷搜史籍而成著。为西北开发昭明农牧业历史基础知识，更为新兴起的农业地区农史研究探索出理论方法。张波主要学术主张是：治地区农史必突出其地方特色，《西北农牧史》既要昭彰关中农业得天独厚领先发展的地位，也要体现其特色即"牧"字，必须"农牧"并题；唯此可与全国各地农业史截然区别，充分体现本地区农业精耕细作和游牧业的粗放广袤。张波将躬亲实践的经验方法概括为：从自然环境变迁，考农耕演进资源条件；从农牧业现状，反溯其历史发展；从少数民族部聚历史，综研地区农牧社会史；从文献研究到实勘调研，再回到文字著述等。后来这套理论方法在 21 世纪初，"西部大开发"战略全面实施中大显其学。他选招高水平博士后即今历史地理学专家王双怀，教学相长，学而研之。将研究范畴深化扩广到整个西部十二省区，二人合著而成七十余万字《中国西部开发史》，为"一带一路"建设提供历史借鉴。正所谓筚路蓝缕以启山林，博后高台而立史乘。

"中国农业灾害史研究"是张波 20 世纪 90 年代初申报获批的国家自然科学基金项目。选题并非本人主攻方向，盖为解决研究室经费用度，履行室主任之职，维系农史室发展而申报。项目启动后，即遇两大根本性难题。首先是主题概念不清，通常人们口语虽说"农业灾害"，但其内涵和外延并无理论界说，字典辞书未见这一词组，更无明确的农业灾害定义。盖因按现代学科分类，农业灾害分割置于气象、水利、植保、水土保持等专业，更未与农业经济学和灾害学等学科形成综合交叉的学科领域。为破解农业灾害概念不清、虚悬空名的首难问题，张波组织本校相关学科专业，创编出版八十余万字的《农业灾害学》。接着又与中国农业大学等校，共商研讨缩编《农业灾害学》教材，作为全国农业院校统编教材发行。张波为农业灾害立学，成功在构建了科学的农业灾害概念和范畴体系；形成了学科理论方法系统；论述了农业灾害分类和知识结构；进而展现了农业成灾、防灾、抗灾、减灾和救灾全系列过程。

农业灾害项目进一步推进中，又遭遇第二个难题，即农业灾害史料范围和资料选择问题。我国自然灾害频仍，外人鄙之灾荒国度；虽数千年农业灾荒史不绝书，然欲加以汇编却实难穷尽。各种史志记录叠床架屋，综合或分部、漫记与孤载、大小与轻重之灾情，还有所谓灾度和标准，根据极其简要的历史记载实难判断。张波提出开展以经史典籍为搜集范围的农业灾害汇集：先秦经史典籍所见农业灾害必录，以从《史记》到《清史稿》"灾异志"中涉农之灾为主体，汇总成《中国农业自然灾害史料集》。时称之为文献划线法，解决了多年集灾无处下手、无所适从之阻障。可谓执简御繁，四两拨千斤。张波为此说连撰数篇论文发于全国文献刊物，论证两千年连续不断经史灾志，基本廓清了具有全国性影响的大型农业灾害。又证明各时期方志和实录等记载，正史皆有过精选；经史对于全国无大影响的地区性小型灾害，已做过筛选汰除。此观点颇为学界认同，故七十万字的《中国农业自然灾害史料集》，在国内外广泛发行传用。掌握农史资料就如获米粮，上述农业灾害学理论方法如同鼎釜，《中国古代农业灾害史》历经三十余年的打磨，终将米烹成熟饭。国家出版部门高度重视这部百万字巨著，列为"十四五"国家重点出版物出版规划，国家出版基金又给予大力支持。

为共和国农业树史立传，为数亿万农民歌功颂德。21世纪伊始，张波又启动本校科研项目"当代农业发展史纲研究"。通古今之变是历史学主旨所在，而史学著作昭示的古与今概念却参差不同。但一般总以当代为今，与古相区别，形成"生不立传"和"今事不入史"等传统观念。改革开放以来，西方当代史学理论为学界接受，历史学界将1949年新中国成立后的历史归之为当代史。农史界在研究重心下移与后移的改革中，突破古代史下限，开辟出近代农史和现代农史研究领域，并有大量论文和著作问世。遗憾的是当时人们对当代农史关注度不够，尚无完整系统的专著问世，这便是他动念涉入当代农史的初衷背景。

20世纪90年代，张波在全国农史大会谈论当代史的学科意义，后又撰发题为《当代中国农史——农业历史研究的制高地》学术论文。基本观点是：农史研究主要依靠古代史料，建立对农史过程和规律的认识；但研究的出发点和归宿处，应在当代现实社会，古代农史发展认识必须能与当代农史对接；所谓通古今之变，古为今用方针，要重在当代史这"最后一公里"或谓"临门一脚功"。检讨纯古代农史为何难以为世见用，近现代农史研究为何常难得其要领，正是因为缺乏当代农史认知之制高地，故而无以高屋建瓴贯通古今，又如何考究宏观天人之际？张波21世纪初保研招录两名硕博连读研究生，定位专题研究当代农业史和著作编写。他特为两位硕博保研生编写九万字的讲稿，单开"小灶"，耳提面命，诲人不倦。讲稿主要分为当代农史发展过程九阶段及划分原则，构成全书提纲。贯穿全书有八大农政理论命题，为全书核心所在，可喻之为著作的任督二脉。《中国当代农业改革发展史纲》历时15年打磨，由陕西科学技术出版社出版发行，出成果亦出人才，诚为教研结合典范。

农史研究法是张波创开的研究生课程，对人才培养和学科建设的意义重大，近年既成著作出版。最近陕西人民出版社将要推出英文版向国外发行，该书入选"丝路书香工程"，广扬我国农史研究经验。在《农史研究法》一书中，他系统提出了农史学科的研究对象、性质、任务、价值等基本属性，论证其层次结构、理论方法体系和学科体制化建设等重大命题，并从具体方法以至方法论高度训练研究生。他还注意教学相长，使他自己对古农学和农业史的学科认识，上升到理论和哲学化的高度。

回顾这部35万字的讲稿，曾经多次增删修订，直到他退休后才姗姗出版。用他的话来说，这本书是他的"试验田"，是根据自身教研需要自垦自种的田地。由教学的需要到研究方法的需要，以至学科建设的需要，必须通过研究法教学环节试证其可行性。他还根据农史学科及研究生来源的特点，进行了"文献—文字—文章"的三阶段培养法试验与实践，对我国农史研究生培养提出完整理论和方案。然而这些又无不得益于他长于宏观思维、综合研究的能力，以及对理论的掌控能力。他发表和出版的诸多论著，皆为深思熟虑所得，绝无粗制滥造之作，每篇都有其创新之点。他的文章主题新颖，充满着思辨的魅力，结构严谨精巧，给人科学之美；论说雄辩，给人以排山倒海之势，充满着严谨的逻辑力量。专家学者皆知，一般论文要写出可读性，实大不易。然而他的文字和笔法却独具风格，遣词造句力透纸背，议论风生，笔下常带感情。读他的文章，总令人欲罢不能，读后总有荡气回肠之感。

如果说张波治农史及古农学研究得益于前辈传承成法，那么他对该学科理论方法的探索研究，则不乏筚路蓝缕的创通之功。自20世纪80年代中后期起，他便从学科建设的高度，构筑中国农业历史学的学科体系，高屋建瓴地勾勒出古农学发展的未来蓝图。他参与过20世纪80年代农史学科研究生培养方案的研讨制定，当年以青年学者的勤谨耐劳，在记录、整理、起草、上报方案工作中得到预先历练。在这一过程中，他就农业科技史、农业经济史、农业思想史、农业通史、农业历史文献和遗产整理等学科方向设置，皆听过学界老前辈的高见。先后发表了《我国农史研究的回顾与前瞻》《新技术革命的挑战和农史研究的对策》《论农史学科主体意识和体制化建设》《试论农史学科层次结构和理论方法体系》等论文。中国农业考古大家、《农业考古》杂志主编陈文华欣然向学界推荐这一系列论文，认为此类文章的问世，标志着中国农史学科已走向成熟，我国农史研究已经步入全盛时期。

"农业与农村社会发展"是21世纪初西北农林科技大学获国家批准的自设博士学位教育点，意在将农史学科与国内外新兴学科的发展结合起来，为践行中央新倡导的科学发展观作出农教探索。申请论证报告中，张波提出"历史是经历了的发展，发展是发生着的历史"的观点，论明二者同是农业和农村社会运行的基本状态，可以同台互教以利学科交叉融合。国家学位部门以为"言之成理"，遂将本属经济社科类的学科特批于农史单位。张波随即搜集有关发展经济学和发展社会学资料，策划编著学科概论以便教学；为应当年新招生需要，遂作成"急就篇"《农业与农村社会发展导言》。该导言论说新设学科性质、学位培养模式、论文定题写作三课题；又根据农业与农村时政大事开讲新农村建设、"三农"问题、西部大开发战略、陕西农业与农村改革发展等四大专题。在21世纪初期火热的农村社会变革中，这个自设学科办得有声有色，为国家培养了大批人才。

农业与农村社会四大专题，学术观点和理论认识，皆有可圈可点之处。例如关于"三农"问题的实质、土地和粮食两大关键问题、"三农"深层次二元结构问题，结尾还提出农民理论问题。张波认为建立科学的农民问题理论，必须遵循马克思关于无产阶级的基本理论，而非照搬马克思、恩格斯总结的欧洲农民问题的具体观点。他认为应当在毛泽东关于农民问题的思想和中国革命实践经验的基础上，建立符合中国历史实际即中国化的理论，这才是具有普遍科学真理意义的农民理论。他提出研究农民问题理论必须站在无产阶级立场上，"既不能麻木不仁，也不能妇人之仁"。他对新农村建设研究倾注极大激情，礼赞其为"亲民政治的花果，厥功至伟的民心工程；与土地改革和家庭承包经营，并为惠农裕民彪炳史册大实业"。西部大开发专题在校内外宣讲，后来拓编成巨著出版；陕西农业与农村改革发展专题内容，后融入给政府的数十篇调研报告之中。四大专题内容极其丰富实际，教学之外他还以下基层等方式，向市县乡镇干部农民宣传，"绛帐布道"总计逾百次。

古农薪传

古农学是西农特色优势学科，辛树帜、石声汉教授首立研究室而独树一帜。20 世纪五六十年代，西农古农学研究室驰誉海内外；然 21 世纪以来，由于种种主客观原因，这一曾经火热的学科却渐渐归于寂寥，不无沦落为冷门绝学之虞。作为曾经主管这个研究室，后又入学校领导层者，张波自谴有不可推卸的责任，这也成为他晚年必欲全力"救赎"的心结。其实，张波在搞农史研究和处理行政事务中，从未将古农学置于耳旁脑后，前辈们的正向传教，时刻在其耳旁回响。当年全力支持调其回校继承古农学研究之志的老师们时刻警言："古农学不敢丢！"他在研究中，也尽可能选择古农与农史两方面的课题，以古农学为基础，以农史为前沿应用。当年他急切招收首个研究生，甚或犯言相争；入学后又坚命其必做"古农书概论"课题，读博士之后，又指导其做"《史记》中农业名物与农史考论"选题。近年此开山弟子独立担纲编写"《齐民要术》解读"的国家课题，多年来师生随时交流古农书校注问题。现今这位弟子，已成长为新一代古农学与农业历史学家，在日前武汉召开的"中国古农书研究"学术研讨会上作首席主题演讲。从某种意义上而言，古农学"虽寂而未绝"，这也是他内心最大的慰藉。

倡言复兴古农学并非易事，个人意志或师徒传授虽如上言，真正从体制上建撤研究机构，其事就很不简单。从历史上看，古农学研究室亡而复兴都有大的背景，几次重兴都扰劳中央领导动问。例如 20 世纪 60 年代初李维汉电告、20 世纪 70 年代胡耀邦专函，今兹倡兴也是在习近平总书记关注"冷门绝学"，以及西农"双一流"建设中迎来契机。其实张波早在退离校领导职务后，便要求回归原室重启古农学研究，但后来的安置地却远离古籍书库，以致束手无策。时过十余年，新一届领导为重建冷门优势学科创造必要条件，支持帮助恢复古农学研究工作，终于取得突破性成效。

张波重兴古农学的思路曾向院校有关领导汇报，他建议采取"专兼职结合"方式，稳妥而有成效地推行促进古农学复兴。专职者，即在有关学院建立古农学研究室，纳入学院教学科研编制，列为"冷门绝学"特色学科建设。兼职者，以离退休人员为主；少数确有专长的在职人员，在不影响本职工作前提下可自愿参加，科研院予以必要支持和指导。从近五年实践效果看，此法兼善可行，专职方面学校正在积极筹计谋虑，而兼职方面已大见成效。兼职研究古农学本是辛、石时代形成的传统，退休人员无事一身轻而余热尚存；非退休者学术兴趣所至，除正业尚有余力。初闻复兴古农迎风而至者，前后数十计，近五年相关著作出版逾十种，而论文尚不及计，将问世的成果也源源不断。不难理解，像古农学这样的特殊学科建设，只要坚持专兼职结合，且尤重退休人员乃至"民间"力量，便不会再遭中断厄运而成"绝学"。古语云：礼失求诸野，春风吹又生。数十年古农学起起落落，暗含的正是这个笃实朴素的道理。

新时期复兴古农学，必须将恢复与创新相结合，与时俱进地同"双一流"学科建设相统一。张波组织的以退休者为主体的古农学课题小组，探索研究古农学创新建设问题。他首先引导研讨古农书与古农学的异同关系，厘清古农书的文献性质与古农学的学科属性。古农书指上古以来，记载农业生产技艺知识的文献书籍，自《汉书·艺文志》记录为"农家"类目，历代农书体例相传有范。王毓瑚著《中国农学书录》，对农书技术为本的性质规定极为严格，学界尊为圭臬，了无唐突之见，故不赘述。然而古农学之"学"，是以学科概念委之于古农，这便大大提升了传统农技的现代学术品位，也是近代西学东渐习见现象。古农学以古农书为坚实文献资料基础，自称为学尽可安之若素。唯多年对古农学本体性质和学科功能，却缺乏反思。换言之，古农学到底学什么？是何样知识体系？古农学何以为学？何能立于现代学科之林？这便是"西农之问"，也是课题组近年逐步破解的难题。

古农学首发其声出自民国初刊印的高润生《尔雅谷名考》，张波20世纪80年代初做"辨稷"课题即参考此书。他读书得间，从扉页篆刻丛书印章中发觉"古农学"三字；又从书末两篇不过数百字附论，察知高氏筹计的"笠园古农学丛书"消息。高润生系晚清进士，民国初年寓京闭户著书。书中附论要言不烦，却和盘托出丛书纲目，古农学宗旨大义尽在其中。张波断之为古农学发端之作，著文《我国农史研究的回顾与前瞻》，并在中国农史学会论讲。大约因此书刊印于民初，王毓瑚先生《中国农学书录》不载，至今精读细考其中古农学科大义者甚少。去年他组织力量加以校注的《尔雅谷名考》已经出版，以此作为复兴创新古农学的基本参照。

张波认为与时俱进的古农学复兴创新事业，要在"精深"与"博广"两点上发力。关于前者石声汉先生作骨干农书校注成果和校勘学家法既成共识，后学们正奋力钻研实践。关于后者，即拓展研究领域问题，高润生的古农学纲领可谓先见之明。高氏按古籍经、史、子、集列出的"群经农事考""中华农事历史""农事旧学新研""农事风雅集"四大纲目，道尽古农学科名义宗旨、大纲子目、结构系统等顶层格局；同时还提出"学科"概念，列举农业15个学科门类，这表明高氏古农学思想中包含现代科学的词语、理路和思想。

课题组以此为学术根据，明列创新型古农学将设置经、史、子、集、现五个分支，囊括古代文献中涉及农业生产知识和农事技术经验的内容，突破以往唯以古农书为范畴的观念。事实上，西农古农学研究室以往研究中，也曾与高氏所论内容暗相契合。除子部古农书外，经和史两部农事研究皆有成就；辛树帜先生晚世遗嘱还提到："要把集部古农学搞起来！"回顾古农立"学"的历程，高润生有首发先声之功，随之齐鲁和东南学者有著述襄助之力，而西农辛、石立古农学研究室后来居上，成就凿空树帜之业。现代学科确立必要有科研力量，还要有研究机构设置，故 20 世纪 50 年代西农古农学学科，终于独立于我国学科之林。

古农学研究范畴领域拓展，需要相应学科拱卫。张波依靠教务处和有关学院开设国学通识课，自著《国学两谭》，为上述古农"经、史、子、集、现"五部分普及基础知识；同时提出文科生要"打上国学的底色"，给校园增强传统文化濡染力。他又开始"关学农道"和"石学"（石声汉学术思想）研究项目。前者之理念是"为关学开农道，为古农启哲思"，并在马克思主义学院成立"关学农业哲学研究室"。后者的目的则是"精研辛石，创新古农"，例如研究古农学核心学问校勘学与当下热传的西方现代诠释学对接交融问题。古农学实为文献实践之学，农书校注是必由之路，西农近年已着手校注出版多种古农书，取得阶段性丰硕成果。张波现身说法著述多种，其中以《知本提纲校释》和《修齐直指评》最为精湛而富有创新深意。课题组就古农学中史部拟定创作《中国历代农政通鉴》，思路是以古代大型系列政书《十通》和类书中农政部分为渊薮；按照现代农业政策特点折中古籍，创制全新体例进而组织编写。最能体现创新古农学以别开生面者，是课题组关于集部《中华农业史诗》的设想。中国农业有近万年农业起源和发展演进的历史，农史文献和研究的资源可谓汗牛充栋，正如习近平主席所说："中国不乏史诗般的实践，关键要有创作史诗的雄心。"若说创作中华民族史诗，与农业院校固有距离；然成就中华农业史诗，专司其业者责无旁贷。课题组计议先拟出完备的农业史诗大纲，然后以校内师生为主，吸收校外善诗者，特用中国古代格律诗形式编纂出史诗大作。为此张波撰写简明速成的《格律诗之渔》，向师生爱好者传习格律诗写法。用心良苦，闻者感佩。

教化善果

张波效力母校西农数十年，约有三分之一时间从事学校行政管理工作，先后任图书馆馆长、校长助理、副校长，兼任陕西省政府参事等职。但他从未完全脱离古农学与农史研究教授本色，自言常用学术研究的习惯思考，以处理教学管理事务，两者相谐倒有事半功倍效果。进入校领导岗位前在国家教育行政学院培训中，他以善学之长，修习大量国内外教育理论著作，以及高校管理学知识，对教育旨在人的全面发展、教育的社会适应性、教育政治原则，以及教育论、课程论颇有心得。在改革开放之初，高校由苏式体制向欧美当代教育模式转变，他特别钻研苏式专业教育与欧美学科教育比较论题，并在学院交流互动；由此而渐入高等教育理论研究领域以至终身受益，并传授本校教务管理的及门弟子，使农业教育理论研究在西农有以传承。学科理论在西农的学科建设，乃至当下古农学科创新中，皆可大派用场。读者可从《农史研究法》中看出他对学科理论的系统认知，包括传统学科人才观念，以及现代学科体系化建设、学科队伍和人才培育、学科创新驱动、学科治理的现代化、学科制度和体制化，乃至学科文化建设等，他都结合农史学科实际进行过深入研究。在他办公桌玻璃板下，总有一张国颁学科目录表，虽烂熟于心又常看常新。

规模、质量、效益协调发展，是 21 世纪初特别是科学发展观指导下的高校办学思想，作为当时主管教学者，他很注意因时灵活处理三者关系。大约在西北农业大学时期，他强调"质量第一"的协调发展原则，要求教师要"熟翻课本""深耕课堂"；教学管理干部要"围着锅台转""一针一线"做好教学服务，当"好媳妇"。教师要以课堂教学为第一要务，他认为教学出众者一定是高水平教师；科研好者教学也不会太差劲；注意个别教学差者或是科研奇才，更当以名师尊重。

但进入西北农林科技大学时期，即转变为"规模带动发展"的指导思想，他霸气提出涉农专业应有尽有，农林水牧经"全农道"，学科一个不能少。就招生规模他在校内自言："撑不破肚皮就吃！"并校之次年策划招生由三千人剧增至五千人，打造了一所在校本科生超两万人、研究生近万人的大型高校。此后 20 余年至今日，学生基本维持如此规模，而办学思想又恢复了重视教学科研质量和效益的方向。亲历由西北农业大学到西北农林科技大学的十多年，他对学校产学研办学方向情有独钟。当年他从中外高教史和西农校史情状，全面探究产学研理论和实践；曾到荷兰瓦格宁根大学考察，也关注近年高校相关资讯，对此模式仍然十分推崇。几十年来他始终认为，西农当永远坚持产学研办学方向，这是本校永恒的主题和永续的使命。

参与校政十多年，他还分管学生处以及教学相关的辅助处室、场站等。然睿智多能者倒不觉辛苦，反言："管事多则资源富饶，好为教师和学生方面作综合配置，多多益善！"学生工作他也有精明简言："学工之道，一管一教。"主张制度管理要规范严格，思想教育要理情先行。以教育为主导的学生管理思想，为后来分管学工的领导继承发扬。

教学教务他也强调思想工作，从不提倡强硬管理，重视教育治理体制和教学治理能力的现代化意识，主张大行治理之道。即创新教育思想理念，用现代化教学手段综合治理各种复杂难题，谨举其"治考"的典型实例。当年高校一度普遍出现学生考试作弊歪风，为破解此题许多学校采取隐秘"抓弊"手段和严厉"处罚"措施。但是他在西农提倡"爱生监考"举措，办法是每场增加一名监考老师，明确监考的"责任名单"，以随时提醒、杜绝学生不良倾向为专责，出现纰漏首先问责监考人。在此严规考纪之下，若出现大量学生不及格，则问责代课老师是否出难僻题，或把握题目难易失度等责任。此外，他又在有自律觉悟的班级推行"免监考"，大力奖励遵纪守则的班级，发挥先进班级带动作用。爱生治考妙道一招，彻底地解决了难治不愈的考风问题。

张波还长期分管本校成人教育，同样积累丰富经验。我国高校除普通高等教育外还兼有干部培训教育、职业教育、成人学历教育和自学考试等，各自管理方式和经费渠道不一。随着社会教育需求变化，总有某些教育难以为继，若无统筹之策难免一个个相继而亡。张波提出干、职、成、自四教统为一院，抱团发展，"东方不亮西方亮"，西农找到四者持续发展途径。在职业教育及其师资培训方面，他曾提出"职教是经济与教育的结合部；重点高校职教以师资培养为己任"，其理念和观点为有关部门采纳。

21 世纪初张波受聘为陕西省政府参事，先后效职五任省长，均有建言在绩。卸任副校长后，他全力用心参事，为陕西农政建言献策。他走遍全省所有县市，考察调研颇有独特个人风格。每至一地，必先调阅市县方志和档案资料，然后再做实地调查研究。所得结论既有历史渊源依据，又富有现实指导意义。作为参事室农业组组长，调查报告属笔则事必躬亲，从可公开的少数篇章中，颇见其学者型参政风格。

在退休前数年，他以参事职分，献智咸阳职业技术学院，可称功德圆满，为参事生涯划一句号。咸阳职院为仪祉农校、乾县师范、彬县师范等四所中专合并而成。起初由中等学校乍升为大专，又分散在各县或乡镇教学，招不到学生办不下去，市政府有关部门请其帮助解决。他联络有关高校教务处处长，以调研组形式破解两大难题：一是将咸阳职院由原有"师农科"定位，新改为"理工科"型学校，以适合咸阳工业和文化性办学资源。转型策略是"以新作大"，创新专业扩大招生规模，尽可能让原教师队伍转型提升而不丢饭碗。二是坚定步伐走进咸阳市，开办大理工式学院。初期缺教师就先从其他大学和企业借调，无教室住房就先在市内就近租用。卧薪尝胆，自立自强，终于市政府划地千亩建成大型职院，现已成本省学生规模和办学质量名列前茅之校。张波被聘为该校高级顾问，常面向全校教职工作办学报告，有极高威望。笔者曾为此专程到咸阳职院访问当年创业之事，首任和第二任书记及教工们回顾张波贡献，饱含着感激敬佩之情。称赞他智慧胆识过人，懂教育，有理论水平，有清晰战略思维，不愧为省府参事和秦陕学人。

学术性智力支持，多方面社会服务。改革开放以来，国内先后兴起文化热和国学热两大潮流，张波自 20 世纪 80 年代就传讲《周易》中的农业问题，热衷普及传统农史知识，为社会文化事业奉献学识智慧，谨举一例，以窥管豹。张波为筹建中华农史博览园的建言，发论于 20 世纪 90 年代之初，经某地区著名大学教授辗转传播于世。他提出"打破硬体室内图文展播模式，归农事于田园自然"的主张，并附具体方案文本，令人心悦诚服。遂后农业博览园在各地如雨后春笋般相继涌现，今以西北农林科技大学农林博物院（博览园）最负盛名。他一向对农史展览实业满怀热情，20 世纪 70 年代曾为全国农业展览馆收集关中农具实物不遗余力；为中原农业博物馆建设出谋划策，千里驱车往来不计数次。当然为本校农史馆布展方案，更献精准指导并获实施。令人惊异的是他在农博方面近来又有创新之举，近年他建议在西安子午街道扶持建立"中华古农学耕读园"，将中小学劳动教育实践、传统农业知识学习、耕读传家教育理念等三者融为一体形成农博新模式。新生事物，前景可期，然其自言曰：题名献策，善举无私，但开风气而已矣。

　　笔者与张波教授亦师亦友四十余年，当年以励志为主题，报道过他少壮时的学识业绩；本文则以学术思想为主题，总结报告他的道德文章和学术创新成就。二十多部古农学和农业史著作，不言而喻，已为之立言立德；十多年教书育人和参事议政的事功，不胫而走，已传为佳话故事。据凭等身著作和事功口碑，即见其学科知识面博广，"学人"之称实至名归。然功德圆满之际，老骥伏枥，仍在为古农学创新殚精竭虑。他的知己原西北农业大学副校长安宁教授，特绘《雄鸡图》，题句"含辛抱石，鸡鸣不已"；课题组老先生们以"继往开来，鸿志必成""含辛自甘，抱石不曲"相唱和。张波则以"修古当己任，抱石辛自甘"作酬答，即见其枥志境界不同寻常也。

情 满 高 原

李锐研究员为新入学研究生作入学教育报告

水土保持作为一项人类与自然作斗争的活动历史悠久，在中国可追溯到五千多年以前"平治水土"的大禹治水时期，而将水土保持作为一门科学技术进行专门研究，则是从 20 世纪 20 年代才开始的。

随着自然、社会环境的变化与科学技术的进步，水土保持科学也进入了一个新的发展阶段。中国山区面积比重大，西部地区山脉沟深坡陡，极易产生水土流失问题。同时，随着城市化、现代化进程加快，大规模基础设施建设对地表扰动增加，造成 20 世纪末以前中国水土流失日趋严重。

李锐在遥感技术水土保持应用研究方面作出了自己的贡献，参与策划和组织了全国水土流失遥感调查，提出了全国水土保持监测网络设计框架，促进了新技术在水土保持方面的应用。而遥感科学与技术则是在空间科学、地球科学、测绘科学、计算机科学及其他学科交叉渗透、相互融合的基础上发展起来的一门新兴学科。

痴心不改高原情

李锐并不是西北人，但他的事业却是从西北黄土高原起步的。

1946年9月出生于河北磁县太行山下一个贫穷乡村普通农民家庭的李锐，1970年毕业于兰州大学生物系植物专业，之后在解放军农场锻炼了两年。这些，为他之后在各种工作环境中坚守初心、矢志奋斗打下了思想、身体、科研基础。

1972年，面对当时黄土高原水土流失极为严重的状况，李锐决定服从分配决定，加入中国科学院西北水土保持生物土壤研究所（今中国科学院水利部水土保持研究所暨西北农林科技大学水土保持研究所）研究团队，为改善黄土高原生态环境作出贡献。

当时怀揣着建设大西北宏伟理想的李锐，背着简单的行李，来到小镇杨陵。从此，他扎根于此，踏遍黄土高原的千沟万壑，为黄土高原综合治理奋斗了大半辈子，奉献了大半辈子。

1972年的杨陵，还是个关中农村的小镇。

1973年，服从组织安排，对航片较感兴趣的李锐从林草组转到土地利用室规划组。对他来说，这是一个陌生的领域，一切都得从头学起。然而这对他来说又是一个崭新的天地，激发出他探索与创新的勇气与灵感。从20世纪70年代中期到80年代初期，他跟随组里的老先生，先后从事过水土保持规划、土地资源调查等工作。以大量的野外考察为基础，对侵蚀环境下的土地退化评价原则、分级分类系统、技术方法、技术作业规范等进行了系统研究，初步建立起土地退化与综合治理评价的理论与技术体系。

当时，研究所里的朱显谟、巨仁、杨文治等，对他帮助、启发极大。

他大学时代学的是俄语，而研究组很多学者却学的是英语。他很羡慕。朱显谟、巨仁等前辈还告诫他，得利用空闲时间学好英语。后来有次到延安出差，他买了本中英文对照的《毛主席语录》，开始学英语。之后去银川，他买到本《英语语法入门》，除了阅读、记笔记，他还把整本书抄了一遍。

从当年10月开始，北京人民广播电台有了英语节目，他就买了个小收音机，每天坚持收听英语节目，所里请来西北农学院的英语老师给所里的科技人员办英语培训班，他不仅跟随培训老师学，还坚持利用空闲时间保持自学。巨仁先生还给他一篇英文文章让他翻译，意在测试一下他的英语学习水平。他利用当年春节没回老家的机会，将这篇文章译成汉语后送给巨仁先生指教。巨仁先生逐字逐句帮他作了修改。朱显谟又适时告诫他"过好英语关"。两位前辈的言行使他大为感动。由此，他学习英语的劲头更足了。

后来所里重新开始评定职称，并且需要考英语。他参加了考试顺利获得通过，还被所里选派去西北大学进修英语。

除了业余时间学习英语，在几年的土地规划利用研究工作中，他深深感到了对新技术的迫切需求。于是他提出了关于规划技术的研究，苦苦思索如何将遥感这一高新技术应用于黄土高原水保治理的新问题。1984 年 10 月，李锐作为改革开放后中国科学院第二批外出访问学者，顺利通过英语出国考试，被公派前往澳大利亚联邦科学与工业研究组织（CSIRO）进修学习。CSIRO 是澳大利亚最大的国家级科技研究机构，主要任务是通过科学研究和发展，为澳大利亚联邦政府提供新的科学途径，以造福于澳大利亚社会，提高经济效益和社会效益。他主要在该研究组织水资源研究所开展学习与合作研究。两年后，虽然澳大利亚导师很舍不得他离开，已事先帮他申请到新的项目研究经费。可他却急于带着国外接受的先进思想和学到的先进技术，回到黄土高原，回到他原来所在的水保研究之中。此时的他，信心百倍地站在了一个目标明晰、道路宽阔的新的起跑线上，快速地向事业的巅峰飞奔……

一经回国，他便投入"七五"国家科技攻关计划项目中，将国外从事的研究内容与国内相关研究结合起来，为我国水土保持遥感事业作出了诸多开创性成绩：

——他成功地组织了水土保持航空遥感监测，探索、创新出多层遥感动态监测与常规地面监测有机结合的监测方法。

——他大胆探索遥感信息提取方法，尤其是与 CSIRO 合作开发的以图像空间分析为主要内容的地形复杂地区的图像处理技术，解决了常规图像分类技术上的一大难题。

——他首先研究开发了以大比例尺信息为基础，直接为小流域土地资源开发利用和水土保持综合治理服务的"黄土高原小流域综合治理信息系统"，不仅对当地的生产实践起到了直接的指导作用，还以其较高的科学技术含量在北京展览馆宣传展示期间受到欢迎。

——他根据退化土地的特征和遥感数据的可解译特征，首次倡导并研究建立了"黄土高原土地类型/水土保持遥感分类系统"，发展了地形复杂地区遥感信息提取、空间信息分析、多种数据复合等技术，为从遥感数据直接提取土地类型和水土流失的环境条件奠定了基础。

1989 年，他又一次去澳大利亚访问。令他感动的是，"洋导师"上次帮他申请的项目经费竟然一直分文未动地等着他来继续使用。可他考虑再三，还是毅然决然地选择在国内服务于国家建设，因而在访问结束时便回国了。

多年面向黄土的默默耕耘的炽热情怀，多年对水土保持遥感事业矢志不渝的持续探索，他主持建立、拓展的各类信息系统已汇集并形成侵蚀环境下地理信息系统设计与建立的完整体系，在有关水土保持及农业项目的实施中以显著的社会效益得到了实践检验。

世界上独一无二的黄土高原区，是中华民族的重要发祥地，孕育了灿烂的华夏文明。在相当长的时期内，黄土地区的繁荣昌盛曾让世界折服。黄土高原主要由山西高原、陕甘晋高原、陇中高原、鄂尔多斯高原和河套平原等组成。位于我国中西部偏北地区，是中国四大高原之一，总面积 63 万多千米²。东西长 1 000 余公里，南北宽 750 公里，位于中国第二级阶梯之上，海拔高度 800～3 000 米。

黄土高原又是当代中国重要的能源、化工基地。黄土颗粒细，土质松软，含有丰富的矿物质养分，有利于耕作，盆地和河谷农垦历史悠久。除少数石质山地外，黄土厚度在 50～80 米之间，最厚处达 150～180 米。

深厚而广袤的黄土高原地层，完整地记录了气候变迁和环境演化信息，强烈而持续的水土流失塑造出它特有的塬、梁、峁等沟壑纵横而支离破碎的黄土地貌景观。由于大自然的自然演化和人们对水土资源不合理的利用甚至掠夺性开发，大面积森林和草原植被遭到破坏，水土流失和风蚀沙化加剧，不仅使这一地区经济与社会发展缓慢、人民生活贫困，还造成黄河下游河床不断抬升，对广大平原地区的经济发展和人民财产与生态安全构成严重威胁。

在纵横交错、千沟万壑的黄土地上，李锐悄然走进了我国水土保持遥感事业开拓者的行列，用愚公移山的心力，一点点破译着遥感与水土保持有机结合的奥秘。

"七五"计划期间，国家在黄土高原不同类型区设立了 11 个水土流失综合治理试验示范区。李锐承担起中国科学院黄土高原综合治理试验示范区办公室主任的重任后，对黄土高原不同类型区更全面的了解使他更深地感受到黄土高原水土保持工作的任重而道远。

此时的他认为，水土保持是一个综合性、系统性问题，不能仅局限于土壤侵蚀研究、水土流失治理等较小范畴内，而应与环境、社会、经济相结合，甚至要着眼于世界与全球。由此，他提出了"区域水土保持"的概念，并于 1997 年在中国科学院水利部水土保持研究所里成立了区域水土保持与环境研究室。

1998 年，国家知识创新工程首批试点工作在水土保持研究所启动，作为区域水土保持与环境研究室主任，李锐适时提出了开展区域水土保持与环境研究的新方向，为国家和区域水土保持宏观战略提供决策支持，为重大水土保持措施的配置提供依据。以此为目标，之后多年来，他在充分吸收小尺度、小流域研究成果的基础上，结合所主持的区域治理项目，带领部分科研骨干在区域水土流失动态分析与趋势预测、区域水土保持环境效应评价研究、区域水土保持战略与决策方案研究、区域水土保持的基础信息设施建设等方面展开了全面探索与系统研究，提出了比较完整的区域水土流失监测评价指标体系及区域水土流失快速调查的理论和方法体系。在此基础上，他们在系统化总结中国数千年水土治理前辈相关成果的基础上，顺应时代发展需要，率先开拓"数字黄土高原"研究领域，得到水利部的高度评价和大力支持。如今，区域水土保持与环境研究作为水土保持研究所创新研究单元之一，在为我国水土保持和生态环境建设提供宏观决策方面发挥着重要作用。

20世纪90年代末期，随着西部大开发战略的实施和国家对生态环境建设的日益重视，身为水土保持研究所科研副所长的李锐也放眼于更加宏观的生态环境建设新领域，他将此作为一个充满挑战的全新课题，对21世纪的水土保持和生态环境建设工作作了系统而深入的再思考。由此他提出改善生态环境、理智开发西部的观点，从科学规划、机制协调、管理手段、基地建设等多方面为各级政府及研究机构提出了相关建议。1998年，他代表中国科学院向国务院起草并呈送了《科学规划，退耕还林（草），改善生态，富民增收》的建议报告，得到朱镕基总理和温家宝副总理的亲笔批示，成为中国科学院"西部行动计划"的起点。

1998年5月18日，美国印第安纳州。第十届国际水土保持大会主会场。来自中国科学院水利部水土保持研究所的李锐研究员受水利部委托，代表中国政府作了关于申办国际水土保持大会的报告，引起全场关注。理事们一致举手表决，同意第十二届国际水土保持大会在中国举办。

1999年朱镕基总理来水土保持研究所视察，他代表水土保持研究所提出北方坡度15°以上的坡耕地应该全部退耕以及黄土高原的"两线三区"植被恢复框架，被国家退耕还林政策采纳。之后，他又参与了《给总理的报告及批示》的撰写，为黄河流域经济可持续发展提供了科学依据和技术支撑。

21世纪初，李锐作为中国科学院资源环境科学与技术局学术秘书和西部行动计划领导小组办公室主任，参与完成经费达亿元的中国科学院"西部行动计划"科研项目的总体设计与组织实施。在他负责的西部五大试验示范区生态环境建设试验示范研究的设计与组织中，他三十年科学研究实践凝聚成的深厚学术造诣和系统研究思路被发挥得淋漓尽致。他的工作受到中国科学院路甬祥院长的肯定。水土保持研究所黄土高原水土保持研究与治理工作在他的直接指导下也上升到一个新的高度——将以小流域为单元的综合治理及试验示范上升到中大尺度的快速、高效的研究和治理，为西部生态恢复的理论研究与建设实践提供更具实际意义的实体模型与配套技术。他主持设计的中国科学院与各级政府联合共同开展的"黄土高原水土保持与生态环境建设试验示范研究"项目，两年来已在延安及安塞707千米^{2}的黄土地上全面实施且取得了阶段性成果。之后，水利部、中国科学院还与陕西省政府联合，将示范区扩大到了8万千米^{2}的更大范围。

作为中国科学院黄土高原综合治理试验示范区办公室主任，李锐主张将满足国家需求作为试验示范区研究的首要方向，为各试验示范区的研究发展提供了正确的观念引导和技术指导。他善于将黄土高原治理成果通过多种渠道传播与推广，如他亲自策划并协助指导中央电视台拍摄了大型纪录片《重塑黄土地》，对试验示范区成果的推广起到了积极的推进作用。他努力地在攻关研究中发现问题、解决问题。他根据黄土高原试验示范区研究进展及问题撰写的《黄土高原综合治理科技攻关启示》，既是对"九五"前科技攻关所作的全面总结，也是对"十五"攻关再上台阶的指导。

2002年3月31日，对李锐来说是个永远难忘的日子。

这一天，刚被任命为水土保持研究所所长不久的他向前来视察的江泽民总书记作了关于黄土高原生态环境建设的工作汇报。江总书记对生态环境建设的关注使他倍受鼓舞。这一天，成为他生命中一个新起点，满怀希望的他立志带领全所职工沿着科研创新的道路，为水土保持及生态环境建设再创辉煌。

踏遍沟壑只等闲，痴情不改满高原。作为一名水土保持科技工作者，在五十余年的岁月中，他几乎踏遍了黄土高原的沟沟坎坎，梁梁峁峁。当道道山梁、条条沟壑成为他电脑中的一张张图纸和他笔下的一个个数据时，当他的科研成果被广泛地应用于水土保持及农业研究与示范中时，他却承受过长达十年的夫妻两地分居的孤寂，经历过步行走遍安塞十多个乡镇的艰辛，饱尝过野外调查中食不果腹、口渴难耐以及风餐露宿的滋味，也步入过彻夜伏案的忘我境地……他的青春和热血，全部抛洒在了黄土高原上。然而，有失必有得。对失去的一切，他没有丝毫抱怨。在他的心里，始终贯穿着这样一个想法：党和人民培养了我，我就要努力地为党和人民工作，回报党和人民。正是这份朴素的情感，让他身在异国仍然努力地向党组织靠拢，在中国驻澳大使馆光荣地加入了中国共产党。也正是这份朴素的情感，融注了他将全部事业奉献给黄土高原的无私情怀。

从事水土保持研究五十余年间，李锐先后主持过国家"七五"至"十四五"科技攻关项目、中国科学院重点项目和国际合作研究项目等众多科研项目。2002年1月，他担负起水土保持研究所所长的重任，同时还兼任中国科学院遥感联合中心理事、中国水土保持学会水土保持规划设计专业委员会副主任、陕西省农学会副理事长。由于他在国内外水土保持界的重要影响，第十一届国际水土保持大会召开后，世界水土保持学会主席提名，由他担任世界水土保持学会副主席。2010—2019年，他连续担任三届世界水土保持学会主席，2020年任名誉主席。

事业的辉煌与成功，赢得了人们对他的尊重与敬仰。尊重与敬仰他的不仅是事业上的辉煌业绩，还有他敬业、勤业、正直、宽厚的学者风范。他的人格魅力感染着他的同事，更深深影响着他的学生。他常对学生说："如果别人付出一分努力，我希望你们能付出两分。"他要求学生自己动手，深入实践；他强调科研内容要与国家需要相结合，重视研究论文的社会实用性。与此同时，他又大胆启发他们的思路，尊重学生自主性，从研究论文选题、试验，乃至毕业去向，他充分尊重个人的意愿。他的标准只有一个：能最好地发挥个人能力，最好地调动起人的工作积极性。因此，他所带领的研究团队，是一个团结协作、积极向上的团队。而他输送到外地的硕士、博士生，也都成为行业中的骨干，在不同地域为祖国的水土保持事业贡献着力量。

经过五十年探索治理，黄土高原披上了新装，昔日的穷山恶水变成了绿水青山，绿水青山正在变成金山银山。"没有比看到这些更让我感到有成就感的了，这一辈子没白活。"李锐感慨道。

李锐用大半生的奉献勾画着黄土高原的秀美锦图。之所以如此倾情，是因为他明白，这是一个需要几代，甚至十几代人共同努力才能实现的梦想，也是包括伟人毛泽东等老一辈领袖们的夙愿。他怎能不期盼着用自己的双手为其添上浓墨重彩的一笔？为此，他曾为水土保持研究所提出了"两个推向"的目标——即将水土保持研究所真正地推向全国、推向国际。

水保领域中国声

作为一位具有世界眼光与胸怀的科学家，尤其是担任世界水土保持学会副主席、主席长达 15 年的李锐，先后主持或参加国家科技攻关项目、中科院重点项目、国际合作项目等 30 多项。在区域生态环境治理与评价、土地退化与综合整治的理论与技术、水土保持遥感监测技术与管理信息系统研究等方面取得了重要进展。李锐从 1995 年开始任中国科学院黄土高原综合治理试验示范区办公室主任，主持黄土高原区域治理项目，在水土保持与生态环境建设试验示范研究、区域水土流失和水土保持评价与战略，以及水土保持区域环境效应研究方面为黄土高原和西部生态环境建设提供了科学依据。李锐从 21 世纪初开始参与中国科学院"西部行动计划"科研项目的总体设计与组织。截至 2023 年，发表论文 100 余篇，主编出版《中国黄土高原研究与展望》《中国土壤侵蚀地图集》，参编出版《黄土高原综合治理试验示范区专题地图集》等专著共 12 部。主持或参加的研究课题获省部级及以上成果奖 12 项。其中，国家科技进步奖一等奖 1 项、二等奖 2 项，省部级科技进步奖特等奖 1 项、一等奖 2 项、三等奖 3 项。曾获"国家有突出贡献回国留学人员""中国科学院有突出贡献青年科学家""全国农业科技先进人物（农业科学家类）"等荣誉称号。2007 年杨凌示范区成立 10 周年时获"开拓者奖"。

为了做到与国际接轨，近十几年，他主持了中澳、中欧两项大的国际合作项目，多次出访澳大利亚、新西兰、马来西亚、美国、荷兰、瑞典、德国等国家，对各国的水土流失、水土保持及其科学研究进行了实地考察和广泛交流。他还多次主持召开海峡两岸水土保持学术讨论会，为海峡两岸水土保持科学研究与治理经验的交流作出了贡献。

在国际合作方面，李锐除了 1984—1986 年赴 CSIRO 进修与开展合作研究外，1992—1993 年，担任亚洲开发银行项目 Monitoring Information System of Ecological Environment in the Contiguous Region of Shanxi, Shaanxi, and Inner Mongolia 中方专

家；1997—2001 年主持澳大利亚国际农业研究中心（ACIAR）项目 Regional Assessment of Resources for Sustainable Agriculture，担任中方主持人；2001—2002 年负责中国-全球环境基金伙伴关系（PRC-GEF Partnership）课题 Conversion of Farmland to Forest and Grassland in Ansai County，担任课题负责人，同时担任联合国教科文组织 ERSEC（Ecological Research Sustaining for Environment in China）和中国-全球环境基金干旱生态系统土地退化伙伴关系项目中方专家；2003—2005 年主持 ACIAR 项目 Regional Impacts on Re-vegetation on Water Resources，担任中方主持人；2007—2012 年参加欧共体资助项目 Desertification Mitigation and Remediation of Land-A Global Approach for Local Solutions，负责项目设计与指导；2010—2015 年参加中国科学院与荷兰皇家文理学院等机构共同资助的联合主题研究项目（JSTP）"水资源综合管理领域典型水系统综合研究"主题范围下的渭河流域水环境问题综合治理对策研究，担任项目指导；2015—2019 年参加欧盟地平线 2020 项目基于中欧农业生产与环境恢复的交互式土壤质量评价（635750），担任项目指导。在承担科研任务的同时，从 20 世纪 90 年代开始，李锐还长期担任水土保持国际培训班教师，先后为 30 多个国际培训班授课，讲授中国与世界水土保持现状与发展前景。

在他的努力下，2002 年 4 月，中美水土保持与环境保护研究中心在中国科学院水利部水土保持研究所（西北农林科技大学水土保持研究所）成立，他被聘为中心副主任。该中心搭建起中美双方长期合作的平台，也为李锐及他带领的水土保持研究所进一步走向世界铺设了一条新的道路。

从 1999 年至今，李锐长期在世界水土保持国际组织任职，2013 年起担任国际水土保持大会理事，在国际水土保持大会（每 2 年 1 次）作主旨发言 5 次，传递中国声音。2004 年担任世界水土保持学会副主席，2010 年当选为世界水土保持学会主席。

作为为数不多的具有全球眼光和世界一流水平的学术带头人，面对复杂多变的国内外形势，李锐并没有局限于已有的成果和荣誉，而是将目光放眼至全球，努力将中国的水土保持科研智慧带上国际舞台，让全球水土保持领域听到中国声音，惠及世界同类型国家的水土保持研究。他也因此而连续担任了三届世界水土保持学会主席。直至 2019 年才得以卸任。

2019 年，他又受邀参加联合国粮农组织会议，以开放、包容的心态和胸怀拥抱世界，在水土保持学术领域倡导合作共赢，将中国水土保持研究成果直接服务于全球。

矢志不渝追求党

李锐对于中国共产党的最初认识来自他的父亲。"我父亲是个老党员、村干部，时时处处都以公家事为重。"父亲一心为民办事的伟岸身影让他很崇拜，由此对党的向往更是深植于心。

早在读初三时，李锐便加入了中国共产主义青年团。进入大学后，他怀着对加入党组织的憧憬之情递交了入党申请书。学习成绩优异的他，一直享受着党和国家的助学金。"没有共产党，就没有我的一切。"他感慨地说。

大学毕业后，历经陕北专业考察和野外基地蹲点试验的李锐都向组织提出过入党申请，遗憾的是因为种种原因未能如愿。但入党的热情与初心并未因此而消散，甚至更加迫切与火热。

1984年，李锐被选派到澳大利亚学习进修。远渡重洋来到陌生的国度学习与工作，对任何人来说都是极大的挑战。李锐是幸运的，在澳大利亚期间，他受到了大使馆和留学生组织的亲切关照，党中央还专门派慰问团到澳大利亚慰问，使他深受感动与鼓舞。

党和国家的关怀让李锐从心底感到自己离不开党，离不开祖国。身处异乡，李锐怀着无比热忱的爱党爱国之心再次庄严递交了入党申请书。这一次党组织接纳了他，中国驻澳大利亚大使馆科教处党支部批准他为预备党员。次年回国后，经当时中国科学院西北水土保持研究所土地利用研究室支部批准转正，他成为中共正式党员。

自1970年大学毕业后，李锐在水土保持领域潜心耕耘50余年，爱党爱国的一颗初心从未曾沾染风霜。

由此，他在漫漫黄土高原大地上，留下了人生最美好的岁月。

和绝大多数农林科学家一样，他数十年如一日，默默地坚守在黄土高原水土保持科研第一线，像农民一样劳动，像土地一样奉献，创造出一项项重大科技成果，改写着黄土高原的生态面貌，改善着栖息在黄土高原地区广大民众的生存环境。

他思考着入党后那种无形的、时时处处督促自己前进的力量，觉得自己许多方面没有达到优秀党员标准，许多理论和实际问题并没有真正搞清楚，必须坚持严格要求自己，继续为党和人民做事才对。

战略思考系统化

在水土保持研究领域摸爬滚打了半个世纪的李锐，退休后有了更多思考的时间和经验，更是转入了对我国水土保持研究工作的系统化战略思考。他一手伸向历史，一手伸向世界，面对当下与未来，从宏观、中观、微观三个层面展开了全方位、系列化思考与研究。

我国是全球自然灾害发生频率最高的国家之一。水土流失是我国的"头号环境问题"。这就对科学技术提出了很高的要求，迫切需要在分析该领域国内外科技发展现状与问题的基础上，进行系统化战略思考，明确重点研究领域和关键技术，提出新时期中国水土保持科技发展战略，为中国水土保持决策提供科学依据。尤其是进入 21 世纪以来，随着全球人口增长、资源开发、经济发展，人类对环境的影响进入了一个新的阶段，使得人类与自然的关系更复杂、矛盾更尖锐。目前，中国仍有 200 多万千米^2 水土流失面积需要治理，一些地区水土流失与生态环境恶化的局面尚未得到控制，再加上工业化、城市化等大规模的基础设施建设又必然会产生新的水土流失。水土流失已成为 21 世纪中国实现可持续发展的严重制约因素之一。为此，我国已将水土保持生态建设确立为 21 世纪经济和社会发展的一项重要的基础工程。水土保持生态建设的资金投入已经并将会大幅度稳定增加，新时期水土保持规模、速度已远远超过以往任何时期。与此同时，对水土保持科学技术的需求也比以往任何时候都更加迫切，国家与社会对科技的投入也将会大幅度增加。已经结束的由水利部、中国科学院、中国工程院联合组织的"中国水土流失与生态安全综合科学考察"以及国家重点基础研究发展计划（973 计划）项目"中国主要水蚀区土壤侵蚀过程与调控机制研究"都表明水土保持科技事业遇到了前所未有的发展机遇。

作为一位严谨的科学家，面对这大好形势和历史机遇，李锐也看到了中国水土保持科学技术发展面临着的严峻挑战。在气候条件的变化与人类活动的双重影响下，地球表层的生物、物理、化学等过程，特别是直接影响水土流失的地表水文过程、土壤侵蚀类型的演变过程产生了新的特点，水土流失与水土保持的学科理论与内涵也发生了许多变化。综合性更强了，需要研究的因素更多了，水土流失与其他学科的联系更紧密了。比如，随着各类基础设施建设和资源的开发以及城市化发展，水土流失也不再仅仅是农业生产活动产生的后果，水土保持措施和技术也相应地突破了原先单纯的农业水土工程和植树造林。过去的水土流失防治研究主要是以小流域为单元开展的，而目前国家水土保持和生态环境建设由小流域向大流域、区域尺度扩大，其速度和规模已远远超过以往的任何时期。这就要求水土保持科学技术能够解决区域性、综合性问题。在水土保持科技上取得突破性进展，以保证中国水土保持任务的顺利完成，已成为中国水土保持科学技术工作者面临的重大历史责任。

他亲眼看到，20 世纪中国水土保持工作取得了可喜的成就，在水土保持学科体系建设、水土流失规律与土壤侵蚀机理、动态监测与效益评价、以小流域为单元的水土流失综合治理与试验示范等方面取得了较大的进展，同时形成了一支高效的水土保持科研队伍，对学科发展、科学决策、水土保持科技传播发挥了积极的推动作用。

——水土保持科学是揭示水土流失过程及其与环境关系，开发水土流失治理和生态建设技术，提出水土保持方略的科学与技术体系。初步建立的、具有中国特色的水土保持科学与技术体系，包括以土壤侵蚀学、流域生态与管理科学、区域水土保持科学等为基础的理论体系，以水土保持工程技术、林业技术与农业技术为主的技术体系和以水土保持基础信息设施、水土保持监测网络为主的基础支撑体系。水土保持理论研究方面，比较深入地揭示了中国特有的土壤侵蚀机理与过程，对具有中国特色的土壤侵蚀模型进行了有益的探索；在小流域治理及其研究基础上，初步建立了富有中国特色的流域管理科学体系。区域性水土保持研究方面，提出了中国土壤侵蚀分类分区系统，摸清了中国土壤侵蚀的宏观规律和治理的重点区域。

——进行了大量径流小区、坡面、小流域等尺度水土保持监测与试验，在黄河中游、长江中上游等地区进行了较大规模的土壤侵蚀和水土保持科学考察，应用现代高新技术完成了多次全国土壤侵蚀遥感普查和全国水土流失与生态安全综合科学考察，极大增进了对水土流失现状的了解，并为理论研究积累了丰富的资料。在土壤侵蚀科学研究方面，初步摸清了主要地区土壤侵蚀的基本规律，建立了中国土壤侵蚀分类系统，并从土壤侵蚀的发生发展过程入手，较为深入地揭示了土壤侵蚀的机理与发展变化趋势；建立了不同区域土壤侵蚀的影响因子与土壤侵蚀量的关系式、坡面侵蚀预报模型。在基础支撑系统建设方面，初步建立了国家水土保持基础数据库。

——经过多年的努力，目前已经形成了一支以科研机构与高等院校为主体，且学科门类与部署相对合理、颇具中国特色的多层次的水土保持科研队伍。据不完全统计，全国有20余所高等院校设置了与水土保持科学有关的专业，承担着本科生及研究生培养任务；同时，基本上构建了国家、流域、省、市、县五级水土保持科研网络。除以中国科学院水利部水土保持研究所为主体的国家水土保持科研单位以外，各大流域、各省份均建立了相应的研究机构，负责所辖区域内的水土保持科学研究工作。同时，各市、县也拥有相应的水土保持研究与观测机构。各级科研机构分工明确、相互配合，构成了颇具中国特色的水土保持科研队伍，这支队伍大约有1万人之多。国家主管部门还根据水土保持工作的特殊性，设置了相应的专业研究中心，如水利部水土保持监测中心等。

——中华民族有数千年的水土保持成功的经验，特别近年国家组织实施了一系列水土保持工程，初步形成了适应于不同类型区的水土保持技术体系，并在生产实践中得到了广泛应用，取得了明显的经济、生态与社会效益。选择典型小流域将上述成果集成组装并进行试验示范，在不同类型区建立了一系列水土流失综合治理先进样板，取得了显著的效果，既推动水土保持科研成果的应用，又促进了水土保持科学研究。试验示范样板推动了以小流域为单元的综合治理，逐渐向中大尺度过渡。

但是，他也清醒地认识到，21世纪初中国水土保持工作仍存在着许多亟待解决的问题。生态安全和食品安全之间的矛盾造成了中国水土保持的特殊性和复杂性，中国水土保持工作既要解决防止水土流失的生态问题，也要回答如何满足当地日益增长人口的生活需求问题，再加上中国水土保持科学发展的历史较短，整体上看中国水土保持的技术不能满足水土保持工程的需求，科技教育体系也不能适应日益发展的水土保持形势，迫切需要新的机制和体制。在科学研究方面，基础数据缺乏，数据采集的方法和指标不够规范，不同地区的数据难以交流和对比。在技术开发和推广应用方面缺乏先进性和综合性。

第二次世界大战以来，西方国家对于水土流失和水土资源保护进行了大量的研究，取得了一系列成果。对我国的水土保持及其研究具有借鉴意义的表现为四个方面：

一是在土壤侵蚀预报模型的开发和应用方面，作为水土保持规划工具和宏观水土保持决策工具的土壤侵蚀预报在国外得到迅速发展并取得了巨大成功。先后开发出USLE、RUSLE、WEPP、EUROSEM、LISEM等模型。在此基础上，还开发了土壤生产力评价模型（EPIC）、非点源污染模型（AGNPS和ANSWERS）、水土资源评价模型（SWAT）等。

二是在土壤侵蚀监测的统一性和规范性方面，美国从20世纪20年代开始在全美建立了土壤侵蚀试验观测站，并在试验设计、观测方法、资料处理上推行高度的一致性和规范化，为后来美国土壤侵蚀领域重大创新性成果的产生（如USLE、RUSLE、WEPP等）打下了基础。

三是在空间信息等高新技术应用方面，美国等发达国家利用先进完善的对地观测技术、计算机网络技术和强大的海量数据处理能力，开展了全球尺度的水土流失及其与全球变化关系的研究。同时将水土流失视为限制当今人类生存与发展的全球性环境灾害，在全球性重大研究计划中都将区域和全球尺度的土壤侵蚀列为重要研究内容。

四是在水土保持耕作技术开发与应用方面，最有特色的是水土保持耕作法和小流域治理。实施水土保持耕作法，包括免耕、少耕、秸秆和残茬覆盖；小流域治理则将耕作措施、生物措施和工程措施相结合，综合规划，将洪水控制、流域资源保护、农业用水管理、发展休养旅游、保障城市和工业用水以及发展渔业等内容相结合，同时注重将水土保持效益与土地所有者的利益相结合。

由此，他看到了21世纪初国内外水土保持科技发展的大趋势：

一是水土流失过程研究的深入和研究尺度的扩大。一方面，由于土壤侵蚀发生在地表各圈层相互作用最为强烈的界面，所以土壤侵蚀的研究越来越重视以土壤侵蚀过程为中心的现代地表过程的分析，注重水土流失过程中污染物质的运移和生源要素迁移，注重水土保持与人居环境和身体健康的关系。另一方面，受到持续发展和全球变化研究的影响，水土流失和水土保持对全球尺度问题、长期趋势问题等更加重视，对大范围和长期数据积累更加依赖，正在转向数据密集型学科。

二是研究技术与方法的快速更新。水土保持科学已经经历了野外考察、定位观测与室内模拟试验等阶段，正在向数字化、模式化的新阶段迈进。利用人工控制条件下的大型模拟试验（包括坡面尺度、小流域尺度甚至中等流域尺度的模拟试验）和高分辨率遥感对地观测技术，对土壤侵蚀和水土保持过程的描述更加精细，水土保持科学将逐步向精确科学发展。

三是水土保持学的社会经济视角研究日益受到重视。土壤侵蚀和水土保持都是与一定社会经济条件相适应的，或者说是一定社会经济条件下的必然产物。农业文明的发展，人口的增加，人类活动的范围由平原不断走向坡地及草原游牧地区，是土壤侵蚀发生和加剧的主要原因。水土保持是一项人类改造大自然，建设美好家园的社会生产实践活动。所以水土保持研究，有必要在应用自然科学方法和研究手段的同时，利用人文科学的方法进行社会经济、法律、道德伦理、文化、管理体制等方面的研究。

四是水土保持实践要求和水土保持学科自身发展双向驱动。由于水土保持学科的实践性，长期以来水土保持学科发展的动力完全来自实践的要求，水土保持学科的发展通过任务来带动。但是，随着水土保持科学技术理论的完善，其自身发展规律也将成为推动学科发展的重要动力。水土保持研究将在水土保持实践要求和水土保持学科自身发展双向驱动下发展，水土保持科技理论体系将更加严密、更加完善。

据此，在21世纪初，他提出中国水土保持领域亟待研究的重大科学问题：

一是中国水土保持宏观战略研究。即在已有土壤侵蚀区划和水土保持治理分区基础上，充分考虑人工适度干预下的自然恢复对水土保持的重要意义，研究并作出新的分区方案，包括生态修复潜力评价、分区与阶段安排，主要水土保持重点地区土地利用和产业结构分区，水土保持生态建设模式分区。

二是土壤侵蚀机理与土壤侵蚀模型研究。即对我国主要侵蚀地区土壤侵蚀及其相关地表过程（特别是地面径流形成过程、泥沙运移过程等）进行全面、综合的分析研究。以已有的长期试验观测数据为基础，分析多种尺度径流形成、汇集和泥沙搬运与沉积过程，建立科学实用的多尺度土壤侵蚀预报模型。

三是水土保持的区域环境效应研究。即根据持续发展的要求，着眼于水土保持生态环境已经或将要对环境要素和环境过程产生的影响，分析在不同利用方式、植被不同演替阶段等条件下，水土保持生态建设对区域水文生态过程的影响、对区域土壤侵蚀产沙过程的影响、对区域植物多样性和植被演替过程的影响、对区域农村经济发展过程的影响。

四是区域水土保持与全球变化研究。即针对长时期、大范围水土保持生态环境建设对侵蚀地区和相关地区的影响，以及全球变化对区域侵蚀的影响，开展土壤侵蚀与全球变化关系研究，全面深刻理解我国土壤侵蚀及其环境特征。研究内容包括土壤侵蚀过程对陆地表面各圈层相互作用方式的影响，水沙物质汇集运移对陆地生态系统中主要生源要素迁移转换和近海水质的影响，风蚀对大气组分的影响，生态环境建设对区域植物多样性的影响，全球或区域性大气降水增减、温度升降、季风环流变化等对区域土壤侵蚀类型变化和强度增减的影响。

五是水土保持措施效益评价与综合配置研究。即通过不同类型区典型小流域水土保持综合治理模式、关键技术及生态经济效益分析，研究退化生态系统受损、恢复、重建过程；研究生态系统演替驱动因子，识别流域生态系统健康诊断指标；建立流域及其健康诊断模型，为山川秀美工程建设目标实现程度评价提供客观指标。

在水土保持关键技术研究与开发方面，他在2003年发表的一文中提出根据目前我国水土保持生态环境工程建设科技需求，结合我国水土保持科学研究现状，以及国际水土保持科学发展趋势，应加强下列关键技术研究与开发：

一是水土保持生态建设动态监测评价关键技术。全国水土保持监测网络与管理信息系统，已经国家批准立项。其中的关键问题，包括监测网络结构、监测站点布设、监测指标体系、动态数据采集、水土保持管理信息系统开发等，亟待研究解决。

二是降雨地表径流调控与高效利用技术。产生水土流失的主要动力之一是地表径流的冲刷作用，而且水土流失严重地区大多集中在半干旱地区和湿润半湿润山区。收集、利用和调控地表径流，既是水土资源高效利用的关键技术，也是缓解水资源短缺矛盾的有效手段。研究重点包括降雨地表径流资源利用潜力分析与计算方法；降雨地表径流网络化利用技术；降雨地表径流高效利用的配套设备研发等。

三是坡地整治与沟壑坝系优化建设技术。坡耕地改造是水土保持生态环境工程建设的重要关键技术之一，也是起源于我国相对成熟的技术。研究重点是不同类型区高标准梯田、路网合理布局与快速建造技术；不同生态类型区坡地改造与耕作机具的研制与开发；梯田快速培肥与优化利用技术。沟壑整治与沟道治理开发是水土保持生态环境工程建设的主要内容之一，重点研究坝系合理安全布局设计与建造技术；沟壑综合防治开发利用技术；泥石流预警与综合防治技术。

四是林草植被快速恢复与建造技术。针对我国目前水土流失区域植被结构不尽合理、林草成活率与保存率低、植被生产力及经济效益不高等问题，重点研究以植被规模化营造为中心的区域植被快速建造与持续高效生产科学管理技术。主要研究问题如下：高效、抗逆性速生林草种选育与快速繁培技术；林草植被抗旱营造与适度开发利用技术；林草植被立体配置模式与丰产经营利用技术；特殊类型区植被的营造及更新改造与综合利用技术。

五是水土保持产品开发与产业化技术。实施水土保持产业化战略，大力推进水土保持产业化发展，是市场经济条件下水土保持事业发展的客观需要，也是水土保持由社会公益性事业向生态经济型方向转变，以求得到更大发展的必然趋势。水土保持产业的形成和发展，对促进水土和生物等资源的合理开发和高效利用，巩固水土保持成果、实现农业的可持续发展具有重大战略意义。主要研究问题如下：水土保持产品开发技术；水土保持产业基地建设与示范；水土保持产业化发展与经营模式。

为此，他主持申报并顺利获批国家重点基础研究发展计划（973计划）项目"中国主要水蚀区土壤侵蚀过程与调控研究"。

中国水土流失与生态安全综合科学考察结果表明迫切需要加强我国水土保持基础研究，揭示我国不同区域水土流失发生发展过程与驱动机制，指导水土保持措施配置与战略规划；阐明流域产沙和水沙运移规律，减少江河洪涝灾害，维系大江大河和大湖安全；构建多尺度土壤侵蚀预报模型，预测发展趋势，指导水土保持规划；建立水土流失与水土保持的环境效应评价理论与方法，为生态建设规划和制定中国水土保持宏观战略对策提供科学依据。

该项目以我国东北黑土漫岗区、西北黄土高原区、南方红壤丘陵区、西南紫色土山丘区4个水蚀区为重点，以土壤侵蚀过程为研究对象，拟解决主要水蚀区土壤侵蚀的发生发展过程与驱动机制、复杂环境下土壤侵蚀模型构建的理论与技术、水土流失与水土保持环境效应评价理论与调控机理等三个关键科学问题。项目设置了7个课题：不同类型区土壤侵蚀过程与机理、流域侵蚀产沙机制与水沙运移规律、区域水土流失过程与趋势分析、多尺度土壤侵蚀预报模型、水土流失的环境效应评价理论与指标体系、水土保持措施作用机理和适宜性评价、水土流失综合调控原理与治理范式。通过五年的研究，揭示我国复杂环境下不同区域土壤侵蚀发生的物理、化学和生物学过程及耦合机理；建立坡面、小流域和区域3种尺度的土壤侵蚀预报模型；提出水土流失与水土保持的环境效应评价理论与指标体系；阐明水土保持措施的作用机理；综合集成适应自然生态过程和人类活动的水土流失调控技术体系，为国家制定水土保持战略和规划提供理论依据和科学方法。同时，将聚集一批年轻学科带头人和学术骨干，培养具有国际竞争力的中青年科学家，进一步提高我国在世界水土保持研究领域的实力与地位。

这就形成了他的对加快中国水土保持科技发展的对策建议：

一是建立与完善水土保持科技政策体系。即根据水土保持专业的特点，将理论研究、技术开发、试验示范、推广应用四个阶段概括为RDDE模式。理论研究（Research）阶段主要是原始数据的观测与积累、过程与机理的研究；技术开发（Developing technology）阶段依据基础研究的成果，开发和集成技术，如水土保持的工程技术、保水与节水技术、生态修复与快速绿化技术、信息技术等；试验示范（Demonstration and experiment）阶段的主要任务是应用前两个阶段的成果，建立起不同类型的水土流失综合治理实体模型，作出示范；推广应用（Extension）阶段的任务是将上述成果进一步应用到更大的范围，促进区域发展。为了加快水土保持科研步伐，提高水土保持工程科技含量，建议应实施科技与工程一体化制度与模式，从工程建设经费中划出一部分资金，重点支持研究工程建设中亟待研究解决的若干科学技术问题。

二是完善水土保持科学技术科研、教育与推广体系。因为随着水土保持工作的深入广泛开展，对科技人才，特别是中高级人才的需求日益迫切。要尽快完善我国水土保持科研队伍建设体系，分层次、分类别建立规范的培训制度。结合国家生态环境建设规划、地方水土保持规划，以及有关县（区）、乡水土保持科研站（所）的具体实践，建立水土保持科学技术推广体系。组织全国水土保持科研院（所）、水土保持管理部门制定全国水土保持科学技术重点推广计划，以加快科学技术推广步伐，提高水土保持科技含量。

三是建立全国水土保持科技协作网络。即以全国水土保持工作对科技的需求为导向，以提高水土保持工程科技含量和加快生态建设速度为目标，针对目前我国水土保持科学研究与工程建设相对脱节、低水平重复、各自为战等现象，尽快制定全国水土保持科学研究规划，有计划、有步骤地组织全国水土保持科研单位围绕重大科技问题联合攻关、协同作战。

四是建设一批高水平的水土保持试验示范与科普教育基地。我国地域辽阔，水土流失类型十分复杂，治理方式也多种多样。在不同地貌和生态类型区，采取不同形式的水土流失综合治理开发模式，建立不同尺度、不同类型的水土流失综合防治试验示范工程，是开展水土流失综合治理的有效途径。通过试验示范区发挥示范、推广、扩散作用，带动周边地区的水土流失综合治理与开发，不断提高水土保持在农业增产中的科技贡献率。

五是实施"中国数字水土保持"计划，将中国水土保持科技推向新阶段。由于水土流失及其治理数据的质量始终是困扰水土保持工作各个阶段的首要问题，也是影响各级政府水土保持科学决策的关键。为了适应国家对水土保持科技的迫切需求，提高国家水土保持的科学管理、决策能力，建议实施"中国数字水土保持"计划，将我国水土流失治理和水土保持科技事业推向新阶段。他认为"中国数字水土保持"计划的主要内容应该包括：提出一套科学统一的数据指标体系与采集管理规范；开发一组适用水土保持评价、预测、规划与管理决策的模型；构建基于网络的数据采集、处理、传输、应用的软件、硬件平台；培养一支高水平的水土保持数据采集、管理和使用的专业队伍。

根治黄河支高招

2019年，李锐在《水土保持通报》杂志刊发论文，总结了新中国成立70年来黄土高原水土保持工作的基本经验，并为该区生态环境保护和高质量发展提出了四点建议，为黄土高原水土保持工作"支招"。

　　李锐在文中指出，自从新中国成立以来，国家一直把该区作为水土流失重点治理区域，并先后安排了一系列水土保持重点项目。经过几代人的持续接力式奋斗，黄土高原水土保持累计投资 560 多亿元，已初步治理水土流失面积 2.20×10^5 千米^2。经分析计算，70 年来，黄土高原水土保持措施累计保土量超过 1.90×10^{10} 吨，并在实现粮食增产 1.60×10^8 吨的同时，使昔日的荒山、荒坡大部分面积为绿色植被覆盖，生态环境显著改善。近年来，黄土高原输入黄河的泥沙锐减。黄河潼关站多年平均输沙量由 1919—1960 年的 1.60×10^9 吨减少至 2010—2016 年的 2.50×10^8 吨。进入 21 世纪以来，黄土高原北部能源基地的兴起，中南部以苹果、梨为代表的水果基地的建立，带动区域经济发生了巨大的变革。

　　李锐将黄土高原 70 年水土保持工作基本经验概括为"12345"，即 1 个科学理念：绿水青山就是金山银山；2 项基本原则：山水林田湖草综合治理、预防保护优先；3 类治理措施：生物措施、工程措施、耕作措施；4 个相互结合：政府支持与农民参与结合、科技支撑与政策引导结合、生态改善与经济发展结合、短期收益与长期效应结合；5 大法宝：坚定的信念、正确的领导、稳定的投入、长期的坚持、不懈的奋斗。

　　在长期的实践中，黄土高原水土保持工作历经曲折，逐步形成了一整套适应该区自然地理特征和经济发展状况的水土保持理论与技术体系。文章在总结黄土高原 70 年水土保持工作经验的同时，也回顾了许多失败的教训和水土保持措施配置存在的问题，最终提出四点建议：

　　一是必须对黄土高原水土流失治理总体状况有科学理性的认识。这是巩固治理成果，并将区域生态环境保护和高质量发展提高到新阶段的重要前提。目前，通过对黄土高原水土流失长期有序的治理，区域内自然景观、群众生活、区域经济、基础设施等方面都有了极大的改善，区域生态环境总体开始向良性转化，为该区可持续发展奠定了良好的基础。但是，黄土高原水土流失的气候、地形、土壤等环境基础条件没有从根本上改变，人口、社会和经济压力依然很大。已经恢复的植被在可持续性、服务功能等方面还存在许多问题，现有的水土保持措施还不能抵御极端暴雨事件。在一些地区还存在着不合理的治理措施配置，有的已经带来了生态问题，如土壤干层、生态水量不足等。特别是在全球气候变化背景下，极端气候事件频频出现，新的生产、生活方式也引发了新的水土流失类型，生态修复与保育仍然是该区的首要任务。历史的教训不能忘记。历史上黄土高原也曾有治理成功的典型地区，因不注重防范与维护，一次异常天气过程便导致治理成果前功尽弃。黄土高原脆弱的生态系统经不起自然或人为作用的剧烈破坏和干扰。在资金投入、政策倾斜、重点支持等方面必须坚持长期、稳定、有序、综合的原则，才能巩固已经取得的水土保持成果。

　　二是必须坚持以人为本，将提高水土流失区社会经济实力和生产水平、改善当地人民生活条件作为水土保持的基本目标。治理水土流失，恢复和重建良好的生态环境，只有妥善处理好治理与开发的关系，科学合理地保护和利用资源，解决好群众的生存、生产与发展问题，将长远利益与短期效益相结合，才能充分调动农民的积极性，从治害步入致富，最终实现可持续发展。客观地讲，黄土高原地区生态环境的改善与当地煤炭、油气资源的开发、区域经济的快速发展有着密切的关系。

三是关注水土保持措施和水土流失治理工程的环境效应，正确处理适应当前需求与维系长期自然生态平衡、持续发展之间的关系。不可忽视的是一些地方水土流失治理还存在许多误区，如盲目大量引进外来品种，片面追求"统一"而忽略健康生态系统要求的异质性和物种多样性，忽略了应在农业区保留镶嵌的天然植被。更为严重的是把覆盖率当成唯一的评估标准，一味追求提高植被覆盖率。还有在半干旱、干旱区大面积营造乔木林，大量开采地下水用于建造植被，等等。迫切需要认真研究这些措施的效果是否能持续，及其对环境要素的中长期影响。

四是研究发展新的理论与技术，应对在治理度较高条件下可能出现的新问题，特别是快速基础设施和经济建设、城镇化发展，以及气候环境变化过程中可能产生的新挑战。如，山地大棚建设加快了径流汇集，迫切需要构建坡面引排水配套工程；由于坡面植被恢复，梁峁上部土壤侵蚀强度降低，下泄的径流含沙量减少，但这种径流的剪切力、冲刷力均会加大，有可能加剧沟坡侵蚀和重力侵蚀强度。另外，由于农村人口向城镇转移，农村劳动力减少，一些水土保持措施得不到应有的维护和修建。本来就十分脆弱的生态环境难以承受大规模的城乡基础设施建设工程，稍不注意就有可能招致新的生态环境问题。

这些，全都缘于他对黄河水患治理的长期考察、研究与思考。

2022年9月16日，中国生物多样性保护与绿色发展基金会（简称"中国绿发会""绿会"）理事长谢伯阳听取了绿会专家委员会专家、中国科学院水利部水土保持研究所、西北农林科技大学水土保持研究所王飞副所长、李锐研究员等关于黄河下游"悬河"治理的汇报。

王飞副所长和李锐研究员向谢伯阳理事长汇报了关于黄河下游"悬河"治理的必要性，分析了目前治理的主要技术及其不足，并结合目前黄河径流量减少、输沙能力下降、洪水无法输送粗沙，以及下游水库和河道依然逐年淤积的实际，提出"粗沙细化、粗细分离"的"悬河"治理新技术构想，并详细汇报了这一创新技术的科学原理和相应技术。

谢伯阳理事长和王飞、李锐等专家还就粗沙细化技术、现有技术的改进、其他可能的新技术等进行了详细讨论。他强调，无论是防灾减灾，还是保障黄河下游地区安全，都需要结合近些年黄河水沙实际，积极开展"悬河"治理讨论和研究，鼓励大家提出新理念、新方法。

谢伯阳理事长建议，针对粗沙细化这种创新技术和方法而言，需要进行实验，尽快拿出更多证据以证明技术的可靠性和可行性，并在实地开展尝试。同时，他建议尽快组织国内同行，开展讨论，认真辨析，争取形成一组与"悬河"治理相关的方案，向水利部等管理部门提出建议，请更多相关领域科学家一起，联合攻关，参考河流泥沙运动规律，从历史演化角度考虑，以实现黄河长治久安为目标，稳步推进治理黄河下游"悬河"的长期目标。

退而不休传帮带

李锐深知，黄土高原的治理与黄河的长治久安绝非一日之计、一日之功，而是数代科学工作者呕心沥血、积累创新的结果。因此，任何个人的事业都必须融入国家的需求之中，而个人的成长也必须融入集体发展之中。发挥集体力量的关键，就在于无私地代际教育与培养。因此，退休后，他仍致力于倡导开展"传承与弘扬"活动，面向研究生和大学生作专题报告，将老一辈水土保持科学家们践行的"朴实、厚重、包容、奉献"的黄土精神，以及潜心科研、甘于奉献、勇于创新的优良传统，传承下去，进一步发扬光大。

离岗不离党，退休不褪色。李锐说："工作岗位变了，共产党员身份不能变；身体状况变了，政治理想信念不能变。"他始终牢记这"两变两不变原则"，仍然坚持工作，以皓首丹心的状态奉献着每一天的光和热。

李锐坚信，中国的黄土高原，必将在未来的一天满目滴翠地呈现于世界！

酒 庄 梦

2011 年 10 月 19 日沈忠勋研究员应邀参加山西戎子酒庄产品上市会

喝酒真的有点像品味人生不同的境界。

人生不过三杯酒

沈忠勋是个真正的爱酒、懂酒的人。他说："人生不过三杯酒：一杯啤酒、一杯葡萄酒、一杯烈酒。品过这三杯酒，也就品尽了一世沉浮。"

喝啤酒，好比人的童年。巧克力、蛋糕、冰激凌是此时的最爱。清淡、微甜的口感，低度的酒精，就像生活中散发着的鲜艳的色彩。在这个年纪，没有时间也没有耐心，更不屑于去品味清甜之外的滋味。他们舌头上的味蕾，只钟情于甜美的食品。这是人的一生中，喜爱零食胜于主食，偏好甜点超过正餐的年龄。这个阶段的酒，喝的是酒里的甜与美。那些涩与辣，他们是不要的，就用甜把它盖住好了。为什么呢? 因为他们还没准备好去迎接生活的苦涩。反正前面还有很长的路要走，让将来去承担它应有的痛苦吧。这是喝的第一杯酒，满足口舌之欲。

品味葡萄酒不但能感受阳光与泥土的气息，而且有一种无声而庄重的虔敬。这是因为葡萄酒浸透着泥土的芳香，体现着阳光的厚重，包容着人生的精髓。没有糖的参与，葡萄酒特有的涩便凸显出来。少了不着边际的梦想，多了对生命本质的思考，这便是中年人的世界。葡萄酒多了一些酸涩，就像有了些阅历的中年人，他们已经见识过人生的一些风雨，却还保留着对美好人性的向往。对人对事已经不那么偏激了，该忍则忍，该让则让，知道生活不是窗外的蓝天，而是画家笔下的调色板，有红橙黄绿，也有炭黑和土灰。这便是葡萄酒带来的感觉，虽涩，却香气四溢。这是人生喝的第二杯酒。

辛辣的烈酒，是老年人的最爱。他们不需要甜的缓冲，要的就是真实的、苦涩的、香味够浓的烈酒，这样的酒才够劲道。他们的味蕾变得迟钝了，只有辛辣才能唤醒。这个时候，他们看透了生活的本质，不再对粉饰太平的表面文章感兴趣。在他们那里，所有的矫情、客套、奉承，都被岁月过滤掉了，沉淀出的是诚信、友谊、真情这些可以终身相伴的情感。到了这个年龄，人生的调色板上早已分不清鹅黄还是淡紫，重重叠叠，看到的唯有包含了各种颜色的黑。几十年的酸甜苦辣混杂在一起，早已分不清哪些是甜蜜，哪些是辛酸，尝在嘴里的只有那包含了各种滋味的辣。甜的感觉容易消失，辣的滋味却醇厚而持久。这种辣，只有经历过大起大落的老年人，才能承受得了。因为他们知道，苦到了极致，便是甘甜所在。这才是喝酒的最高境界。

人的一生，说长也不长，不过就是喝三杯酒的功夫。人的一生，说简单也简单，就是把这三杯酒喝完。

有人说，音乐是在有限的琴键上演奏出无限的音符。有人说，葡萄酒的诞生是上帝爱人们并希望人们快乐永恒的佐证。钢琴被称为乐器之王。葡萄酒是酒中贵族。当葡萄酒邂逅钢琴，美酒与音符碰撞，精彩的表演再搭配上相得益彰的美酒美食，一场集听觉、视觉与味觉于一体的盛宴开启。在戎子酒庄"琴声酒韵"钢琴音乐会的致辞中，沈忠勋说，当琴声与酒韵结合起来的时候，两者天然的高雅气度便显露无遗。弹奏钢琴的时候讲究手势，品味葡萄酒的时候也同样注重握杯的感觉。钢琴的琴声可以柔情似水，也可以铁骨铮铮，葡萄酒的味道则会因为葡萄品种及酿造方式的不同而多姿多彩，在无比美妙的音乐中品味美味的葡萄酒，是最惬意的享受。

"一拍即合"的酒庄梦

正因为懂酒、爱酒，当了 20 多年大学葡萄酒学院副院长、常务副院长的沈忠勋逐渐产生出一个"酒庄梦"——让葡萄酒酒庄遍布全中国，让世界各国的朋友都能来中国葡萄酒酒庄喝中国葡萄酒。为了实现这个梦想，他一直在努力。因为他知道，天道酬勤、地道酬善、人道酬仁、商道酬信、业道酬精。他相信，通过持续不断的勤、善、仁、信、精，这个中国葡萄酒"酒庄梦"就一定会实现。

为了实现这个中国葡萄酒"酒庄梦"，退休后的沈忠勋毅然担任了中国葡萄酒酒庄联盟秘书长。在此之前，民营企业家张文泉，成为他实现中国葡萄酒"酒庄梦"的关键人物。

2007年2月下旬的一天，张文泉出现在西北农林科技大学葡萄酒学院的办公室时，沈忠勋就没有把这位挖煤发财的"有钱老板"当回事，只打算礼节性地与他接触接触。

同形形色色的人打过很多交道的张文泉，当然看出了沈忠勋的"心不在焉"，但他仍一再与沈忠勋谈建葡萄酒厂的事。沈忠勋有些不耐烦，也不客气，连珠炮似地问了张文泉三个关键问题："你一个煤老板想搞葡萄酒，你知道什么叫葡萄酒吗？投资葡萄酒庄要有足够的资金支持，而且前期投入是很'烧钱'的事，你能投入多少资金？投资葡萄酒产业不是立竿见影的事，很长一个过程都见不到钱，你耐得住寂寞吗？"

按过去的经验，问完这几个关键性问题，财大气粗而又叶公好龙的老板们一般都会知难而退甚或拂袖而去。沈忠勋回忆说："那天问完文泉，我以为他也会走，都准备起身送客了。可他没有打退堂鼓。"

当时的情形虽有些尴尬，但遭遇尴尬的张文泉依旧微笑着与沈忠勋交流："我的确不懂葡萄酒，但我不能搞懂了再做。因为做事不能像做菜，得把所有的料都准备好了才烧锅。不懂，我可以边向你们这样的内行学习请教边做……"

微笑是最具亲和力的介绍信。沈忠勋的心态发生了些微妙的变化，他耐心听张文泉往下说："至于资金，我有焦化厂等企业作后盾。酒庄搞起来，即使十年八年不赚钱也能支撑下去。至于能不能耐得住寂寞，我想应该不成问题……"

尽管张文泉信誓旦旦，沈忠勋仍不看好张文泉投资葡萄酒，只是从业务的角度与张文泉谈了很多。但是，张文泉后来的举动彻底改变了沈忠勋的看法。"他回去后不久，就给我打来电话，说栽葡萄树的地已落实好了。过了十多天，又打来电话说葡萄树已栽下去了。我还有些不信，从学校驱车四个多小时到乡宁县城北垣实地一看，真让我吃惊不小。去后，听我说葡萄树需有水源保障，张文泉又花1 700多万元在三个月之内就修建成一座可蓄水60万米^{3}的水库，建成总扬程达380多米的抽水配套设施，并铺设了葡萄园滴灌网线，解决了区域内6个村委会18个自然村葡萄种植基地的灌溉问题。又投资90万元解决了区域内6个村委会18个自然村1 100余口人的生产、生活用水问题……"

沈忠勋被感动了！在西北农林科技大学葡萄酒学院供职的十几年里，他曾走访北京、上海、江苏、浙江、广东、河北、山东、新疆、宁夏、甘肃、内蒙古等地100多家酒店及商务会所。他发现，中国几乎半数以上的葡萄酒市场都被进口葡萄酒占据，中国葡萄酒在中低端市场更具竞争力的年代已经过去，国产葡萄酒原来的价格优势也已不复存在。为此，他曾大声疾呼：中国的葡萄酒需要突围！但应者寥寥。

张文泉的行动，使沈忠勋觉得一支突破进口葡萄酒重围的生力军的带头人已经出现，他觉得自己遇上了一个愿意为发展中国葡萄酒事业作出奉献的知音！

成功者之所以成功，是因为他具有超凡的接受能力与领悟能力，更重要的是他具有超强的执行力。尤其是 21 世纪的今天，任何人都清楚，中国经济形势在变，传统企业正在遭受 30 年来最严峻的"瓶颈"时期。趋势是发展需要、大众所向，规律虽然古今不变，规则却随时会变。因此，未来社会中不懂得、不善于学习的人，不愿意、不善于改变思想观念的人，还沉浸在过去式里沾沾自喜的人，一定会被这个时代越甩越远。

沈忠勋承认，2007 年 12 月他和西北农林科技大学葡萄酒学院几位领导和专家、教授的乡宁县城北垣之行，成了他以及他所在的葡萄酒学院与一位企业家携手共筑中华民族葡萄酒崛起之梦的起点。

那之后，沈忠勋、张文泉二人间的称呼发生了微妙的变化：沈忠勋不再客气地称张文泉为"张董事长"而叫他文泉，张文泉则叫沈忠勋为大哥，二人的关系由此变得亲密无间。

了解实际情形的人说，沈忠勋把酿造中国最好葡萄酒的理想以及打造世界一流葡萄酒酒庄的"唯一希望"寄托在戎子酒庄身上，使合同式契约关系变为朋友关系，之后升华为兄弟关系，成为酒庄"庄主"张文泉的"特聘高级教练"。这个说法其实并不完全准确，但应该说，将葡萄酒纳入中国文化议题并体现在戎子酒庄身上，的确有沈忠勋的诸多想法——与张文泉一拍即合的想法。

金钱面前，张文泉心如止水，已近于无欲无念的佛家境地。他说，生意场上，人心才是一笔无形资产，才是一笔不可忽视的巨大财富。经营人心才是事业健康、持续发展的关键。

是啊，世人无不追求金钱和成功，而成功的支点是什么？人们也许可以找出许多种成功的支点，但如果作一次彻底的清理，你就会惊奇地发现，在所有的支点中，只有人、人心以及人的才智是最根本、最核心的。有了人、人心和人的才智，就可以获得很多东西。没有人、人心和人的才智，即使有财富、有权力，也会在顷刻间丧失殆尽。才智存于何处？才智不在书本里，不在机器中，也不在其他物体中。真正的才智只存在于人的头脑中。因此，如果说成功的支点是人、人心和人的才智的话，那么这支点并不是才智本身，而是拥有才智的活生生的人。

伟大的革命家、思想家毛泽东说："政治路线确定之后，干部就是决定的因素。"古代兵圣孙子则说："知兵之将，生民之司命，国家安危之主也。"古代政治家韩非子则说："任人以事，存亡治乱之机也。"现代社会普遍认为，在人类社会所有的竞争中，最重要、最根本的竞争，是人的竞争；最重要的决策，总是伴随着人事决策；成功的领导者最主要的能力，是发现人才、培养人才、团结人才和使用人才的能力；世界上最重要的财富并不是黄金、钻石，也不是土地或其他，而是人才；世界上最不能容忍的浪费，就是人才的浪费。如果赞成"人才是一切事业成功的支点"这一观点的话，那么用人的艺术，无疑就是用这个支点"撬起整个地球"的杠杆。

用人的艺术，就是成功的"金杖"。古往今来，无论中外，凡成大事、成大业、成大功者，无一例外地均是善于用人者。无论做什么事情，都需要用人。如果说世上有各种各样的竞争与较量的话，人才的竞争与较量才是最关键、最重要、最实质、最根本的竞争与较量。用人艺术高人一小步，成就、成效、成绩就会高人一大步。汉朝的开国皇帝刘邦在总结自己成功的经验和项羽失败的教训时说了一段精彩绝伦的话："夫运筹策帷帐之中，决胜于千里之外，吾不如子房。镇国家，抚百姓，给馈饷，不绝粮道，吾不如萧何。连百万之军，战必胜，攻必取，吾不如韩信。此三者，皆人杰也，吾能用之，此吾所以取天下也。项羽有一范增而不能用，此其所以为我擒也。"这是一个非凡政治家的切身体会和对历史的洞察。

张文泉非常清楚，无论任何事，都得人去干。一个人也许能干两个、三个甚至更多个人的工作，但一个人绝对成不了两个、三个或更多的人。每个人的能力总是有限的。"即使全身是铁，又能打多少颗钉子？"因此，若想要一个组织、机构保持无尽的生机与活力，用人艺术是不二法门。谁拥有用人艺术，谁就能充分发挥人才的最大潜能，做到活用人、巧用人、用活人、用好人，也就必然地会在激烈的竞争中始终掌握主动，从而拥有光辉灿烂的未来。而要得人，最重要的是要会"经营人心"。

张文泉认为，"经营人心"说起来似乎简单，但真正做起来、做好，可不是件容易的事。因为人和人不同，百人百性，千人千面，背景不同，所处环境不同，性格爱好不同，追求也不同，很难一一洞悉，一一掌控，更难一一满足。更何况每个人都是生活在社会中的活生生的"个体"，都会随时随地发生千变万化。因而著名实业家李嘉诚先生说："世人之心，实在难以做出精确的考量。你唯一要做的就是调整好自己的心态，不被外力击伤，而能以平衡心、快乐心专心于自己决定要做的事。这才是做智者的一等功夫。"张文泉"经营人心"最根本的支撑，靠的是他为人厚道、仗义、大气和对人的信任，靠的是他总是将心比心、真诚相待。

张文泉就是这样一路走来，建立起自己强大的人脉网络。

张文泉十分清楚，人脉不是你认识多少人，而是有多少人认识你，关键是有多少人认可你！人脉不是你和多少人打过交道，而是有多少人愿意主动和你打交道！人脉不是你利用了多少人，而是你帮助了多少人！人脉不是有多少人在你面前吹捧你，而是有多少人在背后称赞你！人脉不是你辉煌时有多少人在你面前奉承你或追随你，而是在你落魄时，有多少人愿意帮助你并不离不弃地追随你！若想拥有强大的人脉，就必须做到：

学会换位思考，学会适应环境，学会大方待人，学会低调做人，学会赞美他人，学会礼貌待人，学会时时检讨自己，常怀感恩之心，常怀敬畏之心，待上以敬，待下以宽，切记信守诺言……

在这方面，沈忠勋和张文泉十五年的合作，堪称典范，也成为戎子酒庄广为传颂的佳话。

与国际一流水准的无缝"链接"

建设高品质的酒庄，是中国葡萄酒从低端向高端迈进的必由之路。按照张文泉的"戎子酒庄酒公式"，戎子酒庄必须高标准、高起点组建一流的技术团队，葡萄酒酿造必须与国际一流水准无缝"链接"。为了真正与国际接轨，直接借助国际一流酒庄的成功经验，减少探索周期，少走或不走弯路，尽快酿造出世界一流的葡萄美酒，在建立优质葡萄种植基地的基础上，张文泉和他的戎子酒庄一心要在世界一流葡萄酒庄中挑选酿酒大师——严格按照"戎子酒庄酒公式"行事，从一起步就追求自身产品的完美。

许多参观过戎子酒庄的人都有这样的"观感"：这不是一个简单的旅行地！之后便是接二连三的感叹。

第一声感叹：这企业，这转身，未免太华丽了吧，直接接轨法国葡萄酒酿酒业，具有全球视野、世界眼光、国际元素、国际水准，不可思议。

第二声感叹：这酒，这历史，这文化，结合点也找得太恰到好处了吧，无缝链接！

一家县域民营煤焦企业，2005 年就意识到了必须转身，开始种葡萄。到 2007 年创办戎子酒庄时，葡萄已经种植 500 多亩。这无疑是另一种基于系统论、运筹学和优选法基础上的缜密思维达成的又一个"无缝链接"！

命名"戎子"，贯穿了太多历史传说和故事。一代霸主晋文公重耳的母亲叫戎子，她嫁给晋献公之后曾在乡宁一带生活了长达 12 年。戎子在一次和妹妹采摘葡萄过程中，偶然发现了酿制葡萄酒的"技术"。2 700 多年前的葡萄被称作"葛藟"，葡萄酒则被唤作"缇齐"。乡宁地形较平缓，地理位置、气候、土壤、地势和适宜的降水、充足的光照、良好的排水通风条件等，都为优质葡萄酒生产提供了绝佳的条件。单是"戎子酒庄"这名字，已经让人汲取了浓厚的历史滋养。

"戎子"与代表西方葡萄酒文化的法国酿酒师让·克劳德·柏图（Jean-Claude Berrouet）的牵手，是"轰动效应"的焦点。

在沈忠勋的极力推荐下，2010 年 8 月 27 日，张文泉与让·克劳德·柏图先生签署聘任协议并向其颁发聘书。"当代葡萄酒王"的首席酿酒师成为戎子酒庄的首席酿酒师，这是一次东西方文明和葡萄酒文化的牵手！

"酒庄梦"越来越近了

戎子·酒庄要酿出具有民族文化特色的葡萄酒，需要时间的检验——需要在强手如林的世界葡萄酒界"过五关斩六将"。在 2009 年全国葡萄酒昆明品酒会上，戎子酒庄用 2 年生赤霞珠葡萄试酿了一批酒，在国内众多葡萄酒盲评中，其色度、口感均受到好评。

2016 年 4 月 22—23 日，由国际葡萄与葡萄酒组织（International Organization of Vine and Wine, OIV）、中国酒业协会、西北农林科技大学葡萄酒学院主办的第九期国际葡萄与葡萄酒研讨班暨山西葡萄与葡萄酒产业发展论坛在戎子酒庄举办。OIV 总干事让·马赫·奥郎德（Jean-Marie Aurand）先生在开幕式致辞中，对戎子酒庄作了如下评价："戎子酒庄极具中华民族风格的建筑使我感到震惊；戎子酒庄已具备酿造世界一流葡萄酒的所有条件；戎子酒庄目前的葡萄酒可以和世界任何产区的葡萄酒相媲美；戎子酒庄葡萄酒质量还有极大的提升空间；戎子酒庄可以成为中国的示范酒庄。"如此高度的肯定与专业化的评价，令所有与会者在感到惊讶之余又无不致以会心的微笑和自然而然的热烈掌声。

如今，戎子酒庄的酒窖，看外观，是一排飞檐斗拱的门脸，进去却别有洞天——世界上最大的黄土窑洞酒窖之一。戎子酒庄独创的这种酒窖，为的是解决葡萄酒陈酿过程中温湿度控制长期大量消耗电能的问题。戎子酒庄寻求节能环保的储酒空间，创造性地设计建造黄土储酒窑洞，黄土窑洞恒温恒湿，窑洞里温度保持在 10～16℃，相对湿度保持在 50％～60％，完全可以满足葡萄酒陈酿需要。

为了葡萄种植更加科学规范，确保葡萄生产质量，戎子·酒庄主动申请地理标志产品保护，有助于提高葡萄酒质量并保障其质量的稳定性。在此基础上，他们起草并由有关部门颁发了山西省农业地方标准《酿酒葡萄生产技术规程》。为了保障葡萄酒的安全，戎子酒庄不仅严格执行 ISO9000 标准化管理，同时，开展由土地到餐桌全产业链的安全危险点分析与控制，建立了葡萄酒安全可追溯系统。

沈忠勋始终坚定地认为，未来中国葡萄酒市场，最具潜力的将是黄河岸边的戎子·葡萄酒。担任中国葡萄酒酒庄联盟秘书长多年的沈忠勋，看到中国大地上成长起来的 600 多家葡萄酒酒庄，感到无比欣慰——因为这离他"酒庄梦"的实现越来越近了。但他却似乎完全忘记了自己的年龄、身体。

1954 年出生于陕西富平的沈忠勋时刻关注着中国葡萄酒生产与科技发展，思考着中国"酒庄梦"怎样实现，还不忘给有关管理部门、葡萄酒厂家随时"支招"，每年都要到全国重点葡萄产区和葡萄酒酒庄走一走、看一看，提出建议，推荐新科技、新人才……

当然，他去得最多的，仍是山西戎子·酒庄。

开 拓 者

赵惠燕教授正在贫困山区开展科技培训

漫漫长征路

2020 年 6 月，刚刚退休的西北农林科技大学植物保护学院教授赵惠燕等在科学出版社出版了一部生命科学前沿及应用生物技术方面的专著《有害生物生态管理的突变理论研究与系统控制》，被中国科学院数学与系统科学研究院数学研究所研究员、"中国生物数学之父"、中国数学会生物数学学会名誉理事长陈兰荪，中国工程院院士康振生教授等业内专家称赞为生物数学的又一部开拓性著作。陈兰荪、康振生、袁锋、袁志发等业内专家分别为这部著作作序。

屈指算来，赵惠燕为了这部该学科国内第一本拓荒性著作的问世，经历了漫长的40 年风霜雨雪。称之为一个科学长征，也不为过。

1955 年 6 月出生于陕西铜川的赵惠燕，高中毕业就去铜川黄堡"上山下乡"，1977

年进入西北农学院农学专业深造，毕业时被留校，分配到该校植物保护系从事昆虫生态及系统生态技术教学、研究、社会服务工作。

可谁能想到，当时只有 24 岁的赵惠燕去报到时，竟然是抹着眼泪去的。原因是她从小就特别害怕昆虫，对昆虫有一种天生的生理畏惧与抗拒。然而那时工作实行分配制度，她自己没有多少选择的余地。好在她报到时，汪世泽教授为了安慰她，说她将来从事的工作第一是要数学好，第二是要外语好，排在第三位的才是昆虫学相关知识。这才让她感到心头有一丝宽慰。

从此，她沉下心来，兢兢业业地干一行、爱一行、专一行。1992 年她获得硕士学位，1993 年晋升副教授，1996 年获得博士学位，1997 年晋升教授，一直从事教学、科研、管理、社会服务等工作。重点是昆虫生态学教学与研究，承担过昆虫生态学、昆虫研究法、昆虫生态与测报等 13 门课程的教学任务，主编教材 18 种，开发软件 5 套，培养研究生 146 名，荣获省级教学成果奖等 13 项，主持国家自然科学基金、高校博士点基金、中德/中美国际合作项目等 56 项，发表研究论文 360 多篇，出版专著 12 种，32 项科研成果获省部级奖项。

早在 20 世纪 80 年代初，她参加的"棉蚜体色分化与季节生物型研究"和"重要蚜虫种群动态预测"研究课题分别获得陕西省高教科研三等奖，主持的"蚜虫突变预测与优化管理研究"项目荣获厅局级科技进步奖二等奖。20 世纪 80 年代撰写发表在《科学通报》等期刊上的研究论文《应用突变论研究麦蚜生态系统的防治策略》《温度对萝卜蚜生物学特征的影响》《利用尖角突变模型确定病虫害发生的趋势及防治对策的研究》，得到中国科学院动物研究所丁岩钦研究员等的称赞和引用，说中国学者已经开始突变理论的研究，并称之为"是一个非常好的、能够解决我们病虫害预测预报问题"的研究。

这，成为她研究生物突变理论 40 年长征的开端。

到 1995 年，她已发表有关突变理论的研究论文十多篇。

因为她忘不了马克思所说的一句话："一种科学只有在成功地运用数学时，才算达到了真正完善的地步。"

自然界中存在大量由连续运动导致的不连续突变现象，如地热的渐变运动和地壳的渐变运动导致的火山爆发、地震、泥石流，大气运动与海洋动力学驱动导致的海啸、台风，各种渐变极端环境条件导致的 DNA 分子突变、病虫害暴发流行等，传统的微积分及统计学方法难以描述其规律，而突变理论却可以解释这些现象。但在研究和实际应用中又存在诸多"瓶颈"，比如势函数难以用解析式表示，不易选出合适的控制变量——因为初等突变模型仅有 4 个控制变量，而生物生态系统实际有无数个控制变量，加之突变区域难以量化、原始数据（如地壳运动参数、深海涡流数据等）难以获取、某些控制变量如气象信息本身也存在突变现象而难以预测等，严重影响着突变理论的研究及应用。基于长期从事昆虫生态与测报等课程教学和昆虫生态与测报计算机应用程序库研究与建设的经验，赵惠燕早在 20 世纪 80 年代末就产生了将数学与有害生物生态管理的突变理论研究及系统控制相结合并撰写专著出版的想法，并在 20 世纪 90 年代拟定了大纲雏形。但后来她担任西北农林科技大学植物保护学院副院长，每天疲于教学、科研、管理、社会服务等诸多工作，多次提笔终难成稿，又深感突变理论本身及应用过程中存在诸多难点和问题，加上生物学研究者们的数学素养有限，以及突变预测资料难以获得，影响有害生物的诸多因素之间不独立、控制变量不易选择、势函数模型难以建立、奇点分析的视觉效果难以表达等困难，要形成专门论著困难重重。

要想让生物学与数学结缘，必须具备丰赡的知识。其中数学理论基础，包括集合论、概率论、统计数学、对策论、微积分、模糊数学、线性代数、矩阵论和拓扑学，还包括一些近代数学分支，如信息论、图论、控制论、系统论等。数学的几乎所有分支都已经渗透到生物学中，并产生了许多对理论数学不具有普适性，但却很适合解决生物学问题的专门技巧与方法。由于生命现象十分复杂，从生物学中提出的数学问题往往更复杂，需要创新并进行大量建模、推导和计算。因此，电脑也是生物数学产生和发展的基础，当然也成为生物数学研究和解决生物数学问题的重要工具。因此研究生物数学，也得是计算机方面的内行。然而就整个学科的内容而言，生物数学需要解决和研究的本质方面仍是生物学问题，数学和电脑仅是解决问题的工具和手段。因此，生物数学与其他生物学边缘学科、交叉学科一样，通常被归属于生物学而不属于数学。

在我国，生物数学萌芽于 20 世纪 60 年代。

生命活动常以大量重复和周期循环的方式出现，同时伴随着许多随机因素。由于生命现象的随机性需要用概率统计方法进行研究。同时世界上一切事物都是相互联系、相互制约的，生命现象尤为突出，那些片面的、孤立的、机械的研究方法当然不能满足生物学的需要，而要从事物的多方面和相互联系的水平上，对生命现象进行全面的研究，因此，需要用综合分析的数学方法。又由于生命物质的结构和生命活动的方式往往是不连续的、间断的，甚至是突变的（如生物的遗传性、变异性、亲缘关系），生物的分类、细胞的图像、植物叶片的形状等又都是离散的，因此，生物学中出现了许多不连续的、离散的数学方法。更因为生命现象中存在着更多的模糊性，如哺乳动物血液在血管中的流动、鱼的游泳、鸟和昆虫的迁飞、动物精子的活动等都存有模糊现象，从这诸多的模糊现象中去寻找客观存在的规律性，需要用到数学中的模糊集理论。更何况生命现象十分复杂，时常出现无法用数值表示的特性，称之为非数值特性。为了从根本上解决生物科学提出的问题，适应生命现象复杂多样特性的需要，必须触动经典数学的根基，打破传统数学的基本结构，使其不再拘泥于实数集合上的实值函数。这是生物数学的本质性特点。比如在农田生态系统中存在有大量有害生物以及它们的天敌和中性昆虫，生物多样性十分丰富。其中有害生物亚群落中与农业生产有关的病虫害就有上千种，重要的病虫害种类超过 120 种。它们的突然暴发或突然销声匿迹常常给农业生产带来意想不到的后果，特别是外来入侵的病虫害与杂草等，在入侵地突然暴发、肆意为害，给农业生产带来巨大损失。尤其是全球气候变化对生物造成新的选择压力，有时导致农业重要病虫害发生规律产生变异，造成巨大的生物灾害，给有害生物的生态管理和预测预报带来新的挑战。

为了对这些生命科学现象进行生物数学研究，赵惠燕在原有的较好的数学基础上，利用工作间隙时间，在校内旁听了多轮高等数学、微积分、生物统计、数理统计、线性代数等系列课程，尤其是周静芋教授讲授的高等数学、微积分、线性代数等课程，对她影响深远。

在自学数学的基础上，赵惠燕凝聚国内外相关同行，逐步建立起一个国际化的研究团队。其中国内有西北农林科技大学理学院的李祯、陈小蕾、张良、郑立飞等从事高等数学教学与研究的人，也有她所在的植物保护学院的李媛、胡祖庆、胡想顺、张宇宏，还有鞍山师范学院数学与信息科学学院的赵立纯、刘敬娜，西安工商学院魏雪莲，吕梁学院计算机科学与技术系冯露之，华南师范大学生命科学学院都二霞，延安大学生命科学学院罗坤，山西师范大学生命科学学院赫娟，山东省农业科学院植物保护研究所高欢欢，河南科技大学王春平，陕西省生物农业研究所洪波、张锋，广东省生物资源应用研究所李军，杨凌农业高新技术产业示范区气象局王百灵。国外则有德国马普学会动力学与自组织研究所吴问其，斯里兰卡卢哈纳大学农业技术学院 MDMK Piyaratne。

她给陆续招收的每个研究生、留学生都压任务，赶着、逼着他们拿出"愚公"的精神，每天"挖山不止"朝着这个方向努力，为最终专著的形成打下了坚实基础。好在团队所有成员都非常努力，将诸如折叠型、尖点型、燕尾型、椭圆脐点型、蝴蝶型、双曲脐点型、抛物脐点型七种类型的突变理论及其应用的难点一个一个地攻克了下来。其中最早师从她从事突变研究的是她的硕士研究生魏雪莲。魏雪莲本科阶段学习的是生物数学，基础很好。但面对课题的巨大压力，仍然每天刻苦钻研，有段时间每天小脸瘦得蜡黄，面露疲惫不堪的神色。作为导师，赵惠燕十分心疼，时常给她解压，最终指导她攻克了燕尾型突变模型，她毕业后供职于西安工商学院。另一个让赵惠燕心疼的博士研究生李媛为了攻克她布置的多维变量的双曲、抛物脐点型突变模型，不管严寒酷暑还是节假日休息时间，都在不停地钻研，整天坐在办公室中，一天又一天，一周又一周，一月又一月，一年又一年，直累得腰椎间盘突出不得不住进医院……李媛毕业后留校在西北农林科技大学植物保护学院任教。赵惠燕招收的博士留学生 MDMK Piyaratne 是斯里兰卡卢哈纳大学农业技术学院从事计算机生物学教学与研究的讲师，正好熟悉生物数学与计算机程序设计，也为这部专著的撰写出了不少力气。在她的团队独立研究突变理论30 多年后，鞍山师范学院数学与信息科学学院数学家赵立纯女士加盟她的研究团队，赵立纯不仅在突变模型建模方面有丰富的经验，而且在系统控制研究应用方面颇有心理，这为她的研究团队更添力量。

其实这只是赵惠燕教授工作的极小部分。就是这个极小的部分，却前后花费、占用了赵惠燕人生 40 多年的光阴。多少节假日，放弃了；多少休闲、娱乐时间，占用了；多少脑细胞，耗损了；多少体能，消耗了。为了一部区区 180 多页、15 万字的开创、开拓性专著，她失去了太多太多。

然而她又觉得收获满满。回首 40 多年探索有害生物生态管理的突变理论研究与系统控制的学术历程，她先后经历了"昨夜西风凋碧树，独上高楼，望尽天涯路"、"衣带渐宽终不悔，为伊消得人憔悴"和"众里寻他千百度，蓦然回首，那人却在，灯火阑珊处"这三重境界。她又感觉很值得。更何况，在开拓创新的路上，在攀登科学高峰的征程中，有以她为代表的中国科学家、中国女性科学家的身影、见证和记录，有中国科学家留下的攀登足迹和贡献，她又为此感到自豪和满足。

关山重飞度

除了完成《有害生物生态管理的突变理论研究与系统控制》这一看似体量不是很大实则拓荒十分不易的开拓性创新性"工程"之外，赵惠燕还完成了另一项创新性"工程"——同样是一次科学长征，这就是《昆虫研究方法》的两度出版。

这是中国第一部关于昆虫科学研究方法论的开拓性专著。

只有依据原理的方法，才能真正改造世界。方法论，是关于人们认识世界、改造世界的方法的理论。方法论又分为"方"与"法"两个方面。"方"是原理，"法"是基于原理的具体方法。二者结合才是方法，才可帮助我们达成目标。

我们常说教人知识不如教人方法。正所谓"授人以鱼，不如授人以渔"。知识容易固化，而方法则类似于指导哲学，可以举一反三，触类旁通。

2010 年由科学出版社出版的第一版《昆虫研究方法》，系普通高等教育"十一五"规划教材，深受广大读者喜爱，并且也是全国性合作的成果。参与编著的成员以西北农林科技大学的教师为主，还吸收华中农业大学、西南大学、山西农业大学、北京农学院、福建农林大学等高校同行参与。

2022 年出版的第二版《昆虫研究方法》，则在第一版的基础上，增加了近年发展起来的诸如"3D 打印"等 20 多种应用较普遍的新理论、新技术、新方法，力求内容精炼和可操作性强。不仅内容几乎是第一版的两倍，而且也同样是全国性合作的成果。

第二版《昆虫研究方法》全书十六章分为四部分，从不同角度描述昆虫研究方法。第一部分论述定性、定量的基本昆虫研究方法，包括观察设备与种类鉴定方法；昆虫形态学研究方法（包括 3D 打印技术）；昆虫采集、生态学调查、数据处理方法（包括大尺度生态学调查和数据处理方法）；昆虫生存环境的测量与控制方法；昆虫分子生物学基础研究方法等。第二部分讲述活体昆虫的实验研究方法，包括两性生命表研究技术、刺探电位技术和昆虫雷达技术。第三部分介绍昆虫共生菌和群落及系统研究方法，包括近年发展起来的时空替代技术、FACE 技术等。第四部分介绍昆虫信息学方法及昆虫学科技论文写作规范。

《昆虫研究方法》为科学出版社"十四五"普通高等教育本科规划教材，本书还创造性地以二维码形式配备了大量彩图、视频、文档等数字资源，既可作为高等院校植保、生物、农学、医学等相关专业的本科生教材，也可供相关领域的研究生、教师、科研人员及昆虫爱好者参考使用。

人们简直不敢相信，身形娇小的她，何以蕴藏着如此巨大的能量，竟然能以如此顽强的精神和毅力，连续出版两部开拓性专著！

扶贫挺铁肩

她长期利用工作业余时间，投身科技扶贫和脱贫攻坚滚滚洪流之中。称之为"扶贫长征"也并不为过。

在西北农林科技大学，见证过中国扶贫历程的人很多。赵惠燕教授是其中一位典型代表。

赵惠燕教授不仅是其中的一位亲历者，而且是从 1992 年就涉足科技扶贫的科学家。近 30 年科技扶贫亲身亲历的实践，让她见证了中国扶贫工作前所未有的发展和成果，感受、感慨颇深。她还曾在北京人民大会堂向当时的国务院总理温家宝汇报大规模开发式扶贫、整村推进式扶贫成果及经验体会。

通过近 30 年科技扶贫亲身实践，赵惠燕深深感到新中国成立 70 年来，我国扶贫事业先后经历了小规模救济式扶贫、体制改革推动扶贫、大规模开发式扶贫、整村推进式扶贫、精准扶贫五个阶段，实现了我国农村扶贫工作由粗放扶贫向精准扶贫的转变。尤其是过去 30 年，世界贫困人口减少了 6 亿多，如果不包括中国，世界贫困人口基本没有变化，甚至非洲的贫困人口还在上升。所以说中国扶贫带动着世界，近 30 年世界减贫的成功，主要是中国的功劳。其中科技扶贫功不可没。

1992 年，赵惠燕参与西北农业大学承担的联合国开发计划署项目，在陕西乾县进行科技扶贫，同时作为专家被云南、贵州、甘肃、青海、河南、广西等省份贫困县邀请进行科技培训。当时全国有 500 多个国家级贫困县，7 000 多万贫困人口。赵惠燕去过的贫困村没有一个通了村公路的，农户住的是茅草屋、破窑洞，村容村貌很差，农民生活十分艰苦且劳动繁重，收入不高。在当时，赵惠燕的角色是"政府搭台我们唱戏"，"尽管我们设计了很好的培训方案，但是由于培训面太广，针对性不强，培训地点大多集中在县城或乡镇，培训时间大多集中在白天，很多远离城镇的农民特别是农村妇女根本没有可能参加培训，但实际操作的大多又是农村妇女，所以效果不是很好"。培训教师常常是比较被动地被邀请去培训，主动性和积极性也不高。1997 年，联合国开发计划署项目结束后，赵惠燕获得了一些扶贫项目和资金，他们的科技扶贫逐渐由被动变为主动。当时他们选取陕西省淳化县孙家咀村作为科技扶贫整村推进的第一个项目村，正好契合了我国整村推进式扶贫开发工作方式，可以说他们是最早开展整村推进科技扶贫的先行者之一。

在实践中，他们发现中国农业女性化、农业劳动家务化的现象十分普遍。针对这一现状，他们将重点放在培训农村妇女上，让农村妇女成为科技的直接受益者。

实践证明，他们这样的科技扶贫是事半功倍的。那时候，他们团队分成 4 个培训小组，每组都带有一个投影仪、手提计算机，培训基本上都安排在晚上，在农家小屋或小院中进行，具体培训时间和内容都由村民们决定。这样，生产一线的所谓"386199 部队"——也就是农村留守的妇女、少年儿童、老人都能参与，效果特别好。由此，他们创立了中国特色的农业科技传播推广模式和方法，并在陕西白水、蒲城、眉县、略阳、宁强、麟游、永寿、长武、合阳等县以及西部地区 30 多个县推广。在这种中国特色的科技扶贫模式中，村民是项目的主体，所有项目内容由他们决定，所以，项目内容来自全体村民的需求，村民都要参与项目的立项、执行、管理、受益和评估；科技培训的具体内容、时间、地点由村民决定；科技人员不是"救世主"，而仅仅是农村、农业发展的协助者；当地农技人员是科技传播的主体。尽管当地农技传播人员知识老化、没有接受过农技传播理论与方法的专门训练，但用他们在实践中创立的模式和方法，取得了贫困农民收入大大提高、农村妇女自信心提升、化学农药和肥料使用率降低等显著的扶贫效果。陕西省淳化县孙家咀村暗桥组女村民秦银霞针对他们的培训，写了一首诗，表达自己的心声：

人小心红志气大，可惜自己没文化。
只能提笔记个子（字），表达心里苦闷呀！

各位老师您（你）们好，奋长（非常）感谢您教导。
交（教）的知识万分好，学在心里永记牢。

离家三天来开会，家里的啥全放下。
回家问你学的啥，你用金钱买不下。

2003 年，赵惠燕被选入在北京人民大会堂向温家宝总理报告他们的科技扶贫成果。

2008 年，陕西省政府对他们的模式给予肯定，并将他们的模式用内参上报国务院，由此推动我国农业技术传播体制的实质性改革，赵惠燕也被陕西省政府聘请为培训师。

与此同时，我国确定了 14.8 万个贫困村，开展了整村推进扶贫工作，扶贫资金、扶贫政策直接向贫困村倾斜，改善了贫困村的生活条件，提高了贫困村村民的收入水平。

2012 年，赵惠燕又将气候变化对贫困村的影响引入科技扶贫中。他们调查了 7 个县的贫困村在气候变化中的脆弱性、易损性，为贫困村的发展和脱贫提供技术、农资和实时培训，为新农村建设"支招"。项目结束时平均每个村民减排二氧化碳 14.61 吨，人均收入提高，社区发生巨大变化。赵惠燕因此被邀请参加联合国可持续发展大会（"Rio＋20"峰会），再次见到了温家宝总理，并当面向温家宝总理汇报工作。

2008 年开始，赵惠燕教授在做好自己教学科研本职工作的同时，开始了在宁强县王家沟村、麦子坪村，略阳县猫儿沟村等村的精准扶贫工作。在国家精准扶贫战略的指导下，项目结束时，当地贫困户全部摘掉了贫困帽子。而他们争取来的扶贫资金，累计已经超过 3 000 万元。

近 30 年科技扶贫经历，赵惠燕不仅从实践中学到了很多，而且也获得了许多荣誉：杨陵区、陕西省、全国三八红旗手，巾帼建功标兵，优秀科技服务工作者等。同时也发表了 20 多篇科技扶贫相关论文。《中国妇女报》《陕西日报》《农业科技报》多次报道他们团队科技扶贫的成果。

赵惠燕教授深深体会到，科技扶贫必须坚持党的领导，这是脱贫攻坚的坚强政治保障；坚持农业高新技术与扶贫工作相结合，是提高农民收入的重要保障。吸纳农技专家、志愿者参与科技扶贫，有助于形成脱贫攻坚合力。精准的科技扶贫是以村民为中心的发展，一定要把村民的利益和需求放在科技扶贫工作的核心位置。没有这些，科技扶贫就没有也不可能取得今天这样的成就。

由赵惠燕团队牵头实施的资助项目，帮助合阳县甘井镇赵家岭村村民摆脱贫困，提高收入。主要通过参与式技术培训，提高村民产业技术水平和环保、有机食品理念；通过合作社培训建立花椒生产专业合作社，协助村民销售花椒等农产品；通过提供有机生物肥料、生物农药等农资，提高有机花椒生产品质，减少化学肥料和化学农药的使用；通过妇女能力培训，提高妇女参与社区发展的能力；通过垃圾分类处理等培训，改善村民生活条件。截至 2019 年年底，村里已经进行了 2 次技术培训和 1 次合作社培训，项目进展顺利，成果显著，受到当地村民的热烈欢迎和积极响应。

巾帼竞风流

1992 年，赵惠燕牵头在杨陵区组建了陕西科富农村妇女科技服务中心。算起来，在乡村振兴道路上，她带领该中心已经走过了 30 多年历程。

1992 年，西北农业大学主持了联合国开发计划署项目，该项目的三个主要内容之一是妇女发展，由此赵惠燕牵头在杨陵成立了由 10 名女博士、女教授组成的妇女发展小组（WID 小组），开启了乡村振兴之路，为陕、甘、宁乡村进行科技培训，提升农村妇女的科技能力。

1996 年 9 月在陕西省妇联的倡导下，地处杨陵的 8 个农业科研院所和西安市农业科学研究所等单位的女专家、女学者联合成立了陕西农村妇女科技服务中心，开展"农业科技大篷车"活动，在那些最贫困、最需要振兴的地方，开展唱村歌以凝聚人心、提高科学技术能力发展产业、增进妇女能力（提高妇女领导才能等）、促进环保（"一建三改"）、打品牌（绿色、有机产品）等一系列活动，使陕西省淳化县大店乡孙家咀村的羊、果产业，陕西白水县史官镇丰乐村的猪、果产业，陕西宁强县巴山镇王家沟村、麦子坪村的猪、菜产业，陕西略阳县徐家坪镇猫儿沟村的鸡、食用菌产业，陕西乾县铁佛乡的果、粮产业得到发展，村民收入提高、走向小康。该中心志愿者 30 年来积累了丰富的经验，并将其传播推广至全省。她们完全凭的是一腔对农业的热爱，对专业的追求和社会责任感、使命感，挤出业余时间为乡村振兴服务，其中有许许多多可歌可泣的故事。

赵惠燕曾于 2012 年应联合国妇女署邀请，作为全世界 13 名平民代表，参加了"Rio＋20"峰会。会上，她作的报告中，完成了两个任务：一是审核大会成果性文件，检查报告中有无侵害妇女权益的内容；二是提出自己的主张。赵惠燕作为中国妇女代表提出了四个主张：一是各国政府不能只在口头上减排，而是要制定切实可行的减排措施，确定出数量指标，联合国应该有监督和检查报告；二是全世界要控制化学农药工厂、化学肥料工厂的数量，这样才能做到减少环境污染和二氧化碳排放；三是妇女要参与决策，特别是在各国国家决策层面妇女应至少达到 40％；四是代表人口占世界人口20％的中国，提出在本次会议上应有同声中文翻译。在与巴西政府会谈时，她认真了解了巴西政府是怎样采取措施将妇女纳入气候变化中考量并且提出建议。她向与会者介绍了自己团队的具体操作方案，时任巴西总理非常认可她的发言。

直到目前，已经退休的赵惠燕教授仍然退而不休、老有所乐、老有所为，利用一切可以利用的时间和机会，参与有关农民技术培训等工作，为乡村振兴战略的实施、为实现中华民族伟大复兴的这个"中国梦"而添砖加瓦。这不，就在 2023 年 2 月 13 日中央

1 号文件发布之际，她带领陕西科富农村妇女科技服务中心的杨凌巾帼志愿者，一边认真学习文件精神，一边于当月 15 日立即行动，到陕西省旬阳市仁河口镇水泉坪村进行稻渔综合种养技术培训，推动乡村振兴。之后她又马不停蹄地奔赴陕西省岐山县雍川镇小营村开展小麦病虫害防治技术培训。

正因为持续数十年投身科技扶贫、乡村振兴等社会服务工作，赵惠燕先后荣获全国和陕西省三八红旗手、巾帼建功标兵、陕西好人、巾帼十杰等几十项荣誉，2022 年又荣获"陕西省妇女领军人物"和"三秦最美科技工作者"等光荣称号。

开拓之路，仍在她脚下延伸。

破 天 功

邹志荣（右一）在杨凌智慧农业谷给参观者讲解

在首个国家级农业高新技术产业示范区陕西杨凌农科城，有个名叫"智慧农业谷"的农业示范园，是上海合作组织农业技术交流培训示范基地。

作为国家级高新技术产业示范区，农科城杨凌肩负着为全国甚至全球提供农业高新技术样板的责任，杨凌智慧农业谷正是这份责任的实力担当。

我国设施农业科学与工程专业的创始人、农业农村部西北设施园艺重点实验室主任、西北农林科技大学园艺学院原院长邹志荣教授就是这个智慧农业谷的总设计师。

一

早在 2017 年，邹志荣教授就带领团队为这个千亩旱区特色设施农业科技示范园的规划设计忙碌着。该智慧农业谷总投资 4.6 亿元，按照智慧农业综合服务中心和智慧农业展示区、休闲农业康养区、高效农业产业化示范区、智能冷链物流区、生态肥研发区"一心五区"进行总体规划与设计，集成了"国内领先、国际一流"的农业新品种、新技术、新设施、新模式 1 000 多个，可满足上合组织国际农业技术交流实训需要。

作为我国设施农业科学与工程专业的创始人，邹志荣如数家珍般介绍说，杨凌设施农业发展从最初的牛耕地马拉车的 1.0 阶段、机械化的 2.0 阶段、自动化管理的 3.0 阶段直到如今 4.0 的智慧农业阶段，始终走在全国设施农业发展的前列，为我国设施农业创新发展贡献了重要的"杨凌力量""杨凌方案"。

近年来，该智慧农业谷已先后与全球 60 多个国家在现代农业领域建立了合作关系，并与哈萨克斯坦、吉尔吉斯斯坦等 20 多个共建"一带一路"国家在设施农业、节水灌溉、花卉苗木种植等多个农业领域合作，累计开展国际交流合作活动 300 余项，在共建"一带一路"国家生根发芽，结出了丰硕果实。

邹志荣向前来参观的朋友们介绍说："每年的中央 1 号文件总像春雨一般滋润着我国农业大地，给农业农村工作者带来温暖和希望。"尤其是提到 2022 年的中央 1 号文件，邹志荣就特别激动："其中一个重要精神就是加快发展设施农业。"他还罗列出文件里涉及设施农业的四个方面的信息：一是保障"菜篮子"产品供给中提出的"大力推进北方设施蔬菜"；二是提升农机装备研发应用水平中提出的"加快大马力机械、丘陵山区和设施园艺小型机械、高端智能机械研发制造"；三是加快发展设施农业中提出的"因地制宜发展塑料大棚、日光温室、连栋温室等设施。集中建设育苗工厂化设施。……推动水肥一体化、饲喂自动化、环境控制智能化等设施装备技术研发应用"；四是大力推进数字乡村建设中提出的"推进智慧农业发展，促进信息技术与农机农艺融合应用"。"这是多年来中央 1 号文件涉及设施农业最多、最全面的论述之一。"邹志荣不无自豪地说。从这些信息中可以看到国家重视设施农业发展已经具体到不同设施结构与环境控制智能化、智能装备与数字化管理等多方面。"可以说，设施农业新的春天到了！"

2002 年，他带领团队成员成功申请到设施农业科学与工程专业，此举不仅填补了我国本科教育在设施农业上的空白，在世界上也是首创，西北农林科技大学也因此成为全国第一个开设此专业的高校。

所谓设施农业，就是指利用工程技术手段和开展工业化生产的农业，设施农业能够为植物生产提供适宜的生长环境，使其在舒适的生长空间内，健康生长，从而获得较高经济效益。设施农业属于高投入高产出，资金、技术、劳动力密集型的产业。它利用人工建造的设施，使传统农业逐步摆脱自然的束缚，是传统农业走向现代工厂化农业、环境安全型农业的必由之路，同时也是农产品打破传统农业的季节性，实现农产品的反季节上市，进一步满足多元化、多层次消费需求的有效方法。

其实，设施农业并不是新近才有的，它在我国有着十分悠久的历史，被人们赞誉为"人可胜天""技补造化"的"破天功"。

中国自古就有园艺。甲骨文中就有"园""圃"等文字。利用保护措施进行早熟或反季节栽培生产，自周代就已有之，当时所产果蔬主要是为满足贵族士绅阶层的嗜好需求。

到秦代，《古文奇字》中就记载有 2 000 多年以前，"秦始皇密令人种瓜于骊山沟谷中温处，瓜实成。使人上书曰：'瓜冬有实'"。现代研究者认为当时是利用陕西临潼骊山的温泉进行冬季瓜类生产。至今该地还有用此法种植韭菜等作物的风习。

据《汉书·召信臣传》记载，西汉时期，"太官园种冬生葱韭菜茹，覆以屋庑，昼夜爇蕴火，待温气乃生，信臣以为此皆不时之物，有伤于人，不宜以奉供养，及它非法食物，悉奏罢，省费岁数千万"。说明早在公元前 33 年中国已经出现温室栽培。

到了唐代，温室蔬菜生产在宫廷和民间都有。《资治通鉴》卷一百九十八记载有唐太宗率兵征东，回师途中经过河北易州（今易县）时，易州司马陈元璹献上利用当地民众半地下室蓄火日夜增温种植的反季节新鲜蔬菜，"上恶其诡，免元璹官"。唐代诗人王建在其《宫前早春》诗中也记载了唐朝利用温泉，在温室内进行早熟黄瓜栽培的情形："酒幔高楼一百家，宫前杨柳寺前花。内园分得温汤水，二月中旬已进瓜。"

唐宋时期，北方地区宫廷和民间还利用火炕增温的办法使牡丹、梅花等花卉提前于春节时开放。其中武则天当政时期牡丹花一夜开放的故事，则更是家喻户晓。

元代《王祯农书》中则有利用马粪发热、遮光软化栽培韭菜的技术记载。

清朝时北京郊区出现了土温室。

到了近代，全国各地均有应用沙土、瓦片、瓦盆、油纸、风障、阳畦以及土温室等简易设施进行设施栽培的记载，并推广阳畦和北京改良式温室。

1958 年东北地区建造了利用大工厂废热的温室，并逐步发展塑料薄膜覆盖技术。20 世纪 60 年代初期，在东北建成占地 1 公顷的大型温室，长春市郊建成占地面积超过 667 米² 的塑料薄膜大棚。20 世纪 70 年代塑料薄膜大棚已在全国普及。

20 世纪 80 年代，除了塑料薄膜大棚外，地膜的发展也极为迅速。1985 年以后全国各地还从荷兰、法国、意大利、罗马尼亚、美国、以色列等国引进具有自控装置的铝合金现代化玻璃温室或塑料薄膜温室。

邹志荣教授介绍，设施农业是利用工业装备武装的现代农业生产的一种方式，是农业工程、环境工程与生物工程融合发展的一种新型生产业态，也是智慧农业与智能装备紧密结合的可控农业。我国设施农业发展迅速，目前面积已达到 6 000 多万亩，占世界设施农业面积的 85% 以上，成为名副其实的世界设施农业大国。设施农业保障了我国城乡居民"菜篮子"长年平稳供应，促进了农民增收与农村经济快速增长，为群众走上致富之路贡献了力量。

邹志荣所带领的设施农业团队多年来在陕西、甘肃、宁夏、青海、内蒙古、河南、云南、广西、四川、新疆等省、自治区有名的现代农业园区里都留下了鲜明的"西农印记"，更与西北农林科技大学所在地——杨凌农业高新技术产业示范区深度融合，创建设施农业的标杆。"我们每隔几年就在杨凌组织设计建设一个现代农业高科技示范园。"邹志荣说。从1999年启动的新天地设施农业示范园，到2008年建立的现代农业产业示范园，再到2019年的智慧农业示范园落地，直到如今旱区特色设施农业科技示范园重点工程建设，这些示范园展示了设施农业的高新技术，也辐射带动了我国现代农业的发展。

在新时期加快设施农业发展是党中央的号召，也是乡村振兴的需要。邹志荣说，2022年的中央1号文件激发了广大设施农业工作者的热情和干劲，我们要为落实党中央的号召贡献自己的力量。一方面，要做好高校老师的本职工作，培养有理想、有创新能力的设施农业专业人才。另一方面，要将设施农业发展深入融合到设施农业生产第一线中，不仅要针对产业发展中存在的问题开展科学研究，而且要把研究的成果尽快转化为生产力，推动设施农业产业快速发展。

早在2018年，杨凌示范区就通过校区融合推动智慧农业示范园建设，西北农林科技大学园艺、水建、机电、经管等多个学院的专家团队参与其中，并于2019年农高会期间作为上海合作组织现代农业实训基地正式对外开放。

2019年6月14日，国家主席习近平在比什凯克出席上海合作组织成员国元首理事会第十九次会议，提出"中方愿在陕西省设立上海合作组织农业技术交流培训示范基地，加强同地区国家现代农业领域合作"。

杨凌农业高新技术产业示范区铭记习近平主席嘱托，高水平建设上合组织农业基地。如今，该基地已经从愿景变为现实，一幅胸怀"国之大者"的国际农业交流、培训、示范"上合图"在杨凌大地上展开。

走进上海合作组织现代农业实训基地杨凌智慧农业示范园，一座座针对共建"一带一路"国家气候特点设计的智能温室引人注目，在其间忙碌的邹志荣教授向前来参观的客人介绍着园区当前和今后的实训计划：通过"外引内培"，在人才培养、科技推广、平台建设等方面持续发力，让示范园更好服务于上合组织成员国的实训学习需求。

"作为上合组织现代农业实训基地，这个园区有先进的温室设施技术，不仅能够生产出高标准、高品质的高端定制农产品，还可以为上合组织现代农业合作、交流、培训提供全方位服务……"每逢接待团队参观，邹志荣教授总是很自豪地讲述着杨凌智慧农业示范园里的亮点。

"目前园区引进和应用的国外先进技术占比仅有20%，而80%的先进技术均为国产。"邹志荣说，今后还将通过示范园为陕西乃至全国、全世界打造一个智慧农业标杆，来展示未来智慧农业全貌。

据了解，杨凌智慧农业示范园以引进和集成国内外先进设施农业新品种、新技术、新装备、新模式为出发点，以打造设施农业集成商和完全方案提供者为导向，以持续创新研究建立标准化、集约化、智能化、信息化、自动化和植物生长环境精准控制技术体系为主线，是一座国内领先、国际一流的智慧农业示范园区。

在 2021 年农高会期间，邹志荣与哈萨克斯坦、塔吉克斯坦等国家在智慧农业示范园里进行了现场交流。其中，园区专门为上合组织国家设计的中东连栋温室，欧美、北美连栋温室，备受留学生的关注。

"针对上合组织国家气候特点设计的这些温室，以及所有的配套设备完全适用这些国家推广和应用。"邹志荣希望通过这个实训基地把杨凌最新的农业技术推广应用至上合组织成员国，同时也希望培训大批实用的科技人才在这些国家生根开花。

科研成果转化仅仅是实训基地使命的一部分，西北农林科技大学还从 2019 年开始设立"一带一路"专项研究生，进行专项人才培养，而开展"专项人才培养"也依托实训基地这个载体，为留学生实习进行实地指导。

截至 2022 年 5 月，西北农林科技大学累计接收培养上合组织成员国学生 200 余人，成为上合组织成员国农业技术人才培养的摇篮，这些留学生也将成为杨凌与上合组织成员国交流的"农科使者"。

邹志荣借助"云端"进行"屏对屏"指导。同时，通过编写培训教材等多方式、多渠道把技术推广、辐射在上合组织成员国，让实训基地更好满足上合组织成员国的实训学习需求。

在中东连栋温室大棚里，黄瓜种植技术和配套设备一览无余。邹志荣说，这些技术将来对在中东国家种植黄瓜非常有用，可以 1∶1 复制过去，来促进中东国家和地区温室黄瓜的生产。

几年来，上海合作组织现代农业实训基地不仅在杨凌建设成效显著，也通过"云端"教学指导、科技示范，让杨凌的新品种、新技术在"上合田地"绽放出最美"农科之花"。

截至 2022 年 5 月，西北农林科技大学共在海外建有 8 个农业科技示范园，该校专家在示范园筛选优良品种，集成栽培技术，建设高标准示范田，培训当地农场主和农民，取得了预期效果，这些示范园也将成为上合组织农业科技交流培训示范的海外基地。

2023 年，早春二月，杨凌农科城细雨霏霏。五泉镇王上村村民王社谋连日来都在自己的蔬菜大棚劳作。"3 个棚能收入 10 多万元，这得感谢设施农业'3＋2'技术呀。"王社谋掩不住高兴的心情。

王社谋的收入提高得益于邹志荣教授研发的设施农业"3＋2"技术，就是将双拱双膜温室大棚、基质袋式栽培、水肥一体化、碳基营养肥、病虫害全程生物防控五种技术集成应用于设施大棚，从而有效提高作物品质和产值。

王鑫宇是杨凌大寨街道西小寨村村民，依靠传统方式种植蔬菜已有 20 余年。从 2008 年开始，他建设了设施大棚。"通过建设设施大棚，收入比原来提高好几倍，借助现代化的种植技术，我的农业生产效益更高了，日子过得越来越好了。"王鑫宇说，在他的带动下，村民也跟着建起了现代化温室大棚，往日靠种植小麦、玉米等农作物的农民们如今依靠现代农业技术实现了收入翻番。

在杨凌，通过建设设施大棚，走上致富路的新农民还有很多，揉谷镇杨凌中来种植专业合作社理事长王中来有着切身感受："设施农业的发展，不但改变了种地理念，还有效促进了农业产业发展。农民收入是以前的好几倍，科技和理念的变革让农民更有收获。"王中来充分利用杨凌农科城优势，通过建设设施大棚发展农业，实现了从传统农民向高素质农民的转变，也推动着杨凌现代农业向特色化、专业化、创新化发展。

随着物联网、大数据、移动互联网、智能控制、卫星定位等技术的发展应用，设施农业的发展已经进入了智慧农业阶段，为农业生产提供精准化种植、可视化管理、智能化决策，从而使农业更"智慧"。

"园区智能控制系统会根据作物需求，自动进行水肥营养的输送，其监测系统能对作物生长全过程进行实时监测监控，对风速、风向、降水等都可以进行预警和监测。"邹志荣说，杨凌智慧农业示范园智能管控系统能根据不同需求搭配组合，可以组合成智能卷帘系统、智能节水灌溉系统、智能通风系统、智能光照调节系统、视频监控系统等智能温室管理系统，能实现设施农业从田间到餐桌的全流程可视、可控、可管。

二

1956 年出生于陕西延川的邹志荣，1981 年本科毕业于山西农业大学园艺系，1984 年硕士毕业于西北农学院，同年留校任教，1987 年 10 月至 1988 年 10 月在日本千叶大学做访问学者，1995 年获西北农业大学农学博士学位。1998 年以来先后到美国、荷兰、法国、德国、加拿大、澳大利亚、日本、韩国、埃及、西班牙等国家考察学习。

1987 年 10 月，邹志荣肩负祖国的重托，东渡扶桑，到日本千叶大学园艺学部进修。

为了充分利用日本良好的研究条件，学习更多先进技术，他同时参加了"水培供液量与营养浓度变化规律"、"温室番茄灌水指标与养分吸收关系"、"温室远距离遥控技术"及"温室草莓整枝技术"4 个研究项目。由于住处离从事研究工作的地方较远，坐车一个单趟也得 40 多分钟。他总是很早就起床，匆匆忙忙吃点早餐就赶车，直到晚上

9点多才回到住处。就连星期天，他也是常常在实验室里度过。在短短的一年时间内，他的4个研究项目都取得了一定的成果，并撰写了好几篇论文。

在国外，他还和从前一样，经常同自己"过不去"。本来研究工作已够紧张的了，可他却还是硬挤时间，选修了环境工程学、设施园艺学、作物营养与施肥、农业气象学、蔬菜栽培等课程，做了课程所有的实验。听课和课程实验占用了研究的时间，他就用晚上、节假日时间补，"开夜车"成了家常便饭。

为了了解和学习更多日本实用农业技术，他利用假期，走访了千叶附近五个县的农技中心、农协和部分农户。在参观一些科研单位时，那里的温、光、水、气全自动化控制设备让他大开眼界。他拍摄了大量照片、视频等资料。这些资料在他回国后的教学、科研和技术推广中发挥了很大作用。

进修期间，他还担任千叶大学园艺学部中国留学生组织负责人，组织了多次联谊、交流活动，为促进中日友好作了一定的工作。对于原则问题，他一点也不让步。当得知个别日本人对我国一些留学生有歧视言行时，他当即同我国驻日本大使馆工作人员一起与日方交涉，维护了中国留学生的尊严和正当权益。

一年时间很快就要过去了，如何走好下一步，他面临着一次艰难的选择。日方导师挽留他攻读博士学位，而且已帮他争取到高额奖学金。而当时的西北农业大学却在等待着他尽快归国回校承担教学、科研重担。孰重孰轻，何去何从？他陷入了深深的思考。对个人而言，前者当然有利，优越的条件、丰厚的奖学金，无论是经济还是业务方面都有很大的吸引力，何况取得博士学位也是他早已确定的目标之一。这时，他的脑子里不时地出现临行前校、系领导叮咛的情景，仿佛又看到了他们企盼的目光。渐渐地，他选择的重心转向了后者。主意一定，他立即将自己的想法告诉了日本导师。导师也很理解他："好样的！回去好好干吧。我们后会有期。"就这样，邹志荣毅然登上了回国的班机，又投入了母校的怀抱。

他经受住了一次考验，向前迈出了踏实的一步。

刚刚回国，征尘未洗，他就挑起教学的重担。先后承担了本科生园艺设施学、蔬菜保护地栽培学、蔬菜栽培学、蔬菜专题4门课程和硕士研究生的设施园艺环境与栽培技术等课程的教学任务。

在教学内容上，他非常注重将在国外学到的新知识和新技术传授给学生，着眼于培养面向21世纪的人才。用他的话说，就是要有一定的超前性，否则学生学到的东西到毕业后应用时就会落后。例如，他为学生新开设的园艺设计学课程，当时全国尚未有其他任何一所学校开设。这门课主要讲授温室技术，即如何调节大棚中的温、光、水、气等。他利用在日本搜集的资料，编写了该课程的教材，充实了教学内容。

在教学方法上，他勇于探索，不断改革，充分利用电化教学手段，如幻灯片、图片、视频等，以增强直观性，很受学生欢迎。他在电化教学方面的成果也先后获得陕西省教委二等奖、农业部教育司二等奖、西安市科协三等奖和学校相关奖励。

邹志荣回国刚一年，他在日本进修时的导师伊东正教授又资助他，邀请他再次去日本学习。他觉得这是一次进一步提高的好机会，并得到学校的支持。正当他刚准备办出国手续时，学校的一个重要项目需要他参加。他觉得自己是一名共产党员，应该服从组织安排，便全身心地投入项目之中。的确，只有当个人利益与集体利益发生冲突时，才最能看出一个人的觉悟与素质。当一些人为他两次放弃对个人极为重要的机会而惋惜时，他却显得很平静。他说，对这样的选择终生无悔。他要按照自己的人生之路，走好每一步。

"自信人生二百年，会当水击三千里。"邹志荣虽然放弃了两次在国外继续深造的机会，但却丝毫未放松对科学的探求和对自身的要求。他还要圆他的博士梦。他又一次铆足了劲，考取了在职博士研究生，开始了人生旅途中的新一轮征程。

这就得既当学生又当老师，既要听博士生的课程、做实验，还要给学生上课、带学生实习，同时还得指导硕士研究生，时间自然是相当紧张的。但这些对他来说，早已习以为常了。可不，在攻读博士学位的几年时间里，他的教学工作量一点也没减少，还承担了多项科研任务和社会服务工作。然而令人敬佩的是，不管多累多苦，他都咬牙坚持挺过来了。后来每每回想起来，他都不无感慨地说，真是酸甜苦辣咸"别有一番滋味在心头"。

<h1 style="text-align:center">三</h1>

自上大学起，学士、硕士、博士，邹志荣几年一个台阶，步步登高。从参加工作起，助教、讲师、副教授、教授，逐级晋升。这是一个典型的学者的经历。但你可千万别以为他是一个"一心只读圣贤书"的人，在科技兴农的主战场上，他同样驰骋千里、大显身手。

在西北农林科技大学，有不少邹志荣这样的教授，他们不仅在大学课堂上教授知识，还经常出现在农民的田间地头，成为农民的"活财神"。自1984年从西北农学院硕士毕业留校任教，邹志荣就在设施农业相关领域奉献了40个春秋。如今两鬓斑白的他仍一如既往，在让市民的"菜篮子"和农民的"钱袋子"鼓起来的道路上奔波，并乐此不疲。

近40年来，随着城乡人民生活水平的提高，人们不仅对蔬菜的需求量越来越大，而且对蔬菜的品种与质量的要求也越来越高，"菜篮子"工程被各级政府提到了越来越重要的位置，这一形势，为从事蔬菜栽培研究的邹志荣提供了施展才能的天地。他果断地抓住机遇，积极投身于实用技术的研究开发和推广应用之中。

他每年至少有三分之一的时间奔波于陕西各县和陕西周边地区农村，在绿色的田野里辛勤播撒着科技的"火种"，为帮助农民提高收入贡献力量，被誉为"始终与农民打成一片的农科专家"。他指导时耐心细致，百问不烦，总是手把手地教，农民们都把他当作自己的知心朋友。目前陕西已经有300万亩设施蔬菜面积，产值超过260亿元，成为当地农民致富的主导产业之一。

请看几个短镜头：

——刚刚回国的几年间，他先后主持或参加科研项目8项，其中有当时陕西省科委下达项目"日光温室应用技术的研究"、陕西省星火办（国家星火计划）项目"万亩设施蔬菜基地示范开发"、咸阳市科委项目"CO₂气肥技术推广""蔬菜保护地高产高效栽培模式的研究"、陕西省科委项目"植物低温保持剂的中试和开发利用"、与日本千叶大学合作项目"蔬菜无土栽培技术的研究"、西北农业大学课题"蔬菜抗逆性指标及其机理的研究"。从这些项目的立项、申报到实施，无不倾注着他的心血和汗水。他的足迹，踏遍了三秦大地的几十个县。陕北、关中、陕南都有他指导种植的菜地。无论是炎热的酷暑，还是寒冷的严冬，都能在田地里、大棚里，看到他匆忙的身影。

——邹志荣过去曾在农村生活过多年，参加工作后更是时常下乡。他了解贫困给农民带来的极大痛苦，也深知他们渴望致富的迫切心情。他把为农民服务，看作是一个农业科技工作者应尽的义务。农民有什么问题来向他咨询、求助，他总是有问必答、有求必应。他还常常利用寒暑假时间，深入田间地头，现场指导。一次，有位农民向当时的杨凌《农科城报》编辑部询问冬季连阴雨天大棚温室应采取什么措施，编辑部的工作人员立即想到了他。他连夜写出详细的说明，第二天清晨一大早就送到报社登载，为众多农民解决了难题。

——搞农业科学研究，还必须与当地的经济状况结合起来。20世纪80年代，陕北和陕南的多数农民还比较贫穷，只有开发出他们承担得起的技术，科学技术才能得到推广和应用，帮助他们尽快脱贫致富。

在指导农民进行番茄大棚育苗时，由于农民没有钱，缺少具有肥力的培养土成了一大难题。为了解决这个问题，他和其他同志一起利用各种材料进行试验，最后发现玉米芯含有多种植物生长发育必需的营养成分。但玉米芯培养土又太硬，蔬菜种在里面很难长出来，根也不好发育。他们便将玉米芯截成节，在粪水里浸泡，进行软化，这样一来，效果好多了。当时正值大热天，粪水臭气熏天，但他眉头皱也没皱，挽起袖子就干。当看到用这种方法培养的蔬菜种苗又壮又旺时，他舒心地笑了。他还发现，这种方法不但可用于培育蔬菜苗，还可用于其他作物的育苗。虽然玉米芯的软化方式还有待进一步改进，但这无疑为贫困地区的育苗技术开辟了一条新途径。

——进入 20 世纪 90 年代以后，他连续 7 年担任兰州军区空军驻陕部队农副生产技术顾问，多次深入各个部队讲授农业科技知识，指导部队农业生产，大大提高了部队的种菜养猪技术，并将蔬菜由原来的露天生产转入棚室生产，战士们冬季照样可以吃上新鲜的自产蔬菜。为此，他受到了兰州军区的表彰。

——1992 年隆冬腊月的一个夜晚，天气极为寒冷。在陕北榆林一块蔬菜田里，地上铺着厚厚的积雪，四周格外寂静，只见一道手电光，从一个大棚移到另一个大棚，一位中等个头、身材敦实的青年正在认真地观察和记录着每个大棚里不同位置的气温计上的刻度，心神是那样的专注、投入。他就是当时西北农业大学园艺学院副教授邹志荣。尽管天气如此寒冷，不时冻得他手指发麻、发疼，但他呵呵气、搓搓手，又接着干，而且还是那么的全神贯注。在他身后的雪地上，留下一行深深的脚印。

——2018 年，宁夏吴忠市利通区灏农种植专业合作社引进应用他所在团队研发的模块化装配式日光温室优化结构成果，建成 50 亩蔬菜种植基地。应用发现该温室空间大、采光好、保温性能优良，比对照最低温室提高 4～8℃，土地利用率提高 35% 以上，病虫害发病率降低 50% 以上，大大降低了农药利用量。樱桃番茄生长健壮，亩产量达到 14 800.74～18 519.4 公斤，比对照温室的产量高出一倍，亩增收 5 000 元以上，助力当地农民脱贫致富。

——他主要从事设施农业技术的开发与应用，从温室结构到环境调控，从种苗培育到田间种植全环节开展研究与实践。特别是针对西北地区"温室结构简易、冬季低温和弱光问题严重，且建造成本较高"等问题，他率先提出了温室主动采光概念并首次阐明了其理论依据；创新了主动采光蓄热理论与技术，实现较传统温室整体采光量提高 25%，温度提高 3～5℃；研制出我国第一台模块化土块快速成型机，不仅实现了日光温室墙体建造标准化，而且使整个温室的造价下降 40% 左右，克服了温室建造人工多、价格高、经济效益差的顽疾。该技术可以提高温室建造性价比，是广大农业企业和农民能真正用得起的高档高效温室，番茄平均亩产量提高 15% 以上。目前该技术已经辐射到陕西、甘肃、宁夏等地，亩增收 3 000 元以上。

四

一分耕耘，一分收获。

他已正式出版了《园艺设施学》《设施农业环境工程学》《温室建筑与结构》《节能日光温室设计建造规程》《设施农业概论》《设施栽培技术》《农业园区规划与管理》等多部教材与专著，发表学术论文 300 余篇，培养硕博士研究生 200 余人，为我国设施农业人才培养与产业化发展作出突出贡献。

在他的带领下，截至 2022 年 3 月，西北农林科技大学已累计培养设施农业专业人才近 1 000 人，其中本科生 820 人，硕博士研究生 174 人。这些毕业生成为我国蓬勃发展的设施农业产业技术骨干，在全国 40 余所高校和职业院校的设施农业专业师资队伍中，都有他们的身影。其中李建明、贺忠群、李清明、张毅、程端峰、许红军等优秀学生在高校或科研院所担任设施农业相关专业院系负责人，并成为全国设施农业学科的青年领军人才。

除了担任西北农林科技大学教授、博士生导师，他曾兼任园艺学院院长、设施农业系主任，他还是全国教学名师，国家万人计划入选者，享受国务院政府特殊津贴专家，教育部高等学校教学指导委员会第一、二届委员，陕西省三秦人才，新疆天山学者，全国星火标兵，陕西省师德先进个人……退休后又担任西北农林科技大学老科学技术教育工作者协会副会长等。

他是陕西省决策咨询委员会委员，多年来一直积极参与各级政府现代农业发展方面的建言献策工作。2018 年，陕西省发布了《关于实施"3＋X"工程加快推进产业脱贫夯实乡村振兴基础的意见》，在全省开展果业、设施农业和畜牧业三个千亿工程建设。2019 年，他牵头组织团队完成了《关于加快智慧农业发展，促进"3＋X"工程提质增效的建议》决策咨询报告，得到了政府的肯定。他带领团队继续深入陕西榆林、延安、咸阳、渭南、宝鸡、安康等地指导设施蔬菜生产，培养农民技术骨干，助推设施农业产业于 2020 年完成了千亿工程效益，为当地农业产业发展作出贡献。

对于已取得的这一切成绩，邹志荣看得很淡。他说，这些已成为过去，前面的路还很长。

在他的心目中，他还要继续把自己所学的一切，献给人民，让国人乃至共建"一带一路"国家人民的"菜篮子"更丰富些，让更多鲜美的菜肴摆上千家万户的餐桌。这，才是他最大的心愿，也是他迈出每一步的动力。

是的，他仍然牢记自己的初心和使命，一步一步坚实地走着自己的"破天功"这条人生之路，不停地向着下一个目标迈进……

苹果人生

在果园中观察苹果长势的李丙智教授

苹果是世界四大水果之一，酸甜可口，富含矿物质和维生素，广受人们喜爱，有"温带水果之冠"的美誉。

中国是世界苹果起源地之一，也是世界苹果属植物最丰富的国家之一。

考古学家曾在湖北江陵战国时代的古墓中发现了苹果种子，表明我国种植苹果至少已有三千年的历史。

对此结论，有原西北农学院院长辛树帜教授《我国果树史研究》为证。

原西北农业大学教授孙华（孙云蔚）《中国果树史与果树资源》一书则认为，中国的果树栽培已有四千多年的历史。

1934 年，西北农林科技大学前身——国立西北农林专科学校引进了元帅、国光等苹果品种，标志着该校苹果研究的开始。建校 90 年来，西北农林科技大学苹果研究历经风雨起落，在四代果树专家的坚持和努力下，留下了一连串深深的"西农印记"：

——撰写《陕北黄土高原苹果外销基地考察报告》，在充分调研的基础上论证了渭北、陕北黄土高原是苹果最佳优生区，这一结论已被联合国粮农组织及业内专家广泛认可；

——先后选育出秦冠、瑞阳、瑞雪、秦蜜、秦脆、瑞香红等 30 多个苹果新品种，其中大部分得到大面积推广应用，秦冠更是新中国成立以来唯一获得国家奖的苹果品种，也是目前我国推广面积最大的拥有自主知识产权的苹果品种；

——首次在国内提出矮砧集约高效栽培技术模式；

——先后在陕西白水、洛川、千阳、旬邑、米脂和甘肃庆城建立了 6 个苹果试验示范站，成功探索和实践以大学为依托的苹果科技推广新模式；

——苹果领域国际论文发表数量位居全球第二，其中旱区作物逆境生物学国家重点实验室苹果逆境生物学团队论文发表数量位居相关领域全球第一；

——拥有全世界最大的涵盖苹果全产业链的专业技术团队，囊括遗传育种、栽培、植物保护、土壤肥料、修剪、品质、贮藏、产业经济等众多研究领域；

——建立了先进、开放的旱区作物逆境生物学国家重点实验室、国家苹果产业技术研发中心、国家苹果改良中心杨凌分中心、国际联合苹果研究中心等研究平台；

——立足学科优势，开展面向农业生产实际的基础研究和应用研究，助推陕西绿色版图向北延伸 400 公里；选育秦冠、秦光、秋香、瑞阳、瑞雪、秦蜜、秦脆、瑞香红等苹果新品种，使陕西成为我国最大的苹果生产基地，并助推苹果适生区"西进北扩"战略；

——四代人，90 年扎根西部小镇，面向干旱半干旱地区，面向基层一线，把论文写在大地上，让技术长在泥土里。一代代西农人弦歌不辍、赓续奋斗在黄土地上，书写爱国奋斗的"苹果人生"。

中国是世界最大的苹果生产国和消费国，苹果生产和消费规模均占全球 50% 以上，其中西北干旱半干旱地区苹果栽培面积占全国苹果栽培面积的三分之二。陕西是中国苹果栽培面积最大、产量最多的省份。国际园艺学会主席罗狄克·德鲁说，陕西已被联合国粮农组织认定为世界苹果最佳优生区，"陕西苹果产量约占中国的四分之一和世界的七分之一"。

"陕西苹果，全球人的口福"，这不仅仅是宣传口号。毫不夸张地说，如果中国有 4 个苹果，其中就有 1 个是陕西出产的。如果全世界有 7 个苹果，其中就有 1 个是陕西出产的。陕西还是全球最大的浓缩苹果汁加工出口基地，全世界每 3 杯浓缩苹果汁中，就有 1 杯是陕西出产的。

陕西苹果是全球知名品牌，被誉为"国礼"，产量、品质位居中国第一。陕西是联合国粮农组织认定的世界苹果最佳优生区，是全球集中连片种植苹果的最大区域。

苹果是中国的第一大水果，又是陕西农业重要的支柱产业。据不完全统计，陕西省果业增加值 432.5 亿元，约占全省种植业增加值的三分之一，种植农户达 200 万户，从业人员近 1 000 万人，被列为陕西省农业的千亿元产业之一。

2012 年，西北农林科技大学李丙智教授担任地处千阳县的西北农林科技大学宝鸡千阳苹果试验示范站首席专家，重点就是向当地农民示范推广以"矮砧大苗、格架密植、水肥一体、轻简作务"为核心内容的苹果矮砧集约高效栽培技术。

千阳矮砧苹果树与传统的乔化树相比，树形低矮瘦小、枝叶稀疏，但结出的果子却又大又光鲜，需要用水泥杆、铁丝架支撑，实现了"当年见花、次年结果、三年丰产"的生长速度，破解了国内矮砧苹果苗主要依赖进口的难题，使建园苗木成本降低了45%，每亩栽植 200 株，产量是传统果园的三四倍。

宝鸡千阳苹果试验示范站在当地有另外一个名称，叫"田间大学"。一直以来，李丙智和同事们常年活跃于果业生产一线，手把手解决果农产业发展中的困惑与难题，在"田间大学"每年都要组织几十场培训，为数千名农民培训苹果栽培新技术。

这些努力，深刻改变着当地人的状况和面貌。果农景彦荣，家里的苹果产量过去每亩只有 500 多公斤，短短几年就提升到每亩 2 000 多公斤。这些率先掌握矮砧苹果作务技术的果农，年人均增收超过万元。

在西北农林科技大学专家指导下，截至 2022 年 11 月，千阳县已种植苹果 12 万亩，矮化自根砧苹果苗木年产量约 2 800 万株，居全国之最，成为全国现代果业的发展样板，获批全国矮砧苹果苗木繁育基地、科技创新示范基地等，被国家标准化管理委员会认定为国家矮砧苹果综合标准化示范区，先后荣获中国苹果名县、中国苹果强县、中国苹果苗木之乡等称号，带动当地上万名群众从事苹果生产。苹果苗木销往吉尔吉斯斯坦等 30 多个国家。2015 年 "9.3" 阅兵时，国家更是选中千阳的苹果赠送给外国元首。

同样通过科学务果改善农民生活的还有地处渭北黄土高塬沟壑区的洛川县。2012年 2 月，延安市政府与西北农林科技大学合作，共建西北农林科技大学延安市洛川苹果试验站。试验站的成立，与苹果产业发展相伴而行，紧密跟踪苹果产业科技前沿，持续推进技术革新，坚持"校地联合、科研攻关、技术推广、人才培养"服务模式，走出了一条科技扶贫的新路子。

试验站聚焦制约苹果产业发展的突出问题，开展科研攻关 20 余项，取得丰硕成果。开展品种选育和主栽品种的芽变选种研究，引进国内外优良果树品种 219 个，选育出适于渭北旱塬栽培的各类果树优良品种 12 个，优化了主栽品种结构，为品种更换提供新的选择。开展果园机械化、省力化栽培研究，引进果园无人机，喷施药肥。无人机一天可实现作业 200～300 亩，极大提高了劳动效率。试验站还创新研究出营养钵大苗繁育及建园技术，2016 年获得陕西省果业管理局创新奖。

同时，试验站建立了"基地＋专家＋果业服务体系＋示范园区"的推广体系，集成示范新品种、新技术 30 余项，指导建设示范园 2 万余亩，辐射推广综合栽培技术 100

余万亩，推广苹果新品种（品系）延长红、蜜脆、富士冠军、金世纪、早熟富士 5 个；为延安市普及"大改形、强拉枝、减密度、有机肥"四大技术、建设"果、畜、沼、草、水"相配套的生态果园发挥了重要作用，推动科技转化为现实生产力、转化为农民的现金收入，让农民的"钱袋子"鼓起来。

为发挥高校专家技术优势，把试验站建设成果农的技术学习实训基地，洛川苹果试验站先后举办各类培训会 800 多场次，培训果业科技骨干 8 000 多人次，果农 12 万多人次，为产业发展、产业扶贫提供智力支持。结合产业精准扶贫，试验站还实施"一对一"技术帮扶，解决贫困户无技术的脱贫难题。

2012 年，在陕西省贫困县之一宝鸡市千阳县的果园，当地人经常看到一位年过半百、皮肤黝黑、操着地道陕西方言、穿着同农民一样朴素的人忙碌的身影，他不时穿梭于大大小小的苹果园中，用通俗易懂的语言，现场手把手指导果农学习掌握先进的苹果矮砧集约高效栽培技术。

可能很少有人会想到，他竟是一位留过洋的退休教授。

他，就是西北农林科技大学果树栽培专家李丙智。

李丙智教授长期以来坚持将科学研究和示范推广相结合，将先进的科技成果直接送到农民果园，为促进我国果业特别是苹果产业发展作出了自己的贡献。

当年西北农林科技大学实行岗位管理改革时，在教学与推广两个系列之间，李丙智毫不犹豫地选择了推广。他从没觉得推广岗位就"低人一等"，正相反，他认为推广工作更重要。他说："我是农民的儿子，在教书育人与社会化服务中，我更应该结合实际，发挥自己的特长。"

从业 40 余年的李丙智教授，一心扑在果树栽培技术研究与示范推广上，每年在果园工作时间都在 300 天以上，可以说是没有休过节假日，也没有时间培养业余爱好，他培训过的果农超过 100 万人。几十年的讲坛耕耘、田间奔走，农民的果园结出了累累硕果，果农们也永远记住了李丙智温暖的手、真诚的心和不离不弃的深情。

鸽子飞走了还会回家，而李丙智教授到了千阳后，就再也没想过离开。

2016 年，李丙智教授正式退休了，他将家从西安搬到了千阳，以站为家。"我想和成千上万的农民继续做朋友！""只要我还有一口气，我就会一直留在千阳，为了园里的苹果，甘愿付出一生。"谈及初衷，李丙智教授笑着说。

2014 年，并非宝鸡人的李丙智教授被授予"最美宝鸡人"的荣誉称号，这正是对他把半辈子时光献给这片挚爱土地的充分肯定。

在陕西省 40 多个苹果生产县中，千阳县原本是最落后的县之一，无论面积还是产量，都是全省倒数前几。

1999 年，由李丙智教授牵头在宝鸡市凤翔县建立了苹果科技专家大院，首次研究出黄土高原地区最佳苹果套袋时间和取袋时间，并研制出苹果套袋时间和除袋时间的果实比色卡，便于农民使用。2012年，李丙智教授受聘来到千阳县指导苹果产业发展，成为西北农林科技大学宝鸡千阳苹果试验示范站驻站专家。他在千阳率先推广苹果矮砧密植栽培新技术模式，推广实现苹果矮砧种植面积在全国新兴果园面积占比达到70％，占全国苹果种植面积的15％，占全球苹果种植面积的7.5％，这也被称为是"苹果栽培制度的一场革命"。

2012年3月开始栽苗，同年12月建成2万亩集中连片的高水平国际矮砧苹果示范园，之后仅用4年时间建成现代苹果矮砧集约生产示范基地4.1万亩，创造了当年见花，次年挂果，3～4年进入丰产期的现代苹果生产新纪录。正是李丙智教授的夙夜在公、只争朝夕才创造了这一令人惊叹的"千阳速度"，赢得了业界的广泛认可和高度赞誉。李丙智教授本人也当选为第十一届宝鸡市政协委员。

2016年8月14日，正是盛夏酷暑时节。益恩木（EM）技术观摩会在西北农林科技大学宝鸡千阳苹果试验示范站隆重召开。

李丙智教授介绍说："我去年就听我的学生张立功说起采用EM技术生产有机苹果的事，当时我半信半疑。张立功邀请我到日本一起拜访了EM技术发明人——日本琉球大学比嘉照夫教授，我们有幸一起听了这位世界级的微生物技术学者对EM技术精彩的介绍和演讲，亲眼见证了日本EM技术'不用化学农药，不用化学肥料'生产的苹果。"

"今年我亲自在西北农林科技大学宝鸡千阳苹果试验示范站试验该技术，采用系统EM技术的苹果和对照组的区别是叶片明显大、叶色深绿、春梢封顶早，说明花芽分化好，果子也比施化肥的大，大家可以尝尝，果子酸度和糖度比对照组的果子更适口。除了萌芽前喷石硫合剂外，我们每半个月喷一次EM微生物菌剂，现在看来，它完全可以代替杀菌剂，因为我们没有看到白粉病、锈病、褐斑病，花叶病也比对照组的好得多。试验中曾经加喷过吡虫啉和灭幼脲等杀虫剂，同时我们也观察到蚜虫、红蜘蛛没有大发生，虽然有，但是不多。"

"我深刻地体会到，我们以后的苹果园可以定期喷施EM微生物菌剂，不用再喷杀菌剂了。现在看来，采用系统EM技术的成本并不高，我终于找到有机苹果生产的技术了！"

会上，中国"EM技术之父"、中国农业大学李维炯和倪永珍教授夫妇就EM技术应用原理作了精彩点评和讲解，西部果友联盟秘书长张立功，天水果友协会会长裴宏州，宝鸡果友协会会长代玉成、副会长唐春晖，以及渭南市大荔县部分果农应邀参加。虽然天气酷热，但专家精彩的讲解、EM技术神奇的效果却令大家精神振奋。尤其是专家的肯定，让大家对美好的前景信心倍增。

有机苹果是今后苹果栽培和苹果消费的主要方向，有机苹果栽培的关键是生产、贮藏、加工和销售过程中不使用化学杀虫剂和杀菌剂、不使用化学肥料、不使用植物激素。但目前苹果园普遍病虫害严重，不用化学杀虫剂和杀菌剂就控制不了果园病虫害，不使用化学肥料和植物激素产量就会下降。针对这一问题，日本研发的 EM 微生物菌剂可以或部分替代化学杀菌剂、化学杀虫剂、植物激素和化学肥料，为有机苹果栽培提供新途径。

中国工程院院士、中国农业大学辛德惠教授在《EM 技术应用研究》一书的序言中写道："日本 EM 技术是由日本比嘉照夫教授主持的微生物工程技术中综合性最强的新创造之一，其综合性一方面表现在优良菌种种群的多样性和可扩充性，为微生物资源的深度和广度开发提供了无限可能性；另一方面更重要的是它的多元功能，在提高农业、牧业、林业、水产业的生产能力上，在治理环境、保护环境、创造优化新环境、人的保健上，都有着巨大的、不可代替的作用和潜力。"

据日本研究，通过年喷布 15 次 EM 微生物菌剂，其中 4～5 次加入生物源杀虫剂，每亩施 160～260 公斤有机肥，结合果园生草，就可有效控制苹果树病虫害，生产出有机苹果。

EM 微生物菌剂除有肥效外，还能兼治腐烂病、根腐病、轮纹病、炭疽病及蚜虫、叶螨等多种病虫害，一药多效，且使用 EM 微生物菌剂的成本仅为使用常规药剂成本的 25％。李丙智认为苹果园喷布 EM 微生物菌剂可以全部代替杀菌剂，部分代替杀虫剂。在有机苹果生产中，每次喷药时间喷布 300 倍 EM 微生物菌剂，如果有虫害，加入苦参碱、灭幼脲等杀虫剂，再结合春季喷布石硫合剂、地下施 EM 有机肥、种草及自然生草，就可以取得较好产量。李丙智在其他几个苹果园也做类似试验，同样反映 EM 微生物菌剂喷布后叶色浓绿，病虫害极少。但要注意，EM 微生物菌剂可以与杀虫剂混喷，但不能与杀菌剂混喷，如果水源为自来水厂生活用水，要把水放置 24 小时，释放其中的氯后再加入 EM 微生物菌剂。李丙智做试验的苹果园管理水平较高，本身果园病虫害较轻，喷布 EM 微生物菌剂后防控病虫害效果显著，在其他果园的效果仍有待继续观察。

2017 年隆冬时节的午后，纷纷扬扬的雪花飘落在位于陕西西部的宝鸡市千阳县。李丙智叫上同事李高潮，冒着风雪从他工作的西北农林科技大学宝鸡千阳苹果试验示范站出发，去走访三合村 44 岁的果农景彦荣。

"李老师，今年我地里怎么才能提高产量？"

"行距 3 米 5，株距 1 米。你家这 6 亩地是老果园，今年在枝长、密度和品种上再作一些调整才有好收益。"

一个大学教授和一个农民，因为苹果话题，在风雪交加的地头热烈地聊个没完。

"我很乐意将科研成果这样零距离传授给农民，帮助农民脱贫是我们的职责。"2012年开始，李丙智担任西北农林科技大学宝鸡千阳苹果试验示范站首席专家，重点进行苹果矮砧集约高效栽培技术的示范推广。退休后，他每年有近300天的时间待在千阳，妻子也来到千阳，支持李丙智全身心投入农业技术推广工作中。

宝鸡千阳苹果试验示范站有另外一个名称，叫"田间大学"。作为示范站的首席专家，李丙智带领团队组建的这所"田间大学"，2016年组织了30多场次的培训，给当地8 000多位农民送去"新手艺"。

景彦荣的妻子乔秀英就从"田间大学"拿到了中级专业技术证书，李丙智笑着说："你这就算是大学毕业了。"乔秀英则有些羞涩地说："你是我们大家的老师。"

2016年，对这个千阳县的家庭来说非同寻常：家里的苹果产量从过去的每亩500多公斤提升到现在的每亩2 000多公斤，一年能带来近5万元的收入；通过两个孩子的参与，夫妇俩第一次"触网"，将自家的苹果卖到了四川、湖南、山东等地。

"教授到田头，博士走乡间"成为中国西北农村一道分外亮丽的风景线。

在千阳县南寨镇南寨村，由镇、村共同投资建设的80亩矮砧苹果示范园已平整好土地，搭好了苗木架，村里70多家贫困户每户出资2 000元就可以认领1亩地。在示范站的指导下，2018年果园就开始挂果。

"精准扶贫需要投资少、见效快的项目。"李丙智说："我们要在苗木培育上下功夫，帮助农民把每亩投入成本减少一半。"

因为"田间大学"的技术支持，近几年来千阳县吸引了陕西海升果业发展股份有限公司、陕西华圣现代农业集团有限公司等7家大型涉农企业投资，并吸引了50多名全国各地的硕士、博士毕业生投身这里就业和创业。

2018年6月8日，李丙智教授应邀来到陕西省合阳县甘井镇。

甘井是有名的苹果种植镇，因暑期持续高温少雨，又缺乏抗旱技术，导致苹果果实小、产量低，果农心急如焚。李丙智教授到来后，村民们争先恐后、踊跃发问，从果树的培植、修剪，到今年苹果市场价格，再到下一步需要发展什么品种，等等，李丙智教授一一耐心解答，随后和果农们一起走进果园实地察看，现场进行技术指导。

黝黑的皮肤、粗糙的双手、说着农民听得懂的方言、穿着农民最常见的衣服……从事科研推广几十年，把全部热情与智慧献给了苹果产业发展。就是这位教授，为原本贫困的乡亲送去致富良方，被成百上千的乡亲视为最尊敬的朋友。

一边扎根于果园为果农答疑解惑，一边思索着中国苹果产业的问题与挑战。李丙智认为农村劳动力短缺是苹果产业发展的一个难题，"这就要选择一个省工的栽培模式，矮化自根砧的用工量比传统果园用工量至少节省50％"；农药残留也是产业发展的难题，"今后果品的销售，安全是第一位的，同时还要考虑成本问题。通过试验园里的探索，目前也看到了希望"……

李丙智，一生钟情于苹果、奉献给苹果，苹果也带给他很多的尊敬和荣誉。但面对这一切，他平静地说："和国外矮砧密植苹果园相比，我国苹果推广运用先进技术仍任重道远，我今后还要更加努力工作。"

李丙智教授多年来，先后主持、参加国家科技支撑计划、星火计划及农业部 948、优势农产品、丰收计划、产业体系等项目，研究出苹果自根砧大苗培育技术，首次在西北地区研究提出了苹果套袋技术。申报国家发明专利 14 项，获批国家实用新型专利 5 项。先后获省部级科技成果奖 16 项，其中一等奖、二等奖 9 项。主编和参编 27 部著作，发行数达 10 万册。发表研究论文 100 余篇，发表科普文章 250 多篇。在 1994 年全国 100 部优秀科技畅销书中，就有 2 部是李丙智教授所著。在陕西、甘肃、山西、河南4 省 30 多个苹果主产县进行了技术指导和果农培训，累计培训果农百万人次以上。推广苹果矮化栽培面积 600 多万亩，产生直接经济效益 38 亿元。在中央及有关省、市、县电视台参与制作苹果科技节目超过 100 多次。主讲的《苹果园管理四项关键技术》VCD 光盘经西安电影制片厂出版社出版，发行 2 万多盘，并在陕西省多家电视台多次播放，对提高我国苹果生产质量起到重要的指导作用。先后荣获"科技扶贫杰出贡献者""感动千阳人物""最美宝鸡人""全国科技助力精准扶贫先进个人""陕西好人"等荣誉。曾先后赴美国、新西兰、日本、法国、意大利等国进行苹果栽培技术交流。

退休后，他放弃享受城市生活，带着老伴把家从西安搬到地处陕西省千阳县南寨镇南寨村的西北农林科技大学宝鸡千阳苹果试验示范站，指导农民栽植矮化苹果，发展苹果产业。

西北农林科技大学的苹果专家们，用他们的不懈努力，立志为实现"果业强、果农富、果乡美"的中国果业梦作出新的、更大的贡献。

"羊财神"的故事

正在查看羔羊生长情况的周占琴教授（左二）

"咩咩……咩咩……"陕北吴起县山区周湾镇阳洼村的养羊户李秀富的栏舍传来众多羊的叫声。11 月 24 日，陕北迎来了 2015 年的第一场雪，大片大片的雪花随着呼啸的寒风翻飞着，飘洒到广袤无垠的黄土高原沟壑峁梁间。也许是因为突遇寒冷，羊儿在叫。

"没甚，羊肥壮哩。有周教授教给我们的养羊技术，不会有事的。"陕北吴起县周湾镇阳洼村的养殖户李秀富满怀信心地说。

李秀富说的周教授，是西北农林科技大学动物科技学院畜牧系教授周占琴——"波尔山羊"良种引进中国第一人。

"先宣传，后行动；讲实用，重互动；用真心，动真情。"这是周占琴教授总结的科技培训"扶贫经"。

周占琴教授 1958 年 2 月出生于甘肃省环县，1975 年进入甘肃农业大学畜牧专业学习后，参加我国改革招生制度后的首届硕士研究生考试，顺利进入甘肃农业大学畜牧系攻读硕士，1981年9月毕业。但因各种原因，直到1984年才被授予农学硕士学位。

大学和硕士毕业时，她的母校甘肃农业大学多次动员她留校任教，但因她爱人武和平在陕西工作，她只好要求派遣到陕西，后供职于陕西省农业科学院下设的位于咸阳市的陕西省农业科学院畜牧兽医研究所，从事养羊技术的研究与推广工作。

1999年，地处杨凌的七家农业教育、科研机构合并重组成西北农林科技大学，她随所在单位的合并重组，进入西北农林科技大学动物科技学院畜牧系任职，后兼任中国畜牧兽医学会养羊学分会副理事长、陕西省农业专家团特聘专家以及宝鸡市政府、金昌市政府技术顾问，常年工作在生产第一线，总结推广她的养羊"扶贫经"，为中国肉羊产业的健康发展作出了积极贡献。

在周占琴身上，有一股强烈的对科研本职工作的热爱，她像呵护自己的孩子一样呵护着自己的科研事业，日日夜夜，从不停歇。

周占琴自参加工作之日起，始终忙碌、奔波在实验室和养羊基地之间，几十年如一日。周占琴说："我虽然很辛苦，但我快乐着。"

这是因为她"爱羊胜过爱自己"。

20世纪90年代初，我国山羊饲养数量虽然位居世界第一，但普遍存在着个体小、生长缓慢、产肉性能低，甚至退化现象，养殖效益较差。如何遏制和扭转这种现状？周占琴常常思考着这个重大问题，并阅读了大量国内外相关资料，发现非洲草原上的波尔山羊具有生长速度快、繁殖能力强、改良效果好等诸多优点，她就想，如果能引进这个品种，必定能显著改进和提高我国国内肉山羊的产肉性能。她的建议很快得到相关领导的高度重视和支持。1995年1月份，25只波尔山羊首次引进国内。

25只羊虽然不多，但是这是我国第一次引进，而且花费了近12万元。在周占琴看来，12万元不是个小数字，绝对不能让这笔钱打了"水漂"。因此，为了便于观察、了解和有效地利用波尔山羊，她亲自到北京某动物检疫场当起了牧工。该检疫场的领导得知后非常意外，因为这个检疫场建立13年来，从没有来过一个女工，更没有见到女科技人员亲自当牧工。

羊群接回陕西后，她便在羊舍旁的小棚舍内安了一张小床，她要守候在羊群旁，随时观察、记录羊群情况，掌握第一手资料。在她精心管理这批波尔山羊的9个年头里，为了让牧工春节都能回家团圆，她带着家人在羊场里度过了7个春节。

后来，她又到陕西省蓝田县的一个山沟里养起了羊，这个山沟处在秦岭腹地的风口地带，几乎没有什么人烟，一到冬天，滴水成冰。临近年关，牧工们都放假了，周占琴独自一人在羊舍旁边的小楼上住着，照看着羊群。

有一天傍晚，她在小楼上看到羊圈那边蹿起了火苗，像是起火了，她脑子里的第一反应是："羊没事吧?"想到这里,她几乎是本能地不管不顾地就冲了过去,一看是羊舍周围起火,不是羊舍,羊儿还安然地待在圈舍里面,她提到嗓子眼的心才彻底放下,然后,拿起工具,赶紧把野火扑灭了。等扑完火,她想起之前发生的这一切,瞬间又有些后怕起来。

即便是在这样的条件下,她最终还是坚持了下来,一待就是两年。

羊场冬天室内无暖气,早晨起来脸盆里的水全冻成了冰块,必须点着柴火,将其融化后才能洗漱。很多人不理解她为何这样做,丈夫武和平和孩子也抱怨她爱羊胜过爱自己。但她不言不语,一门心思做她的羊事业。后来,再有亲朋好友劝她时,她干脆就用"我就是爱羊胜过爱自己"来回应。那时的周占琴不言失败,也不敢失败,因为中国肉山羊产业发展需要这批羊助力。

经过反复观察、试验研究,周占琴发现波尔山羊是最理想的肉山羊杂交父本品种之一。她研究出波尔山羊为父本的肉山羊杂交模式,筛选出适合不同温度保存的波尔山羊精液稀释液和冻精解冻液,并将波尔山羊冻精解冻活力提高到 60% 以上。

随后,她研究改进和完善了肉羊胚胎移植处理程序,成功实施了季节内供体羊重复采卵和异地采胚移植技术,大大加快了波尔山羊的发展与推广速度。

她的这些努力并没有白费。目前,波尔山羊已经分布在全国各地的山羊饲养区,并被广泛用于肉山羊杂交改良,正在为中国肉用山羊杂交改良发挥着重要作用,产生了无法估量的经济与社会效益。

面对我国北方地区舍饲肉羊养殖成本高、收益低、规模羊场严重亏损问题,周占琴又坐不住了。她认为畜牧技术人员就应该解决畜牧生产力的问题,否则国家培养我们有何用? 为此,她东到华北,南下江南,开始了一场深入细致的产业调查研究。调研中她发现,繁殖力低是制约舍饲肉羊产业发展的最大原因之一。一只母羊如果一年产一只羔羊,必然亏损;产两只羔羊可以保本;产三只才可能盈利。因此,她认为发展舍饲养羊业必须从更新种质入手,改变传统饲养方法。调研中她惊喜地发现,江浙一带饲养的湖羊已经有 800 多年的舍饲历史,是一种兼具适应性强、繁殖率高、产肉性能好等诸多优点的绵羊品种,可满足舍饲养羊的种质选择条件。因此,她指导甘肃元生农牧科技有限公司率先将多胎湖羊引入甘肃金昌。

事实证明,该品种非常适合舍饲,是可以在南方和北方地区大面积推广利用的优质母本绵羊品种。为此,她又摸索总结并建立了肉羊"461"高效生产模式,将羔羊出栏年龄提前到 4~5 月龄,缩短了肉羊饲养周期,提高了羊肉品质,降低了养殖成本,使养殖户获得了显著的经济收益。目前,湖羊不仅成为甘肃金昌市的一张亮丽名片,而且被推广到华北、华中,甚至西南广大地区,并由此引发了"中国肉羊产业的一场革命"。

2018 年,周占琴退休了。

在她看来，退休不是事业的终点，更不是人生的终结，而是从工作的一个阶段迈向另一个阶段、从一种生活方式转向另一种生活方式的节点。走出去，直面生产，仍然可以为社会发光发热。为此，她每年不仅要回复数不清的咨询电话、短信和微信，还积极参与畜牧基地建设，以各种形式参与技术服务和扶贫帮困活动。从陕北到陕南，从河西走廊到黄土高原，从秦岭北麓到六盘山下，从农家小院到羊舍棚圈，很多地方都留下了她的脚印，她每年在生产第一线工作的时间都在200天以上。她说，退休了，不能停滞不前。自己虽然在养羊这个行业干了40多年，也小有成就，但随着产业的发展，养殖技术仍然需要再研究、再创新。母羊产羔数量问题解决了，但羔羊的成活与健康生长需要更多的营养保障。为此，她在做完膝关节置换术后不到半年，就挂着拐杖赴新西兰、澳大利亚考察。临行前，她又突发膀胱炎，在机场打完吊针就登上飞机。通过实地考察，她将世界上优质的奶绵羊胚胎引入国内，希望以此提高湖羊的产奶量，进而提高羔羊的成活率和生长速度。目前这一计划已经得到很好落实。除此之外，她还开发出无抗乳羔肉生产技术、羔羊强制补饲技术和羔羊三段式育肥技术，并在生产中广泛推广应用。这一切，对助推国内肉羊产业发展、帮助养殖户走向致富之路都产生了积极作用。

为了更好地传授技术，她还总结出了"先宣传，后行动；讲实用，重互动；用真心，动真情"的培训方法，每次培训都能让养殖户高兴而来，满意而去。因此，她被大家亲切地称为"最落地的教授""最接地气的教授""农民的朋友""羊财神"。

退休后的周占琴仍然全身心地投入科技扶贫工作中，并为自己仍"走在脱贫攻坚路上"而庆幸和自豪。

她认为，民是国之本，国乃民之家，民富则国强。每一个生活在这个大家庭里的人，都应该发挥自己的能动性，为国家的富强贡献力量。

她说自己作为一名畜牧战线上的知识分子，多年受党的教育与培养，享受了国家很多政策利好与教育资源，有责任有义务参与到这场脱贫攻坚战中。因此她一心想通过自己的努力，解决畜牧产业发展的"瓶颈"问题，为农村脱贫攻坚助一份绵薄之力。

她一直认为，赠人玫瑰，手留余香。自己如果能向前多走几步，把技术送给老百姓，送给贫困户，让他们少走弯路、多挣钱，就是对社会的贡献，就是自己的人生价值。

2018年，刚刚做完膝关节置换术后一个月，她就带着轮椅和拐杖，到延安市吴起县、志丹县、安塞区和铜川市等地指导肉羊生产。很多人都认为她应该在家享清福，而不应该这样拖着病体到处跑，但她觉得自己又能回到脱贫攻坚的战场上，很幸运，也很幸福。

2018年7月，在安塞区搞养羊技术培训时，她听说建华镇王龙塔村有个残疾人贫困户王治元养了几十只羊，出现很多问题，希望她能到现场进行指导。无奈王治元所处的村庄交通不便，她当时行动也有困难。但她硬是拄着拐杖坚持进村、进山。经过她的多次指导，王治元的羊越养越多、越养越好，成了村里的致富能手。在 2020 年 6 月安塞区肉羊养殖培训现场会上，王治元介绍了自己的养羊经历与经验，当他讲到自己的养殖年利润达到 10 万元的时候，现场响起了热烈的掌声。此时，王治元拉起她的手，一定要与她拍一张合影。合影中，王治元笑了，周占琴也很开心。

志丹县东武沟村王建斌以前从事山羊养殖，由于经营不善，累计亏损 170 多万元。

170 万元足以压垮一名庄稼汉，何况王建斌当时已是一位 60 多岁的老人。

那段时间，王建斌十分绝望，可以说走到了人生的另一个十字路口。

幸运的是，县畜牧局一位同志带领王建斌参加了周占琴的一次肉羊养殖技术培训会，点燃了他再次创业的希望。周占琴不仅给王建斌提了很多建议，还承诺将王建斌列为重点扶持对象，此后她多次到王建斌的羊场进行实地指导。经过几年的努力，王建斌的湖羊饲养量从几十只发展到几百只，而且效益越来越好。2019 年，王建斌不仅还清了债务，还成为志丹县的养羊致富能手，到王建斌羊场参观学习的人络绎不绝。在王建斌的示范带动下，志丹、安塞等周边县区很多人都开始养湖羊并走上致富之路。

扶起一个人，带动一大片。养湖羊带动贫困人口脱贫引起了地方政府的高度重视，延安市不仅将养湖羊列为脱贫攻坚的主要措施之一，还出台了相关支持政策，取得了显著的经济、社会效益。

铜川市耀州区石柱镇有个名叫舒春良的创业者，曾经因为盲目上马，不懂技术，养羊亏损了几百万，苦不堪言。周占琴得知后及时上门服务，指导舒春良科学饲养湖羊。目前舒春良不仅建起规模羊场 3 处，共计饲养湖羊 7 000 多只，还组建了铜川市羊产业联盟，带动了铜川市 15 个乡镇 80 多个村的 1 900 余户养殖户，使全市湖羊饲养量达到 5 万多只，年产值近 2 000 万元。

延安市的吴起县和榆林市的定边县属于白于山区的浅滩区，养羊历来是农村的传统产业。过去这两个县一直是贫困县，21 世纪初，当地农民仍然生活在贫困中。

为了让山区农民养羊致富，自 1983 年起，陕北就成了周占琴的第二故乡。那时，周占琴的孩子还不满周岁，丈夫也从事羊育种工作。一方面忙于工作，另一方面还要照看孩子，夫妻俩不得不把孩子也带到陕北蹲点，往往一去就是 40 多天。那个年代交通十分不便，带着不满周岁的孩子从咸阳坐火车到兰州，再从兰州转火车到银川，在银川再坐汽车到定边，然后再碰运气等去羊场的拖拉机，运气不好往往一等就是一天。

周占琴的爱人武和平现在还清楚地记得，在一次去定边种羊场途中，孩子发烧了，无奈之下只好中途下车，随便找了个诊所给孩子看病退烧。孩子刚退烧，两口子带着孩子又继续赶路。等到了羊场孩子又发烧了。由于羊场位于县城 40 多公里外，试验又忙，最后不得不请羊场的兽医给孩子看病。

就这样，一奔波就是几十年，特别是西北农林科技大学与延安市人民政府 2013 年 3 月签订"合作共建延安（吴起）肉羊试验示范基地"协议后，周占琴带领研究团队更是忙于解决延安肉羊生产中急需解决的问题，开展了肉羊科学养殖、人工授精、羔羊育肥、饲料调制等技术培训及研究工作，并确定了当地肉羊产业发展方向。

截至 2015 年年底，吴起县百只以上的规模羊场已近 100 个，为农民过上好日子奠定了基础。安塞县湖羊饲养量已经达到 9 万只，农民年人均收入已接近 8 000 元。养殖户们都说："是周教授带我们发了'羊'财。"

多年来，周占琴还致力于技术培训。她在陕西南部秦巴山区的安康市岚皋县等地进行技术培训时，就连邻近的四川、湖北的养殖户也在凌晨 4 点起来赶路来到岚皋，只为听周占琴讲授最新的养殖技术，500 人的培训会一讲就是一上午。

每当遇到自己当下解决不了的问题时，周占琴总会细心地记下养殖户的问题和电话，回到学校后，通过查阅资料，找到答案后，她总是第一时间电话告知养殖户。她说："毕竟我解决问题的办法比老百姓多，不给他们一个满意的答案自己总不安心。"

周占琴和她的团队，不仅为当地带来了可观的经济效益，也产生了良好的社会效益。不仅授之以鱼，更授之以渔。很多养殖户不再一味地低头干活，科技意识大大提高。

随着肉羊产业的发展，周占琴服务的地域也由陕西省内延伸到省外。天津、新疆、内蒙古、甘肃等地的万头羊场、牧业公司都有她奔走的足迹。她经常是下了火车又坐汽车，有时买不到火车卧铺车票，甚至买不到座位，她就买个马扎上车，连她自己都记不清买了多少马扎。

周占琴说："我从来不觉得自己和普通老百姓有什么不一样。只要自己身体允许，只要能对肉羊产业发展和老百姓脱贫致富有所帮助，我都会努力去做。"

近十多年来，周占琴主持完成肉羊培育及相关技术研究与推广项目 12 项，获省部级一、二等成果奖 3 项，其中"肉羊高效养殖关键技术集成与推广"项目获 2015 年陕西省农业技术推广成果奖一等奖。2019 年她荣获全国农牧渔业丰收奖个人贡献奖。另外，她还曾被授予全国巾帼建功标兵、杨凌示范区第一届敬业奉献道德模范、杨凌示范区建设发展先进个人和杨凌示范区百年三八杰出女性等光荣称号。

甘肃庆阳属于黄土高原地区，干旱少雨，土地贫瘠，2020 年前，环县、华池县、合水县、宁县、镇原县五个县属于国家级贫困县。周占琴说："这里的人贫穷却不吝啬，这片土地贫瘠却很有情。那是生我养我的地方，那里有给了我很多关爱和期待的乡亲，我用什么回馈这片土地和这片土地上的人们？一个巨大的问号时时拷问着我的灵魂和良知。"因此，退休后，周占琴多次回到这里，回到这里的贫困人口中间，给他们讲故事、讲技术，讲到日落西山，讲到冬去春来。男人、女人、老年、中年，他们中间的很多人成了周占琴的粉丝，接受了周占琴的观点，应用周占琴的技术。养好羊，好好养羊，赚钱了，致富了。往日的十八弯山路变直了，土窑洞变成了大瓦房，卫生间安装上了浴霸，天天洗澡都不在话下。一声声"周老师"叫得那么亲切、自然，周占琴为他们脱贫致富而高兴，也为自己的出彩而自豪。

周占琴说，肉羊产业的健康发展需要一代又一代人的坚持和创新，脱贫攻坚的成果更需要不断地更新与维护。"路漫漫其修远兮，吾将上下而求索。""今后我还会走在服务产业的路上，生命不息，奋斗不止。"

粮仓共建友邻邦

张正茂教授在哈萨克斯坦北哈萨克斯坦州田间调查小麦抗病性

从中国历代先贤"食为政首""民为国本，食为民天""兵马未动，粮草先行"等诸多深刻而富有远见卓识的论述中，我们可以体会到"国本""农本"的基础地位和"重农"的重要性。中国历代先贤和政治家、战略家、军事家、科学家，也无一例外地格外重视粮食安全问题，并采取种种手段，施用各种奇策妙计。

手里有粮，心里不慌。早期先民遵循"藏粮于仓"的古训，修建地上、地下、室内、室外等各种各样的粮仓、粮库来贮存粮食，以备灾荒与不时之需。为了平抑粮食价格，消弭灾荒或战争引致的民众恐慌，古代政府往往采取设置救灾赈灾机构与常平仓、义仓等荒政措施。近年提出的"藏粮于地""藏粮于技""藏粮于民"等战略，无不是为了一个目的，即确保国家粮食安全，中国人的饭碗任何时候都要牢牢端在自己手上，我们的饭碗应该主要装中国粮，无论如何都得保证老百姓有饭吃，绝不能把自己的命运寄托在别人身上。

为了确保中国的粮食安全，中国政府涉农部门、机构以及农业专家真可谓"费尽心机"，寻找良方，"藏粮于地""藏粮于技"。

西北农林科技大学也急国家所急，积极响应习近平主席号召，发挥丝绸之路桥头堡的区位优势，于 2016 年 11 月率先发起成立由丝绸之路沿线 12 个国家的 59 所高校和科研机构参加的"丝绸之路农业教育科技创新联盟"。西农有位科学家积极参与联盟工作，在哈萨克斯坦合作建设"农业科技示范园"，把中国的优良品种和先进的农业技术推广到国外去，提高哈萨克斯坦小麦产量，生产更多的天然有机小麦，然后出口到中国，与邻近国家、友好国家共建国际大粮仓，让中国"藏粮于邻""藏粮于友"，为中国的粮食安全作出贡献。

所谓"藏粮于邻"，就是让友好邻国在自己广袤的土地上生产出更多更好的粮食，在互惠互利的前提下，让邻国把粮食出口到我们国家。也就是让邻国为我们生产更多更好的粮食，成为我们的后备粮仓。

2020 年 5 月，历经 3 000 多公里的长途跋涉，两批次运载着两万吨哈萨克斯坦优质小麦的"长安号"专列抵达西安国际港务区农产品物流加工园区。

经过 3~5 天的加工，这批小麦就变成了优质面粉，顺畅进入各大超市，走上广大城乡居民的餐桌。

实施"藏粮于邻"这招妙计的科学家名叫张正茂。

1961 年 7 月出生于陕西鄠县的张正茂，1985 年 6 月毕业于西北农业大学农学系农学专业，获学士学位，同年留校参加工作，兼任陕西省食品科学技术学会常务理事、陕西省农业工程学会第四届理事会常务理事、陕西省农学会理事、陕西小麦产业科技创新体系产后加工岗位科学家、陕西省农作物品种审定委员会小麦专业委员会委员、陕西洽丰农业科技有限公司首席小麦育种专家。主要从事小麦遗传育种、植物种质资源收集与鉴定、谷物质量分析检测与加工等研究与推广工作。先后主持、参加国家旱地农业科技攻关课题、联合国开发计划署（UNDP114）项目、农业部跨越计划、国家环保局社会公益项目、科技部科技成果转化项目、国家发改委高技术产业化项目、科技部科技支撑计划子课题、863 计划项目子课题、农业部国债项目、陕西省科技统筹重大项目、西北农林科技大学唐仲英育种基金以及其他科研推广项目等 30 余项。培育经过陕西省农作物品种审定委员会审定的小麦新品种 5 个。

2017 年以来，张正茂积极助推西安爱菊粮油工业集团、西安合途贸易有限公司、湖南克明面业股份有限公司、中粮集团有限公司等企业，在哈萨克斯坦订单生产、贸易小麦，也为哈萨克斯坦的小麦提供了出口渠道。中国企业在当地实行订单收购，通过中欧班列运回、投放西安市场，既提高了哈萨克斯坦粮食价格，增加了当地农民收入，也助力哈萨克斯坦出口创汇，增加了当地就业岗位，因而深受当地政府和农民的欢迎。更重要的是拓宽了我国粮食进口渠道，降低了单一进口的风险，为中国人民提供了更多优质的粮油产品。

2020年10月下旬，广袤的关中平原已进入深秋季节，大地上色彩交织，犹如一幅色彩斑斓的油画。在陕西省咸阳市泾阳县的西北农林科技大学斗口试验站，40亩的选种田已深耕整地，等待播种。

一位头发花白、戴着眼镜、脚穿胶鞋的人坐在播种机上，将饱满的小麦种子，播进肥沃的土壤。他就是西北农林科技大学农学院研究员、哈萨克斯坦科克舍套农业科技示范园首席专家张正茂。

"今天我们带来五六千个小麦高代品系，种在这里进行'海选'。这些小麦的后代具有抗旱、抗寒等性状，很有可能适于在共建'丝绸之路'农业科技示范园的国家种植，满足他们对小麦高产优质的要求。"张正茂边说边跳下播种机，拍了拍身上的泥土，仔细排列好下一批待播的小麦种子。

哈萨克斯坦的阿克莫拉州、北哈萨克斯坦州和科斯塔奈州是哈萨克斯坦最重要的粮仓。科克舍套是哈萨克斯坦中北部阿克莫拉州的首府，也是一个十分重要的古老城市，名字寓意是"天蓝色的山"，这里有着湛蓝的湖泊和泉水，土地肥沃，盛产小麦。2017年来，张正茂风尘仆仆地往返于哈萨克斯坦、吉尔吉斯斯坦等四个国家，奔波两万多公里，在共建"一带一路"国家穿梭育种，播种友谊，也播种希望。

对出生在普通农民家庭的张正茂来说，幼时吃不饱的那段岁月是最深刻的记忆，"藏粮于地，让有限的土地产出更多粮食"的想法在他心里扎下了根。2016年11月，西北农林科技大学率先发起成立"丝绸之路农业教育科技创新联盟"，并于2017年首次走出国门，与哈萨克斯坦的大学合作，在该国建设农业科技示范园。张正茂就是第一批承担示范园建设任务的专家之一。

之所以选择哈萨克斯坦，一是考虑到该国干旱、半干旱地区的种植环境与我国西北地区极为相似。哈萨克斯坦小麦平均年产量超过1000万吨，单产只有每公顷1.2吨左右，相当于中国小麦单产的五分之一，是典型的广种薄收。二是哈萨克斯坦是全世界第六大粮食出口国，主要出口地是中亚和西亚。我们的目的，就是把中国先进的农业科学技术和品种，推广到丝绸之路沿线国家，帮助他们的小麦生产提质增效。同时增加我国的粮食进口，减轻国内土地负担，缓解国内粮食需求压力。加之哈萨克斯坦新的土地法和经济贸易政策，也鼓励国内粮食有比例地出口，换取外汇，增加当地农民收入。

2017年4月，春意正浓时节，张正茂第一次踏上哈萨克斯坦的土地时已是深夜。第二天一大早，他就在哈萨克斯坦国立农业大学的塔肯院士和萨根柏院士的陪同下，赶赴位于阿拉木图40多公里外的赛马赛基地，规划建设第一个农业科技示范园。

皑皑白雪覆盖的天山脚下，放眼望去，一望无际的广袤平坦的农田尽收眼底，肥沃的黑土地与背后积雪覆盖的山脉形成一幅壮阔而美丽的画卷。这就是未来的示范园。看到这一幕，他当时就想到了一句话："广阔天地，大有作为。"

截至 2020 年，西北农林科技大学已与哈萨克斯坦当地大学、科研单位和企业联合建成了阿拉木图、努尔苏丹、科克舍套、彼得罗巴甫尔 4 个农业科技示范园；还在吉尔吉斯斯坦联合建成比什凯克示范园；乌兹别克斯坦塔什干示范园和白俄罗斯戈尔基示范园也相继建成。

张正茂是旱地小麦育种专家，他选育的普冰 9946、普冰 151、西农 10 号、西农 12 号等小麦品种，在中哈农业科技示范园表现突出，大有前途。

"2019 年，西农 10 号较当地品种增产 28.6%，西农 12 号较当地品种增产超过20%。"张正茂说："我们的多个小麦品种在哈萨克斯坦表现很突出，抗旱、抗寒和抗病性很强，大穗大粒，明显优于当地品种。几个小麦品种最终产量都超过了每公顷 1.68 吨，较对照品种最高增产 658 公斤，有望大幅提高当地小麦产量和品质。"

小麦育种是一项十分枯燥而又辛苦的工作，人们常用"十年磨一剑"来形容一项工作的艰难，其实小麦育种又岂止如此。小麦育种工作每年要从原材料圃选择适当亲本配置杂交组合、人工去雄杂交、播种杂交后代、在田间对数万份材料逐一观察记录和选种，经常看得人头晕眼花，收获以后还要单一脱粒、考种，每道程序都不能通过机械加工，必须手工完成。在选种季，张正茂经常凌晨五六点就到田间，一直工作忙到晚上半夜才回家。

"这播下的种子，就像自己的孩子一样。为了避免出错，所有的品系都是亲自上手，就是为了准确把握每一个后代材料。"

为了鉴定小麦的适应性，张正茂把品种播种在杨凌、永寿、三原、洛阳、平凉等多个不同类型生态区的试验田里，进行"多点试验"。

每逢秋播季节，他就亲自驾驶着拖拉机，在几十亩的选种田开沟播种。然后频繁往返于多地，对比观察，认真记录。

最少 8 年，多则十几年的艰辛，才能培育出一个相对稳定的优良品种。

2004 年，张正茂用了近 20 年时间才培育出我国第一个通过审定的普通小麦和冰草远缘杂交的抗旱、抗寒、抗盐碱的普冰 143 小麦良种，创建了普冰系列小麦品种。

除了西北农林科技大学向哈萨克斯坦等国家提供种子试种外，"一带一路"共建国家和地区也有一些小麦、大麦品种正在杨凌试种。通过种质资源材料交换，配制杂交组合，互换杂交后代，两国专家分别在中国和哈萨克斯坦选育品种。"这就是中哈两国穿梭育种，也是现在重点研究的方向。我们从哈萨克斯坦材料中筛选了一些具备抗旱、抗寒等优质特点的优良品种，与中国高产、农艺性状好的品种杂交，目前已经是第二代了，相信将来会选育出适合中国黄淮冬麦区的抗旱、抗寒、优质、高产的品种。"

2019 年 11 月，张正茂应邀访问哈萨克斯坦国立农业大学，热情好客的塔肯院士盛情邀请他到家中做客，院士夫人更是用当地最高礼遇的美食马肉、马肠子招待张正茂，拿出最好的伏特加酒，高唱祝酒歌。塔肯说："你是我们尊贵的客人，把优质的品种和先进的科学技术带到了哈萨克斯坦，让我们成为真正的一家人。"

正是有了张正茂等专家带去的中国优质良种和先进技术，哈萨克斯坦农民收获了更多粮食，收入大大增加。

2020 年，西北农林科技大学在哈萨克斯坦科克舍套农业科技示范园播种了两个小麦品种，示范面积共 1 875 亩。"此次播种的两个小麦品种，为今后西安爱菊粮油工业集团在哈萨克斯坦开展大规模小麦订单生产打下了优质种源基础。这种模式，我们打算在更多丝绸之路沿线国家复制推广。"

在吉尔吉斯斯坦的农业科技示范园，西北农林科技大学的西引 3 号和西农 34－9 两个大麦品种平均每公顷产量超过 4 吨，比当地品种的产量翻了一番，受到吉尔吉斯斯坦农业部和楚河州莫斯科区领导的高度赞扬。吉尔吉斯斯坦田园牧业公司董事长何国栋高兴地说："西北农林科技大学的品种就是好，今年我们把大麦品种申请国家品种审定试验，还引进了张正茂教授的普冰系列小麦品种。希望后期加强与西北农林科技大学的合作，引进更多好品种、好技术，在吉尔吉斯斯坦扩大示范引领效应。"

2021 年，张正茂退休了。可在大半辈子投身小麦育种等工作的张正茂眼中，小麦就是最可贵的珍宝。因此，他退而不休，继续推进着他"藏粮于邻"的探索与示范。

2023 年，他还和《农业科技报》首席记者靳民合作，在广西科学技术出版社出版了一部名为《中国种子——我在哈萨克斯坦种小麦》的长篇纪实文学作品。真实记录了他这位新时代"一带一路"先行者和团队成员在"藏粮于邻"探索之路上的脚步。

当然，《中国种子——我在哈萨克斯坦种小麦》这部纪实文学作品，不仅仅在哈萨克斯坦播撒中国农作物种子，还播撒科技、友谊、文化的种子。这正是一带一路盛世回，百花沿途次第开。

金秋十月，哈萨克斯坦农业科技示范园的小麦已颗粒归仓，中国的关中平原上，播撒下了更多小麦良种。这些种子，孕育着共建"一带一路"国家粮食丰收的新希望。

因为到那时，丝绸之路的风，将再次吹起无边的金色麦浪……

后记 | POSTSCRIPT

日升月落本寻常，最怜青鬓忽成霜。

岁月无情催人老，情燃蜡炬最沧桑。

应留感悟作赠品，且把履痕当典藏。

身化春蚕成老茧，晚霞璀璨放金光。

这首自作的《退休吟》，可以作为本书所真实记录的这 24 位退休科技教育工作者退休生活、心态、精神、追求的真实写照。

人的一生，无论是干什么的，总有要退休的时候。尽管有些人不情不愿，可这是自然规律，由不得人的。

然而，退休之后应当怎样度过人生的这段"夕阳"时光，每个人却有不同的打算，更有不同的"履痕"。这些打算、履痕，是每个人不同追求的结果。很多人要不是放不下、看不开，锱铢必较；要不就是放任自流、无所事事，活一天算一天。本书记录的这 24 位退休科技教育工作者却不是这样，他们退而不休，老有所乐，老有所为。因为他们知道，老人不是生存，而是生活；老人不是养老，而是享老；老人不是落伍者，而是追潮人；老人不是发挥余热，而是再创辉煌；老人不是日薄西山，而是红霞满天；老人不是闲来无事，而是闲中找忙；老人不是怕休闲清净，而是怕孤独寂寞；老人不是看重物质享受，而是看重精神追求。他们更清楚，人老梦不老，夕阳更美好；人老志不老，生活有目标；人老心不老，智慧不可少；人老脑不老，省啥别省巧；人老神不老，乐观怒气跑；人老身不老，锻炼身体好；人老脚不老，闲着就去跑；人老志不老，壮志凌云霄；人老心不老，学习不能少；人老不惧老，斗志比天高；人老不摆老，谦虚永不骄；人老不卖老，甘做无名草。

其实在这个世界上，每个人身上都存在种种潜能，只是很容易被岁月淹没，被惰性消磨，被错觉误导，被欺心蹉跎。人身上这些潜能，倘若能被梦想激活，被情怀唤醒，被精神感召，被激情点燃，就会如一龙飞天，促使觉悟了的退休老同志干出一些有益于个人与社会的事情。

我今年将近 67 岁了，已经是奔古稀的人了，虽然退休了，时间可以自由支配，却

240

依然时常感到时间不够用，还有很多未完成任务排成的"长龙"在等着我，还需要继续努力。

朋友们，请谨记，人变老，不是从第一道皱纹、第一根白发开始的，而是从放弃自己的那一刻开始的。只有对自己永不放弃的人，才能活成不怕老、不惧老的模样，活出老年人的精彩。

30年前的1994年，西北农业大学六十周年校庆前夕，我出版了一部专门记述西北农业大学专家教授的报告文学作品《神农之光》，该书是40多位专家教授精彩人生的真实记录，并作为校庆献礼，分赠校友，后曾荣获中国艺术研究院报告文学一等奖。30年后的今天，西北农林科技大学建校已满九十周年，我又写作出版这部《醉夕阳》，仍以报告文学的笔触，真实记述西北农林科技大学24位老一辈科技教育工作者璀璨的夕阳岁月。谨以此书作为向西北农林科技大学九十华诞的一个小小献礼！

清代诗人袁枚有诗曰："苔花如米小，也学牡丹开。"下面这首自作诗，颇能表达我当下的心态：古稀俨然五十翁，奋鬣长啸唱大风。慷慨挥洒手中笔，也算江海效陶公。

作 者

2024年5月31日

图书在版编目（CIP）数据

醉夕阳：纪念西北农林科技大学成立九十周年 / 牛宏泰著. -- 北京：中国农业出版社，2024.8. -- ISBN 978-7-109-32435-0

Ⅰ．S-40

中国国家版本馆 CIP 数据核字第 2024H7X280 号

中国农业出版社出版

地址：北京市朝阳区麦子店街 18 号楼

邮编：100125

责任编辑：胡晓纯

版式设计：王　晨　　责任校对：张雯婷

印刷：中农印务有限公司

版次：2024 年 8 月第 1 版

印次：2024 年 8 月北京第 1 次印刷

发行：新华书店北京发行所

开本：787mm×1092mm　1/16

印张：15.75

字数：320 千字

定价：98.00 元